基于BIM的Revit暖通空调系统设计

牛润萍　主编

中国建材工业出版社

图书在版编目（CIP）数据

基于 BIM 的 Revit 暖通空调系统设计/牛润萍主编

. --北京：中国建材工业出版社，2020.8

ISBN 978-7-5160-3018-9

Ⅰ.①基… Ⅱ.①牛… Ⅲ.①采暖设备—建筑设计—计算机辅助设计—应用软件 ②通风设备—建筑设计—计算机辅助设计—应用软件 ③空气调节设备—建筑设计—计算机辅助设计—应用软件 Ⅳ.①TU83－39

中国版本图书馆 CIP 数据核字（2020）第 137926 号

基于 BIM 的 Revit 暖通空调系统设计
Jiyu BIM de Revit Nuantong Kongtiao Xitong Sheji
牛润萍 主编

出版发行：中国建材工业出版社
地　　址：北京市海淀区三里河路 1 号
邮　　编：100044
经　　销：全国各地新华书店
印　　刷：北京鑫正大印刷有限公司
开　　本：710mm×1000mm　1/16
印　　张：12.25
字　　数：230 千字
版　　次：2020 年 8 月第 1 版
印　　次：2020 年 8 月第 1 次
定　　价：42.00 元

本社网址：www.jccbs.com，微信公众号：zgjcgycbs

本书如有印装质量问题，由我社市场营销部负责调换，联系电话：（010）88386906

编委会

主　　编　牛润萍

参编人员　许淑惠　李　浩　项国强　李　欣

尤占平　郑雪晶　沈锡骞　孙嘉畅

前　言

BIM技术最近几年在建筑行业很是火热，而且国家也推出了大量政策来鼓励BIM技术的应用，可见BIM技术是未来发展的必然趋势，高校应从学生未来就业角度，将BIM技术引入到学生的教学课程中。目前尚缺少专门针对高校暖通空调相关专业的BIM教材，已有的都是介绍BIM技术应用于管线综合设计的书籍，笼统地介绍了给排水、暖通、电气三个方面的软件基本操作，并没有详细介绍暖通空调系统实际设计过程中BIM技术如何应用，不适合现有的学生课程安排，不能够满足高校的教学要求，而本书很好地解决了上述问题。除此之外，本书也可作为暖通设计人员学习BIM技术的参考资料。

本书主要内容：

第一章　主要介绍了BIM是什么以及Revit软件各部分的构成，目的是帮助读者了解BIM技术及其软件。

第二章　主要介绍了BIM在设计中的运用，即正向设计，目的是帮助读者了解BIM与设计如何结合。

第三章　设计前的准备工作，讲解通用项目样板的制作。

第四章　主要介绍了空调系统的设计方法，以及设计过程中的具体操作。目的是帮助读者了解BIM设计方法、设计过程及结果。

第五章　主要介绍了采暖系统的设计过程。

第六章　主要介绍了设计成果的表达，二维图纸的制作过程。

第七章　主要介绍了族的制作方法，帮助读者更好地理解族的概念以及更好地运用族，如果在前面的几章中遇到了关于族的问题，可以从本章寻找关于族的知识。

目前BIM技术正向设计的技术难点主要体现在以下几点：工作集的应用，阶段的应用，Revit的基本设置，族的二维表达，设计说明，图例，图纸列表，平面图的显示设置，项目浏览器的设置，图纸设置，图纸的按专业归类，视图样板的使用，二维注释等。上述问题在本书中会提出解决方案。在阅读本书过程中，建议按照书中的介绍进行实际操作，这样学习效果会更好。

限于作者水平，本书论述难免有不妥之处，望读者批评指正。

编　者

前言

编者

目　录

第1章　BIM技术及其软件简介 ········· 1

1.1　BIM技术简介 ········· 1

1.1.1　BIM的定义 ········· 1

1.1.2　BIM技术的特点 ········· 2

1.1.3　BIM技术在暖通空调设计中的应用 ········· 3

1.2　Revit简介 ········· 4

1.2.1　Revit与BIM的关系 ········· 4

1.2.2　Revit软件的基本术语 ········· 5

1.2.3　Revit操作界面及基本操作 ········· 7

第2章　BIM正向设计方法 ········· 19

2.1　正向设计简介 ········· 19

2.2　传统机电设计与BIM正向设计的比较 ········· 19

2.2.1　传统机电设计 ········· 19

2.2.2　BIM正向设计 ········· 20

2.3　基于BIM的机电设计流程 ········· 21

2.4　正向设计协同方式 ········· 22

2.4.1　链接模型 ········· 22

2.4.2　中心文件 ········· 27

2.4.3　目前常用的协同模式 ········· 31

第3章　通用项目样板 ········· 32

3.1　项目样板的内容 ········· 32

3.2　基础设置 ········· 33

3.2.1　线宽 ········· 33

3.2.2　线型图案 ········· 34

3.2.3　填充样式 ········· 34

3.2.4　材质 ········· 36

3.2.5 线样式 …… 37
3.2.6 对象样式 …… 37
3.3 项目设置 …… 39
3.3.1 项目单位 …… 39
3.3.2 项目参数 …… 39
3.3.3 项目信息 …… 40
3.3.4 共享参数 …… 41
3.4 视图样板 …… 43
3.4.1 视图样板的创建方式 …… 43
3.4.2 视图样板的设置 …… 44
3.5 浏览器组织 …… 46
3.5.1 视图组织 …… 46
3.5.2 图纸组织 …… 50
3.6 预置族 …… 50
3.6.1 载入族 …… 50
3.6.2 注释类族 …… 51
3.7 传递项目标准 …… 54

第 4 章 空调系统 …… 56

4.1 与其他专业互提资 …… 56
4.2 负荷计算 …… 58
4.2.1 添加空间 …… 58
4.2.2 空间分区 …… 59
4.2.3 负荷计算 …… 60
4.2.4 鸿业 BIMSpace 软件的应用 …… 61
4.3 空气处理过程计算 …… 72
4.3.1 绘制设置 …… 72
4.3.2 绘制焓湿图 …… 73
4.3.3 空气处理过程计算 …… 77
4.3.4 系统分区计算 …… 79
4.4 暖通专业项目样板 …… 83
4.4.1 机械设置 …… 83
4.4.2 风管设置 …… 83
4.4.3 管道设置 …… 86
4.4.4 过滤器 …… 89
4.5 风系统设计 …… 91

4.5.1 基本绘制方法 …… 91
4.5.2 风管占位符 …… 95
4.5.3 风管管件 …… 95
4.5.4 风管附件 …… 96
4.5.5 风道末端 …… 97
4.5.6 风管隔热层和内衬 …… 97
4.5.7 设备布置 …… 98
4.5.8 系统创建 …… 99
4.5.9 系统布管 …… 101
4.5.10 添加风阀 …… 105
4.5.11 风管计算 …… 105
4.6 水系统设计 …… 110
4.6.1 基本绘制方法 …… 110
4.6.2 管道占位符 …… 112
4.6.3 平行管道 …… 112
4.6.4 管件及管路附件 …… 112
4.6.5 系统创建 …… 112
4.6.6 系统布管 …… 113
4.6.7 水管阀件和水管附件 …… 115
4.6.8 管道计算 …… 115
4.7 多联机系统设计 …… 116
4.7.1 多联机系统简介 …… 116
4.7.2 项目准备 …… 116
4.7.3 设备布置 …… 117
4.7.4 系统布管 …… 118
4.7.5 系统计算 …… 120
4.8 碰撞检查 …… 121
4.9 设计校审 …… 122
第 5 章 采暖系统 …… 124
5.1 散热器采暖设计 …… 124
5.1.1 散热器布置 …… 124
5.1.2 布置管道 …… 125
5.2 地热盘管采暖设计 …… 126
5.2.1 分集水器布置 …… 126
5.2.2 盘管计算及布置 …… 127

第6章 图纸设计 …… 130

6.1 图框族制作 …… 130
6.1.1 图框 …… 130
6.1.2 标题栏和会签栏 …… 132
6.1.3 修订明细表 …… 134
6.1.4 图框族的使用 …… 135
6.2 图纸目录 …… 136
6.3 设计说明 …… 138
6.4 图例 …… 139
6.5 设备表 …… 141
6.6 风系统图纸 …… 142
6.6.1 视图整理 …… 142
6.6.2 视图标注 …… 144
6.6.3 图纸布置 …… 146
6.7 水系统图纸 …… 147
6.7.1 视图整理 …… 147
6.7.2 视图标注 …… 148
6.7.3 原理图 …… 149
6.7.4 系统图 …… 149
6.7.5 图纸布置 …… 150
6.8 图纸变更 …… 150
6.8.1 图纸修订 …… 150
6.8.2 云线批注 …… 151
6.9 导出图纸 …… 152

第7章 族 …… 154

7.1 族的基本知识 …… 154
7.2 族的创建与编辑 …… 155
7.2.1 族的样板文件 …… 155
7.2.2 族的编辑界面 …… 155
7.2.3 族类别和族参数 …… 156
7.2.4 族类型和参数 …… 158
7.2.5 参照平面和参照线 …… 160
7.2.6 模型创建工具 …… 162
7.2.7 辅助工具 …… 168

7.2.8 可见性和详细程度 …… 168
7.3 族的使用 …… 169
7.3.1 载入和放置族 …… 169
7.3.2 编辑族和族类型 …… 170
7.3.3 导出族 …… 171
7.4 族案例 …… 172
7.4.1 建族的基本流程 …… 172
7.4.2 注释族 …… 172
7.4.3 轮廓族 …… 175
7.4.4 机电管件族 …… 176
参考文献 …… 181

第1章　BIM技术及其软件简介

1.1　BIM技术简介

建筑业是国民经济的重要支柱产业，建筑信息化是提高建筑品质、实现绿色建筑的主要手段和工具。随着建筑信息化程度的不断深入，传统的建筑表达形式已不能满足建筑行业进一步发展的要求，实施BIM技术已成为建筑行业信息化的现实需求。近年来，在政府推动、企业参与和社会关注下，BIM技术成为建筑行业研究和应用的重点，行业内普遍认识到BIM技术对建筑业管理方式、技术升级和生产方式变革具有重要意义。

1.1.1　BIM的定义

在平时我们听到BIM这一名词时，大多数人认为BIM的全称是Building Information Model，即建筑信息模型。但目前国际不同组织和科研机构对于BIM的概念还没有给出统一的定义与解释。

在国外，国际智慧建筑组织（Building Smart International，BSI）对BIM的定义包括以下三个层次，美国2015年颁布的国家BIM标准《National BIM Standard-United States Version 3》（NBIMS）中也采用了这个定义：

（1）第一个层次是“Building Information Model”，中文可称之为“建筑信息模型”。BSI对这一层次的解释为：建筑信息模型是一个工程项目物理特征和功能特性的数字化表达，可以作为该项目相关信息的共享知识资源，为项目全生命周期内的所有决策提供可靠的信息支持。

（2）第二个层次是“Building Information Modeling”，中文可称之为“建筑信息模型应用”。BSI对这一层次的解释为：建筑信息模型应用是创建和利用项目数据在其全生命周期内进行设计、施工和运营的业务过程，允许所有项目相关方通过不同技术平台之间的数据互用在同一时间利用相同的信息。

（3）第三个层次是“Building Information Management”，中文可称之为“建筑信息管理”。BSI对这一层次的解释为：建筑信息管理是指通过使用建筑信息模型内的信息支持项目全生命周期信息共享的业务流程组织和控制过程。建筑信息管理的效益包括集中和可视化沟通、更早地进行多方案比较、可持续分析、高效设计、多专业集成、施工现场控制、竣工资料记录等。

上述三个层次的含义互相之间是有递进关系的，也就是说，首先要有建筑信息模型，然后才能把模型应用到工程项目建设和运维过程中去，有了前面的模型和模型应用，建筑信息管理才会成为有源之水、有本之木。

国际标准组织设施信息委员会（FIC）将 BIM 定义为：BIM 是在开放的工业标准下对建筑物的物理特性、功能特性及其相关的项目全生命周期信息的可计算特性的形式表现，因此它能够为决策提供更好的支持，以便于更好地实现项目的价值。BIM 将所有的相关信息集成在一个连贯有序的数据库中，在得到许可的情况下，通过相应的计算机应用软件可以获取、修改或增加数据。

在国内，较为权威的定义是国家标准《建筑信息模型应用统一标准》（GB/T 51212—2016）中给出的 BIM（Building Information Modeling，Building Information Model）定义：在建设工程及设施全生命期内，对其物理和功能特性进行数字化表达，并依此设计、施工、运营的过程和结果的总称。简称模型。

这个定义包含两层含义：

（1）建设工程及其设施的物理和功能特性的数字化表达，在全生命期内提供共享的信息资源，并为各种决策提供基础信息。

（2）BIM 模型的创建、使用和管理过程，及模型的应用。

1.1.2 BIM 技术的特点

BIM 技术是一项应用于设施全生命周期的 3D 数字化技术，它以一个贯穿其生命周期的通用数据格式，创建、收集该设施所有相关的信息并建立起信息协调的信息化模型作为项目决策的基础和共享信息的资源。BIM 技术具有以下特点：

1. 信息的可视化

可视化是 BIM 技术最显而易见的特点，BIM 技术的一切操作都是在可视化的环境下完成的，而且为实现可视化操作开辟了广阔的前景。其附带的构件信息、几何信息、关联信息、技术信息等为可视化操作提供了有力的支持，不但使一些比较抽象的信息（如温度、热舒适性）可以用可视化方式表达出来，还可以将设施建设过程及各种相互关系在本地表现出来。

BIM 技术的可视化是能够同构件之间形成互动性和反馈性的可视化，在创建建筑信息模型时，整个过程都是可视化的，可视化的结果不仅可以进行效果图的展示及报表的生成，更重要的是，项目设计、建造、运营过程中的沟通、讨论、决策都在可视化的状态下进行。可视化操作为项目团队进行的一系列分析提供了方便，有利于提高生产效率、降低生产成本和提高工程质量。

2. 信息的完备性

BIM 是设施的物理和功能特性的数字化表达，包含设施的所有信息，从 BIM 的定义就体现了信息的完备性。BIM 模型包含了设施的全面信息，除了对设施进行 3D 几何信息和拓扑关系的描述外，还包括了完整的工程信息的描述。

如：对象名称、结构类型、建筑材料、工程性能等设计信息；施工工序、进度、成本、质量以及人力、机械、材料资源等施工信息；工程安全性能、材料耐久性能等维护信息；对象之间的工程逻辑关系等。

信息的完备性还体现在创建模型的过程中，将建筑的前期策划、设计、施工、运营维护各个阶段都连接了起来，把各阶段产生的信息都存储进 BIM 模型中，使得 BIM 模型的信息来自单一的工程数据源，包含了设施的所有信息。BIM 模型内的所有信息均以数字化形式保存在数据库中，以便更新和共享。

3. 信息的协调性

协调性体现在两个方面：一是在数据之间创建实时的、一致性的关联，对数据库中数据的任何更改，都可以马上在其他关联的地方反映出来；二是在各构件实体之间实现关联显示、智能联动。

建立起信息化建筑模型后，各种平、立、剖 2D 图纸以及门窗表等图表都可以根据模型随时生成。在任何视图（平面图、立面图、剖视图）上对模型的任何修改，都视为对数据库的修改，会马上在其他视图或图表上关联的地方反映出来，而且这种关联变化是实时的。这种关联变化还表现在各构件实体之间可以实现关联显示、智能联动。例如，模型中的屋顶是和墙相连的，如果要把屋顶升高，墙的高度就会随即跟着变高。BIM 模型中各个构件之间具有良好的协调性。

4. 信息的互用性

应用 BIM 技术可以实现信息的互用性，充分保证了信息经过传输与交换以后，信息前后的一致性。

具体地说，实现互用性就是 BIM 模型中所有数据只需要一次性采集或输入，就可以在整个设施的全生命周期中实现信息的共享、交换与流动，使 BIM 模型能够自动演化，避免了信息不一致的错误。在建设项目不同阶段免除对数据的重复输入，可以大大降低成本、节省时间、减少错误、提高效率。实现互用性最主要的一点就是 BIM 支持 IFC 标准。另外，为方便模型通过网络进行传输，BIM 技术也支持 XML。

1.1.3　BIM 技术在暖通空调设计中的应用

在暖通空调设计过程中，对 BIM 技术进行有效应用的主要优势表现在以下方面：第一，BIM 技术能够突出设计的可视化。因为可视化本身就是 BIM 技术的主要特点之一，从空调设计过程中可以将空调系统的各个参数以及性能方面的关键数据作为基础，建立三维数据模型。而建立的三维数据模型是具有动画功能的，可以方便设计人员与建设单位更加直观形象地观看设计效果，有利于工作人员根据三维立体模型对设计方案进行优化以及改进。第二，BIM 技术能够在最大程度上保证暖通空调系统的设计精度。因为 BIM 技术本身就是建筑信息管理系统，可以以 5D 数据库的形式对暖通空调的设计工程量进行准确计算，其精度能够达到构建级以上，从而为工程设计提供准确全面的设备参数，方便工作人员对施工管理质量以及效率进行控制。第三，BIM技术可以对施工过程进行虚拟。BIM技术本身的可视化以及模拟性特点使其具有时间维度以及三维可视化的功能，方便工作人员及时发现设计方案在实施过程中可能出现的安全隐患以及施工问题，从而对暖通空调的设计方案进行进一步完善与优化，提高最终设计方案的设计精度。

1.2 Revit简介

1.2.1 Revit与BIM的关系

可能在我们最初接触BIM技术时，会错误地认为“BIM”就等于是“Revit”。其实，Revit只是BIM技术的核心建模软件之一，BIM技术中还有许多其他软件，已经形成了BIM软件体系，如图1.2.1所示。该体系中包含了BIM核心建模软件及其他具有专业功能的软件。在BIM技术中，使用建模软件创建模型并输入信息，其他具有专业功能的软件可以导入该模型并利用模型中的信息进行专业分析，进而让模型产生不同的价值，换句话说，不同参与方可以利用不同的专业软件，对模型中的信息各取所需，实现“一模多用”的目标。而在下文中我们重点介绍的就是Autodesk Revit软件，因篇幅有限，BIM软件体系中的其他软件读者可以根据需要自行去了解，此处不再赘述。

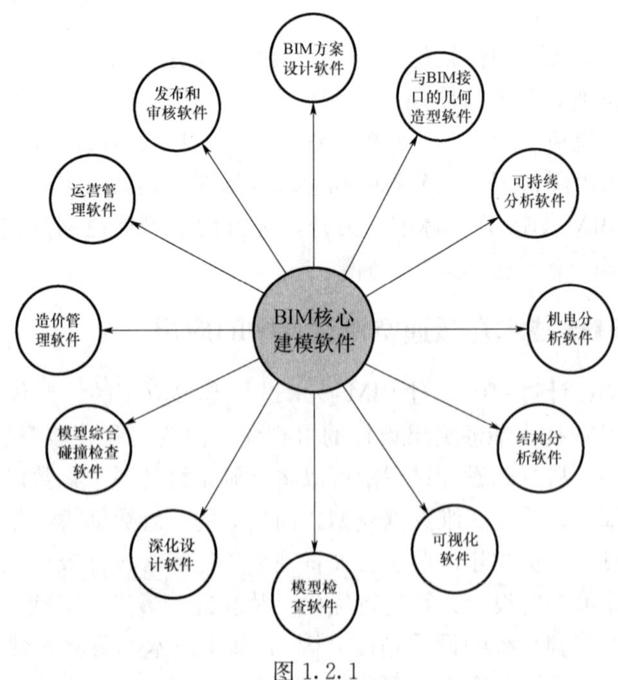

图1.2.1

1.2.2　Revit 软件的基本术语

Revit 软件中的大部分术语都是通用的标准术语，而有些关键术语却是 Revit 软件特有的，下面将一一进行介绍：

1. 族

族是 Revit 的设计基础，是某一种类别图元的类。它可以根据参数集的共用、使用上的相同和图形表示的相似来对图元进行分组。一个族中不同图元的部分或全部属性可能有不同的值，但是属性中对名称和含义的设置是相同的。族中含有的参数记录着图元在项目中的尺寸、材质、安装位置等信息，修改这些参数可以改变图元的尺寸和位置等。在 Revit 中，族分为以下三种：

（1）可载入族

可载入族是指单独保存为族 .rfa 格式的独立族文件，且可以随时载入到项目中的族。Revit 提供了族样板文件，允许用户自定义任何形式的族。在 Revit 中，门、窗、结构柱、卫浴装置等均为可载入族。

（2）系统族

系统族仅能利用系统提供的默认参数进行定义，不能作为单个族文件载入或创建。系统族包括墙、尺寸标注、天花板、屋顶、楼板等。系统族中定义的族类型可以使用“项目传递”功能在不同的项目之间进行传递。

（3）内建族

由用户在项目中直接创建的族称为内建族。内建族仅能在本项目中使用，既不能保存为单独的 .rfa 格式的族文件，也不能通过“项目传递”功能将其传递给其他项目。与其他族不同，内建族仅能包含一种类型。Revit 不允许用户通过复制内建族类型来创建新的族类型。

族的具体讲解我们放在了第 7 章，读者可自行查看。

2. 类型

类型表示同族的不同参数（属性）值，每一个族都可以拥有很多种类型。类型可以是族的特定尺寸，例如门族包括宽高为“1500×2300”或“1800×2300”两种类型。类型也可以是样式，例如尺寸标注的默认角度样式或默认对齐样式。

3. 类别

类别是一组用于设计建模或归档的图元，例如模型图元类别包括墙和梁，注释图元类别包括标记和文字注释。

4. 实例

实例是放置在项目中的实际项（单个图元），它们在建筑（模型实例）或图纸（注释实例）中都有特定的位置。

5. 项目

在 Revit 中，项目是单个设计信息数据库建筑信息模型。项目文件包含了建筑的所有设计信息（从几何图形到构造数据），这些信息包括用于设计模型的构件、项目视图和设计图纸。通过使用单个项目文件，在 Revit 中不仅可以轻松地修改设计，还可以使修改反映在所有关联区域（平面视图、立面视图、剖面视图、明细表等）中。仅需要跟踪一个文件，同时还方便了项目管理。

6. 图元

图元都是使用“族”来创建的，在创建项目时，可以向设计中添加 Revit 参数化建筑图元。图元分为模型图元、视图专用图元、基准图元。

（1）模型图元：表示建筑的实际三维几何图形，其显示在模型的相关视图中，如风管和机械设备等。

（2）视图专用图元：该类图元只显示在放置这些图元的视图中，可以帮助对模型进行描述和归档，如尺寸标注、标记和二维详图构件等。

视图专用图元又分为以下两种类型。

注释图元：指对模型进行标记注释，并在图纸上保持比例的二维构件，如尺寸标注、标记和注释记号等。

详图：指在特定视图中提供有关建筑模型详细信息的二维设计信息图元，如详图线、填充区域和二维详图构件等。

（3）基准图元：指的是可以帮助定义项目定位的图元，如轴网、标高、工作平面和参照平面。

轴网：是有限平面，可以在立面视图中拖曳其范围，使其不与标高线相交。轴网可以是直线，也可以是弧线。

标高：是无限的水平平面，用作屋顶、楼板和天花板等以层为主体图元的参照。大多用于定义建筑内的垂直高度或楼层。可为每个已知楼层或建筑的其他必需参照（如第二层、墙顶或基础底端）创建标高，要放置标高必须处于剖面或立面视图中。

工作平面：是虚拟的二维表面。工作平面与每个视图都相互关联，其用途如下：作为视图的原点、绘制图元、在特殊视图中启用某些工具（例如在三维视图中启用“旋转”和“镜像”）、用于放置基于工作平面的构件等。平面视图、三维视图和绘图视图以及族编辑器的视图中，工作平面是自动设置的。立面视图和剖面视图中，则必须设置工作平面。

参照平面：精确定位、绘制轮廓线条等的重要辅助工具。参照平面对于族的创建非常重要。在项目中，参照平面可出现在各楼层平面及立面、剖面图中，但在三维视图中不显示。

此外，在 Revit 中还有四种基本的文件格式：

.rvt 格式：项目文件格式

.rte 格式：样板文件格式

.rfa 格式：外部族文件格式

. rft 格式：外部族样板文件格式

1.2.3 Revit 操作界面及基本操作

1. Revit 欢迎界面

本书以 Revit 2019 软件为例进行讲解，其他版本软件与此大体相同，区别之处在后文中有所提及。

打开 Revit 软件，进入欢迎界面，如图 1.2.2 所示，上方区域是功能区选项卡，此时功能区选项卡中的命令均为灰色不可选状态，需要新建项目，在项目中使用。在界面的左边是项目和族两大模块，在此我们可以分别新建项目和族，也可以打开已有的项目和族。中间部分是最近使用的文件，可以快速打开最近使用的文件继续编辑。

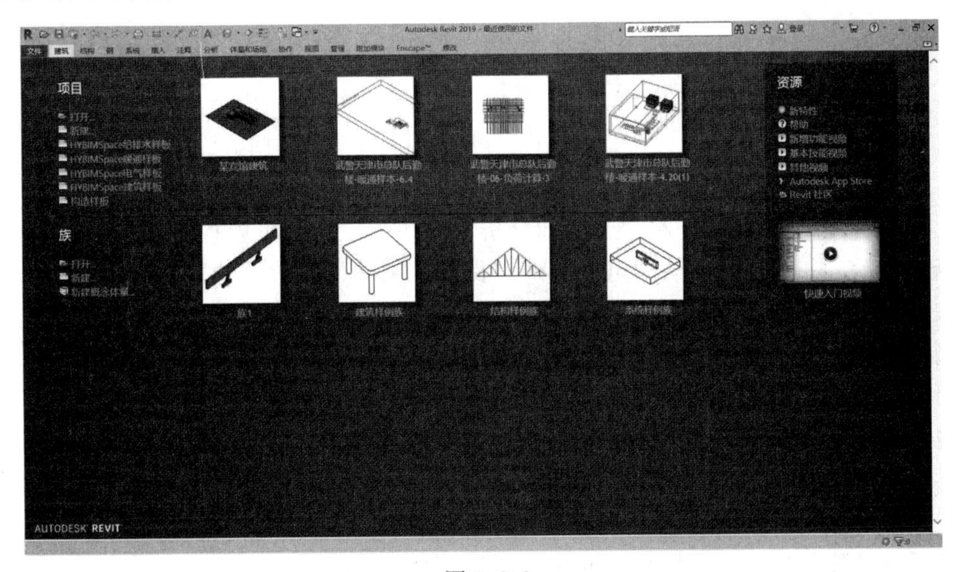

图 1.2.2

此处只讲解常用的【文件】选项卡，其他选项将在后文进行讲解。单击【文件】选项卡，打开应用程序菜单，如图 1.2.3 所示，此处 Revit 2019 与其他版本软件有所区别，其他版本的软件需要单击 R 来打开应用程序菜单。在应用程序菜单中我们可以进行【新建】、【打开】、【保存】、【另存为】、【导出】等常用操作，在后文用到时会进行详细讲述，在窗口右侧可以显示出最近使用的文件，可以方便我们快速打开项目进行编辑。

此外，右下角的【选项】按钮是我们常用的命令，单击【选项】，打开【选项】对话框，如图 1.2.4 所示，下面介绍该对话框中的常用命令。

单击【常规】，在此界面我们常用的操作是修改【用户名】，该参数在利用中心文件进行协作时具有重要作用，用来区分工作集的所属。我们也可以修改“保存提醒间隔”和“‘与中心文件同步’提醒间隔”，该时间不宜过长，设计过程中要对文件多保存及同步，避免发生意外使设计成果丢失。

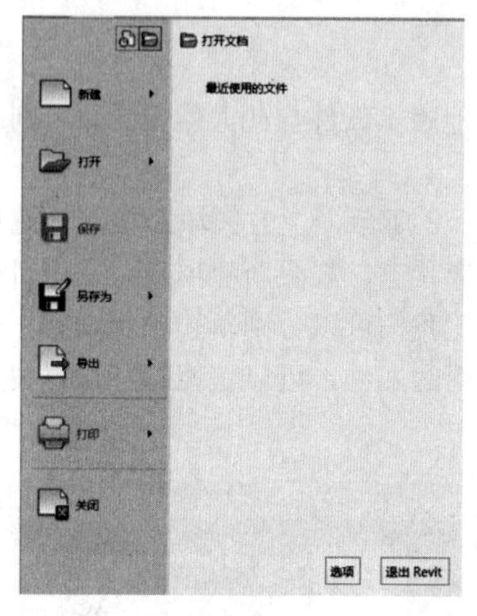

图 1.2.3

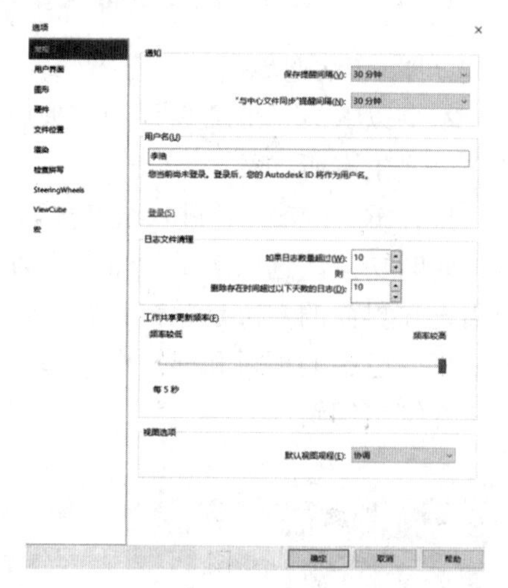

图 1.2.4

单击【用户界面】，在“工具和分析”模块下，我们可以控制功能区各选项卡的显示，一般选择默认即可。此外，我们常用的是修改“快捷键”，熟练使用快捷键可以使设计的速度大大增加。单击【自定义】按钮，进入【快捷键】对话框，如图 1.2.5 所示，我们可以搜索某一命令，查看其快捷键，也可以选中并在下方输入新的快捷键，或者删除某一个快捷键。

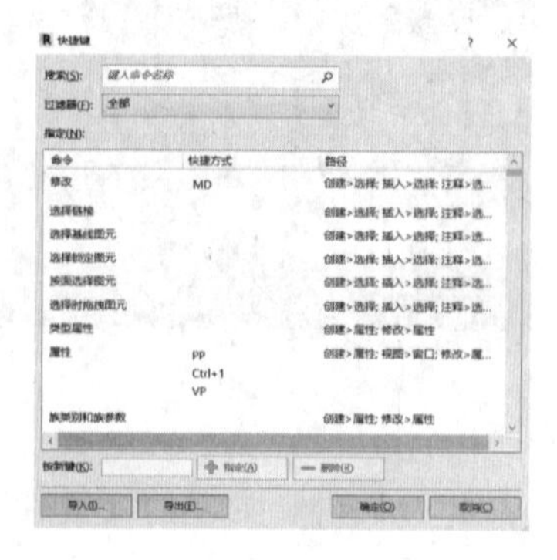

图 1.2.5

单击【图形】，我们常用的是【颜色】模块下的【背景】参数，此参数控制的是绘图区域的背景色，不同版本软件此处会略有不同，但设置方法一致，软件默认为“白色”，单击“白色”，打开【颜色】对话框，可选择其他颜色，一般会选择为白色或黑色，黑色与 CAD 软件一致，看图时更加清晰，读者可以根据自己的习惯进行设置。

此外还需要注意，在【选项】对话框中修改完成后，一定要记得单击最下方的【确定】按钮，所进行的修改才能够生效。

2. 新建项目文件的方式

新建项目文件大体有三种方式，但本质上都是选择一个项目样板来进行新建。

方式一：单击【文件】选项卡，在【新建】的列表中选择【项目】，如图 1.2.6 所示，打开【新建项目】对话框，在“样板文件”的下拉列表中选择一个样板文件，“新建”处默认为“项目”即可，如图 1.2.7 所示。另外，单击【浏览】，按照如图 1.2.8 所示的文件路径进行选择，也可以选择软件自带的样板文件。

图 1.2.6

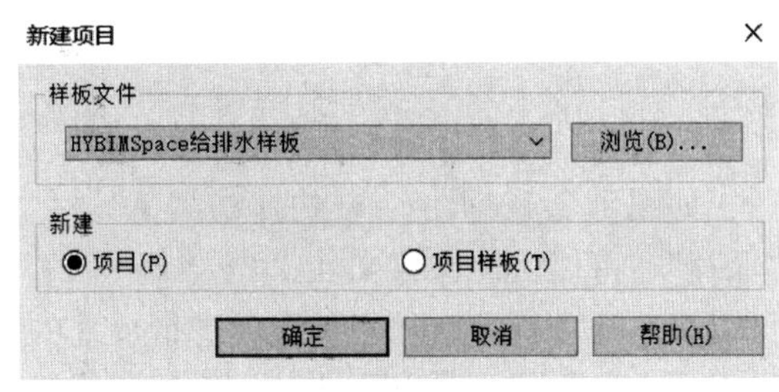

图 1.2.7

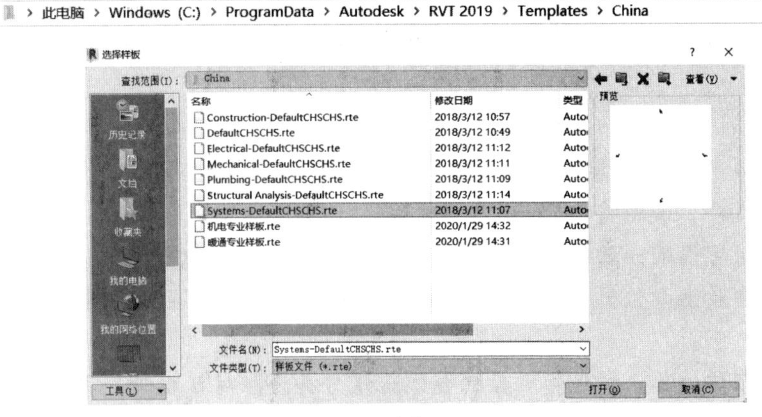

图 1.2.8

方式二：单击【项目】下的【新建】，打开【新建项目】对话框，其余操作与上文相同。

方式三：直接单击【项目】下显示的样板文件，如“建筑样板”“机械样板”等。

3. Revit 操作界面

新建项目文件进入 Revit 操作界面，如图 1.2.9 所示，在操作界面中包含应用程序菜单、快速访问工具栏、功能区选项卡、面板、选项栏、【属性】面板、视图控制栏、项目浏览器和绘图区等区域。

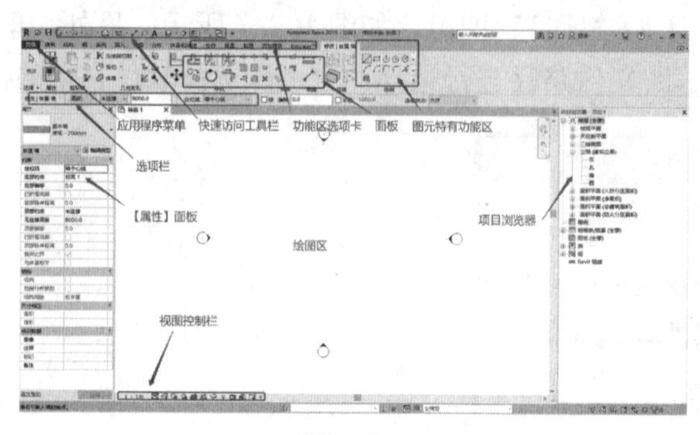

图 1.2.9

（1）快捷访问工具栏

如图 1.2.10 所示，在快捷访问工具栏中，我们常用的命令从左到右依次为："保存"，可以快速保存文件；"放弃"，可以撤回之前的多次错误操作；"对齐"，可以快速地进行距离的测量或者进行尺寸的标注；"三维"，可以快速打开默认三维视图；"细线"，可以快速转换绘图区域线的显示模式；"视图切换"，可以切换多个已经打开过的视图。

图 1.2.10

鼠标右键单击快速访问工具栏中的任意一个命令，可将其删除，也可以自定义快速访问工具栏，或者将快速访问工具栏移动至功能区下方。

注意： 有时可能因为软件安装原因，在最上方快速访问工具栏未显示出来，我们同样可以在最上方位置右键单击，选择"在功能区下方显示快速访问工具栏"即可。

注意： 除了首次单击"保存"按钮会弹出【另存为】对话框外，之后再单击会自动将过程文件保存在初次保存文件的位置，过程文件是名称后带有".000X"的文件，是为了防止最新保存的文件出现损坏等而保存的备份文件，里面的内容是上一次绘制保存后的内容，不包括最新绘制的内容。而名称后没有".000X"的文件为最新的完整文件。

（2）功能区选项卡

在项目编辑界面，功能区选项卡下的命令变为可选状态，包括建筑、结构、系统等主要的功能区，单击每个选项卡，都会在功能区显示出多个选项，这是我们在设计过程中需要用到的主要命令，选项卡下的选项会在后文中详细讲到。

（3）选项栏

在功能区下方的即为选项栏，它随功能区中的选项一起出现、退出，可以在此方便地输入或修改系统族的相关参数，如风管的尺寸及偏移量等参数。

（4）【属性】面板

【属性】面板会显示选中族的族类型和族参数，由类型选择器、实例属性参数以及编辑类型三部分组成，类型选择器提供了该族的多种族类型，用户可以从列表中选择已有的合适族类型直接替换现有类型，而不需要反复修改族参数；实例属性参数显示了当前选中族的各种限制条件类、图形类、尺寸标注类、标识数据类、阶段类等实例参数及其值。用户可直接修改相应参数值来修改族；单击【编辑类型】按钮，打开【类型属性】对话框，如图1.2.11所示，在该窗口可以修改当前类型的相关参数，也可以单击【复制】命令在已有类型的基础上创建新的族类型。

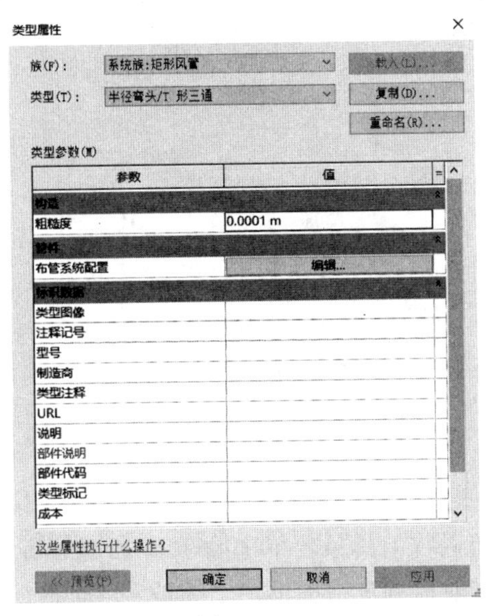

图1.2.11

（5）视图控制栏

在下侧的视图控制栏中，我们常用的是比例尺 1 : 100 ，详细程度，视觉样式，临时隐藏/隔离，显示隔离的图元，以及工作集的选择。详细程度包含粗略、中等、精细三种，可控制图元的显示形式，比如风管在粗略模式下为单线显示，而在中等和精细模式下为双线显示。视觉样式包含线框、隐藏线、着色、一致的颜色、真实和光线追踪。一般用来控制图元的显示效果，且显示效果依次递增，一般选择线框和隐藏线时，操作更顺畅，软件反应更快些，设计绘图时比较推荐这两种样式。临时隐藏/隔离命令能够将选中的图元暂时进行隐藏或隔离，以便更好地进行观察模型或进行设计。视图控制栏中的命令读者可自行尝试，观察不同模式下显示效果的差异。

（6）视图导航栏

在三维视图中，还有用于对模型进行查看的视图导航栏，如图1.2.12所示，

Revit提供了ViewCube，即最上方的立方体，我们可以单击ViewCube的边缘进行任意拖动，绘图区域中的模型也会同步跟着进行旋转，方便我们对模型进行自由观察。右键单击ViewCube的任意位置，弹出对视图的控制菜单，在该菜单中我们可以对三维视图进行操作，常用的命令是“确定方向”，在“确定方向”的下拉列表中提供了东、南、西、北等方向，可以帮助我们快速定向到某一方向的视图，例如在绘制管道系统图时，就可以将视图定向到“西南等角图”，并进行相应编辑操作。

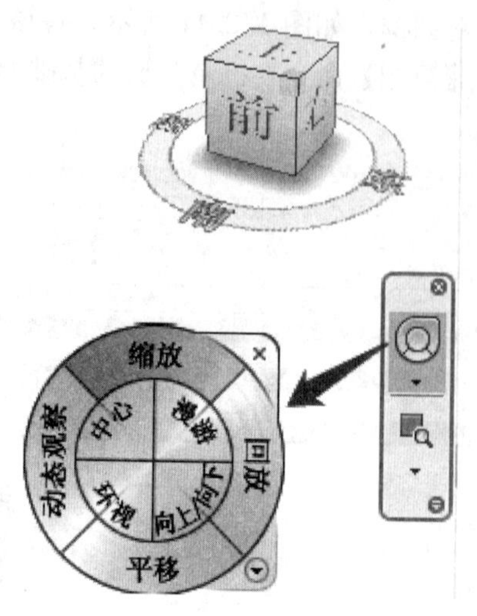

图1.2.12

在下方还有“导航栏”工具条，单击图1.2.12中所示的按钮，可打开左侧的全导航控制盘，全导航控制盘中提供了“缩放”“动态观察”“平移”“中心”等命令，我们可以滑动鼠标选择功能，按住左键不动，并移动鼠标即可使用该功能对三维视图进行调整，使我们能够更好地对视图进行观察。

除上文提到的之外，还有一些常见的浏览模型的方法。在平面、立面或三维视图中，通过滚动鼠标中键可以对视图进行缩放；按住鼠标中间并拖动，可以实现视图的平移；在三维视图中，选中某一需要观察的图元，按住键盘中的Shift键并按中鼠标中键拖动鼠标，视图中的模型将以该图元为中心进行旋转。读者可自行尝试以上提到的各种视图操作命令。

(7) 项目浏览器

项目浏览器用于显示当前项目中的所有视图、明细表、图纸、族、组、Revit链接模型等。以目录树结构进行显示，方便进行查找和编辑。

注意：有时可能会无意间将【属性】面板或项目浏览器窗口关闭，此时单击【视图】选项卡，在最右侧的【用户界面】的下拉菜单中勾选【属性】或【项目浏览器】即可在绘图区域中恢复。

4. 基本操作命令

(1) 图元选择

1) 点选

选择单个图元时，直接单击鼠标左键即可。选择多个图元时，按住 Ctrl 键，移动鼠标逐个单击要选择的图元；需要取消选择时，按住 Shift 键，鼠标单击已选择图元，可以将图元从选择集中删除。

2) 框选

按住鼠标左键，从右往左移动鼠标，在矩形框内的图元将被选中。按住 Ctrl 键可以继续框选其他图元，按住 Shift 键可以将框选的图元从选择集中取消。

3) 选择全部实例

当我们需要选中同一类型的图元时，可以先选中该类型中的一个图元，单击鼠标右键，在下拉列表中找到“选择全部实例”，在扩展列表中有两个选项：“在视图中可见”表示绘图区域显示的视图中该类型的所有图元；而“在整个项目中”表示包括绘图区域显示的图元在内，在整个项目中的所有这一类型的图元都会被选中。这一功能方便我们对统一类型的图元进行统一的修改。

4) 其他选择方式

当图元连接在一起时，比如需要选择风管的中心线，直接选择不易选中，我们可以将鼠标光标放在图元上，再按 Tab 键，直到将中心线高亮，鼠标左键选中即可。

(2) 图元过滤

在 Revit 中，当选择集中有不需要的图元时，Revit 中提供了一个过滤器的功能。在过滤器中可以显示当前所选图元的类别和各类别图元的数量，如图 1.2.13 所示，我们可以通过取消勾选不需要的图元类别对选择集进行过滤。如果我们需要选中的图元类别较少，也可以单击【放弃全部】命令，之后再依次勾选需要选中的图元类别，最后单击【确定】即可完成选择集的修改。过滤器在我们后续的设计过程中具有重要作用。

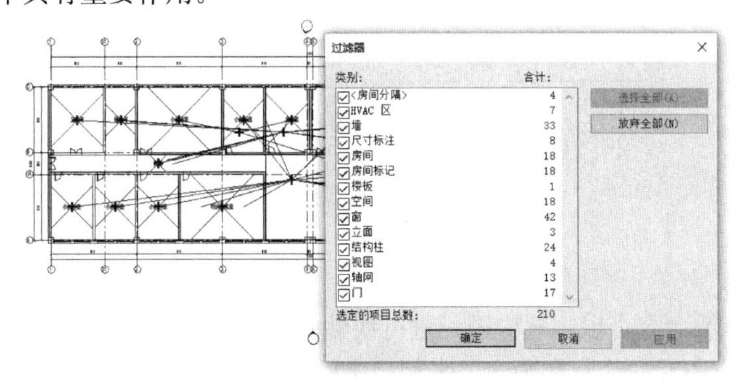

图 1.2.13

(3) 图元编辑

图元编辑命令对模型的建立具有重要作用，可以大量减少重复性图元的绘图步骤，能够很大程度地提高建模效率和准确性，每一个命令在多个场景中均可使用，需要读者去灵活运用。单击【修改】选项卡或选中任意图元，都会显示出【修改】面板，如图1.2.14所示，其中包含复制、阵列、对齐、移动、旋转、修剪/延伸为角、镜像-拾取轴、镜像-绘制轴等常用修改命令，我们进行一一介绍。

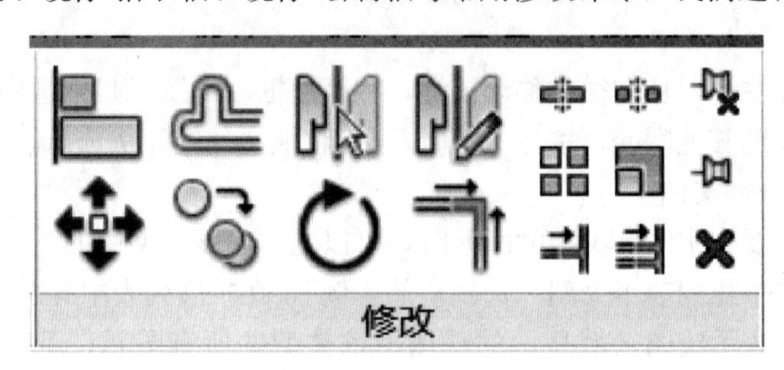

图1.2.14

1) 复制

【复制】命令是将指定图元复制一个或多个，并将其放置到指定位置。例如在绘制轴网时就可以利用复制命令，选中①轴，再单击【复制】命令，在选项栏有“约束”和“多个”两个选项，“约束”表示只能将图元在水平或竖直方向移动复制，多用于需要对齐的图元。“多个”表示可以将选中图元连续复制多个。因为轴网需要对齐，此处我们要勾选“约束”处的复选框，同时我们要复制多个轴网，所以“多个”处的复选框也要勾选。单击①轴中的任意一点作为参照点，拖动鼠标指针到目标位置，或输入具体距离，再次单击鼠标即可绘制②轴，继续拖动鼠标，输入距离“9600”，即可绘制③轴，依次类推，所有轴网就可迅速绘制完成。Ⓐ～Ⓒ轴也采用同样方式绘制，如图1.2.15所示。

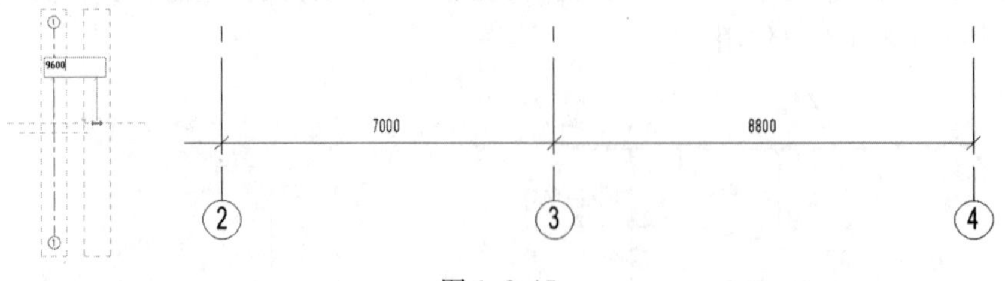

图1.2.15

2) 阵列

【阵列】命令可以将选中图元进行线性阵列和径向阵列。其中线性阵列是通过指定图元的个数和距离，来使选中的图元成线性方式进行阵列复制了径向阵列是通过指定图元的个数和角度，以任意一点为阵列中心点，将阵列图元按圆周或扇形的方向进行阵列复制。此外，在【移动到】选项组中选择【第二个】按钮，则指定的阵列距离是指源图元到第二个图元之间的距离；若选择【最后一个】按钮，则指定的阵列距离是指源图元到最后一个图元之间的总距离。例如在绘制标高时，层高基本一致，所以可以直接使用阵列命令绘制标高。首先选中标高 F2，单击【阵列】命令，因为标高需要在直线方向绘制，所以此处选择线性阵列，勾选“成组并关联”和“约束”，项目数是包含选中图元本身的。我们在“项目数”中输入“4”，其他选项默认，选中标高中任意一点，移动鼠标指针，输入距离“3600”，再次单击鼠标，即可自动绘制剩余标高，单击阵列出的标高，会显示当前的阵列数量，如果需要增加数量，我们可以直接进行修改。当不勾选“成组并关联”选项时，阵列图元将不成组，不显示阵列数量。如图 1.2.16 所示。

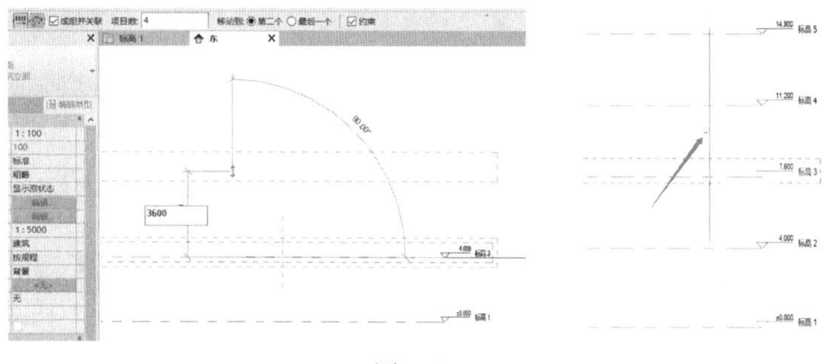

图 1.2.16

注意：使用阵列命令绘制标高，绘制完成后项目浏览器中未显示，此时需单击【视图】选项卡，选择【创建】面板中的平面视图，在下拉页面中选择【楼层平面】，弹出【新建楼层平面】对话框，如图 1.2.17 所示，选中 F3、F4、F5 视图，单击【确定】，即可创建这些平面视图。

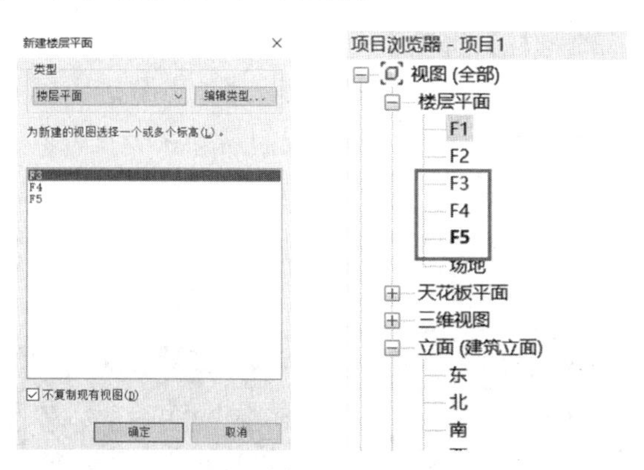

图 1.2.17

3）对齐

【对齐】命令是将一个图元或多个图元与选定图元进行对齐。例如在绘制结构柱与墙体时，左侧三根结构柱需要与墙体进行对齐。单击【对齐】命令，选项栏会显示“多重对齐”选项，“多重对齐”表示可以将多个图元与选中的图元进行对齐。此处我们勾选“多重对齐”复选框，选中墙的外边缘，会显示一条用于对齐的基准线，再分别单击结构柱需要与墙对齐的边缘，即可将结构柱与墙对齐，如图 1.2.18 所示。

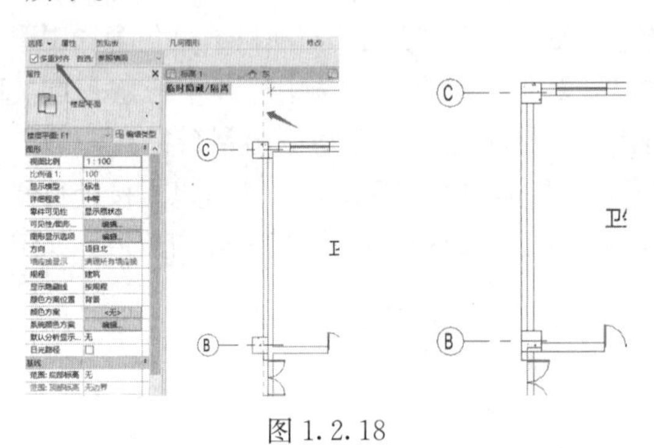

图 1.2.18

4）移动

【移动】命令是将选中图元移动到指定位置。模型中“电话总机室”的门与 CAD 图纸中的位置不一致。单击该门图元，显示出【修改｜门】选项卡，单击【移动】命令，再选中门图元的任意位置，将鼠标指针拖动到 CAD 底图所显示的正确位置，单击即可将门图元进行移动。“约束”表示只能将图元在水平或竖直方向移动。如图 1.2.19 所示。

5）旋转

【旋转】命令是将选中图元围绕旋转中心旋转指定的角度。如图 1.2.20 所示，在大厅处的结构柱角度均不正确，就需要使用旋转命令。选中需要修改的结构柱，显示【修改｜结构柱】选项卡，单击【旋转】命令，在选项栏中可以对选中图元进行复制，可以直接输入旋转角度，【地点】表示的是旋转中心，可以单击【地点】修改旋转中心的位置。此处我们需要在竖直方向单击一下确定旋转起点，再输入“45”，确定旋转终点，即可完成旋转操作。

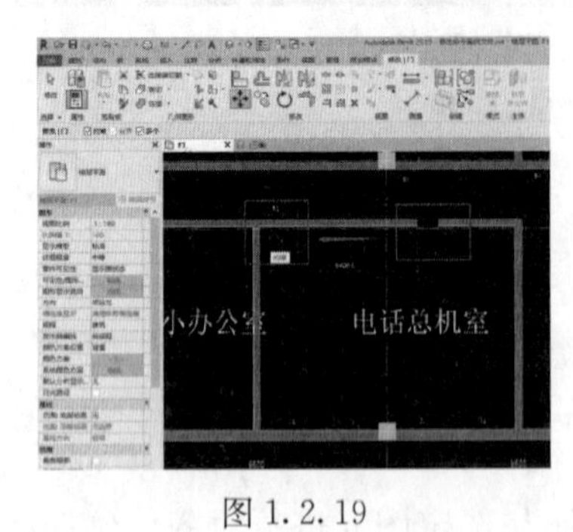

图 1.2.19

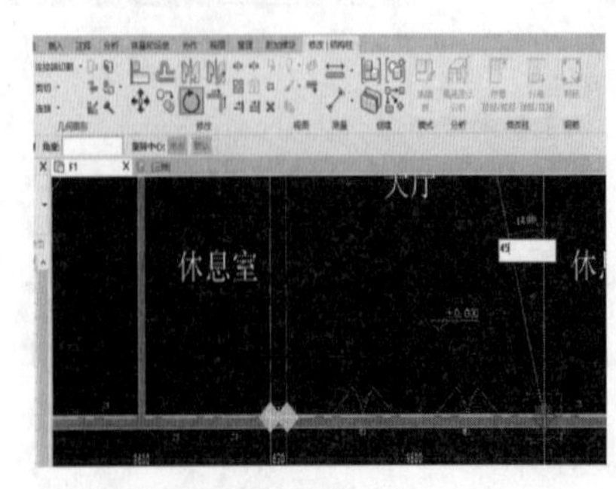

图 1.2.20

6）修剪/延伸为角

【修剪/延伸为角】命令是将通过延伸能够交叉的两个图元进行连接的命令，多用于管道之间的连接，绘制草图线时进行多段草图线的连接等。如图 1.2.21 所示，收发接待室及其临近的卫生间有墙未进行连接，我们可以利用【修剪/延伸为角】命令进行连接，单击【修剪/延伸为角】，再单击收发接待室左边的墙，当鼠标指针移动到收发接待室上边墙体时，会显示出一段虚线来表示连接路径，单击墙体即可自动连接。

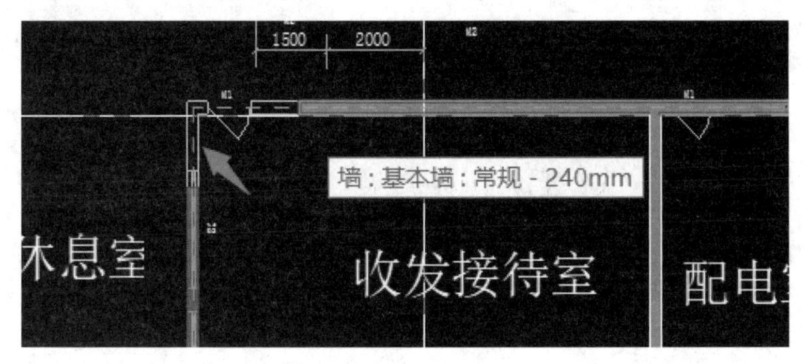

图 1.2.21

注意：【修剪/延伸为角】命令在修改过程中是选中哪里就保留哪里，其余部分删除，如图 1.2.22 所示，修剪时选择箭头所指示的两面墙，其他多余部分就会删除。

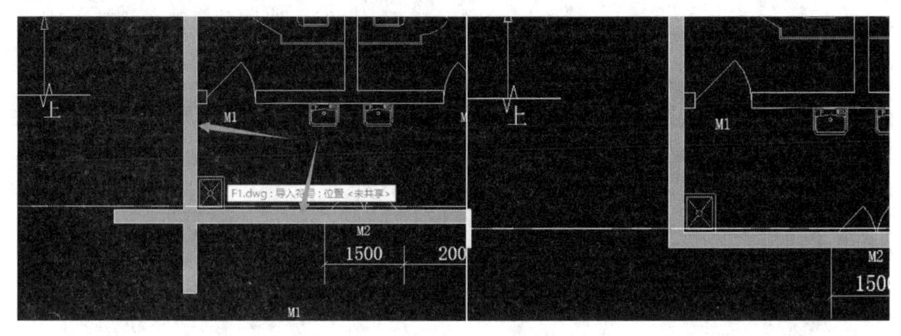

图 1.2.22

7）镜像

镜像命令分为【镜像-拾取轴】和【镜像-绘制轴】，它们之间的区别是前者为拾取绘图区域已经存在的直线，而后者需要根据需求自行绘制镜像轴。如图 1.2.23 所示，最下边左侧的三根结构柱与右侧的三根结构柱是对称的，此时我们可以使用【镜像-拾取轴】。首先选中左侧的三根结构柱，再单击【镜像-拾取轴】命令，拾取④轴为镜像轴，即可将结构柱镜像到右侧，可能结果会有偏差，再使用【移动】命令微调即可，或者在此处使用【镜像-绘制轴】

命令，能够使镜像后图元的位置更精确，单击【镜像-绘制轴】命令，在④轴与⑤轴之间绘制镜像轴，即可完成镜像，如图 1.2.24 所示。

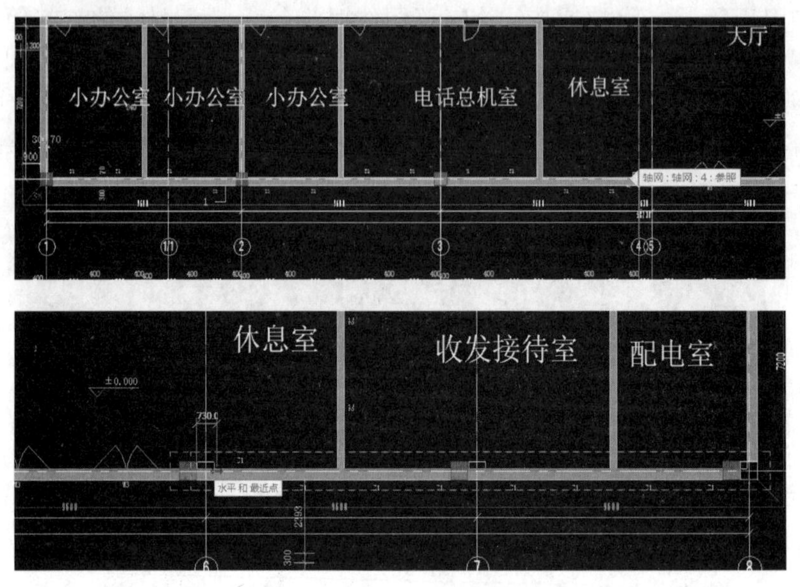

图 1.2.23

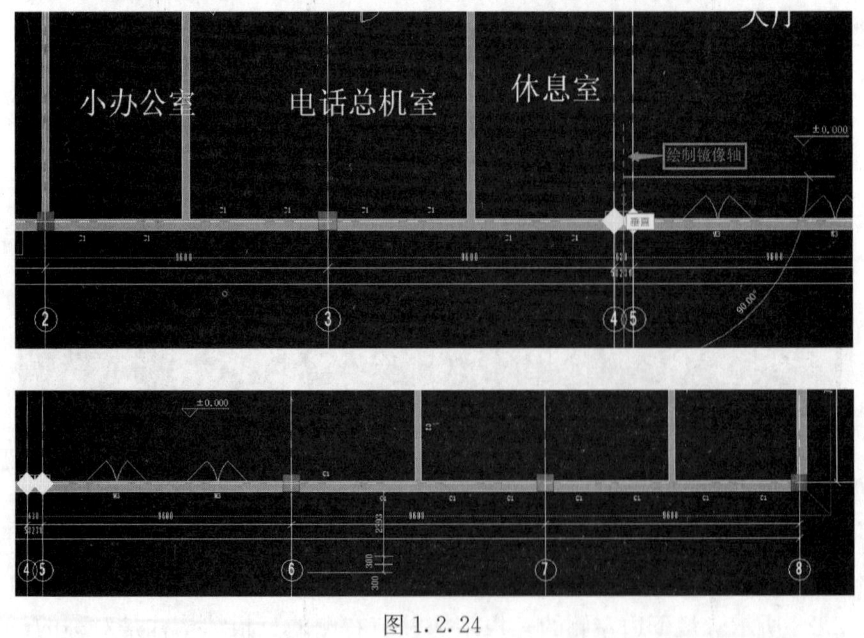

图 1.2.24

第2章　BIM正向设计方法

2.1　正向设计简介

BIM正向设计目前尚无统一的定义。通常意义上的BIM正向设计，是指基于BIM技术“先建模，后出图”的设计方法，区别于“先在CAD中出图，后通过BIM软件进行三维翻模”的设计方法。BIM正向设计要求设计师将设计思想首先表达在三维模型上，并赋予相应的信息，之后再由三维模型输出二维图纸，因目前国家政策等原因，还需要对二维图纸进行审查工作。正向设计的目标是使设计师能在三维的信息化平台上，直观地表达设计思想，省去“设计时由三维表达为二维，施工时由二维还原为三维”的过程，并通过计算机的参数化功能减轻设计师的一部分工作量，使设计师能够专注于设计，而非专注于绘图。

BIM正向设计也是一次对传统项目设计流程的再造，三维设计的高集成性有别于传统设计图形＋表格的设计流程，使不同维度的信息在同一平台中高度集成，有利于帮助设计人员理清项目思路，获取管理信息，从而提高设计质量。

目前较为常见的是BIM翻模设计，在CAD图纸完成之后，由BIM建模人员将二维施工图转换为三维BIM模型，并根据后续的模型使用目的确定翻模的深度以及要添加的信息，相对于BIM正向设计，通常将上述方式称为“BIM逆向设计”。在逆向设计的流程下，BIM模型通常作为二维施工图的补充扩展以及几何校核。然而由于传统基于CAD的工作流程中，存在大量的“三边”工程以及图纸改动频繁的现象，逆向设计很难与传统设计保持一致的节奏，因而，在经过长时间的配合后，逆向设计形成的BIM模型常常与施工图不完全一致。在国家规范层面上，目前仅二维蓝图具有法定的公信力，BIM模型本身并不具备国家规范赋予的公信力，因此与施工图不完全一致的BIM模型经常不能作为传递到下个流程的交付物，进而失去继续深化的价值和信息传递的价值。而BIM正向设计无此硬伤，有望改变这种现状，进一步推动BIM技术的发展。

2.2　传统机电设计与BIM正向设计的比较

2.2.1　传统机电设计

传统机电设计工程项目从规划设计到完工要经历以下四个阶段：

1. 方案设计

在方案设计阶段，通常要讨论和决定整个建筑的电力负荷、冷热负荷、用水量等基本信息，各类管线安装的大概位置，主要设备场所的面积和大概位置等。

2. 初步设计

在这个阶段首先是把前面的规划设计报告进一步深化和细化，确定设计依据（遵循的规范、标准、法规及建设单位的设计要求）、所要采用的设计方法，对各专业系统的设计描述；然后根据甲方的评审意见把前面的报告进一步深化和细化，完成各专业系统平面图的初步设计和专业设计说明书的初步设计。

3. 施工图设计

这个阶段主要是根据建设单位和其他专业的评审意见把初步设计阶段的设计文件进一步深化和细化，同时还要增加安装详图、各类设备表、所有系统的回路编号等。所有的设计细节都要在这个子阶段敲定落实，各专业不但要完成自己专业的设计，还要确保其他专业提出的要求得到满足和实施。

4. 与其他专业的配合

以CAD二维绘图软件为统图平台，将各专业的图纸叠加到一张图纸上，分区域综合协调。综合协调结束后，将各专业图纸分别分离出来反馈给自身的专业图纸中，并根据协调图中的位置调整自身专业图纸，最终完成单一专业图纸的深化设计。创建机电综合平面图和剖面图，绘制机电管线综合预留预埋图，待机电专业进场时提供专业平面施工图、二次墙体综合留洞图，最后绘制机房大样图以及设备基础定位图。

2.2.2 BIM正向设计

相较于传统二维设计的分散性，三维设计强调的是数据的统一性、协同性和完整性，整个设计过程是基于同一个模型进行的。基于BIM的正向设计是以三维设计模型为基础，除了遵循传统机电设计的原则和要求外，还通过建筑性能模拟分析、虚拟仿真漫游等手段，碰撞检测及三维管线综合等方式帮助设计师确定合理的方案。

1. 建筑性能模拟分析

建筑性能模拟分析主要在机电初步设计、施工图设计阶段应用。在初步设计阶段，帮助设计师确定合理的机电设备布局及系统方案，例如通过能耗模拟分析对比不同空调系统方案的优劣，选择高效合理的空调系统形式。在施工图设计阶段，用于验证设计方案的合理性，并优化设计方案，例如通过室内空调气流组织模拟分析，优化送回风口的位置及气流参数，使室内空间的舒适性和系统的节能性达到最佳平衡；通过对火灾烟气和人员疏散的模拟分析，验证建筑消防设计的安全性。

2. 虚拟仿真漫游

虚拟仿真漫游在方案设计、初步设计、施工图设计、施工准备、施工实施阶段均有应用。在方案设计阶段，有助于设计师等相关人员进行方案预览和比选；在初步设计阶段，能进一步检查设备布置的匹配性、可行性、美观性以及干管排布的合理性；在施工图设计阶段，可以预览设计成果，帮助设计师分析、优化空间布置等；在施工准备阶段，有助于进行虚拟进度和实际进度的对比，从而合理控制工期、优化安装进度安排；在施工实施阶段，有助于模拟重要节点的施工方案和安装流程，从而优化施工方案和安装流程。

3. 碰撞检测

在综合模型中检查管线之间是否符合综合原则，在机电管线综合的基础上对保温、操作空间、检修空间等进行软硬件碰撞检测，检查是否符合相关技术规格，对碰撞检测结果及时进行调整。通过碰撞检测，可以提前发现机电不同专业之间的冲突点，专业分包人员可以提前进行沟通并解决问题，管理人员可以将更多的精力投入到各专业的协调管理分包及其他工作中，提高施工质量和建筑项目的品质。

4. 综合支吊架的设计与应用

根据BIM综合管线模型进行综合支吊架的设计，在满足各专业规范、现场施工要求的基础上，做到简洁美观，能承受各专业管线的静荷载及动荷载的安全性要求，节省材料，优化制作工艺，进行大批量工厂化生产。

5. 与土建预留预埋配合

通过综合深化设计，确定预留预埋孔洞的位置，如现场已施工则复核孔洞的位置，及时调整管线走向，随项目施工进度配合确定二次结构和预留预埋孔洞的位置；对现场预留预埋工作中产生的误差要及时调整管线加以消除。

6. 三维可视化交底及指导施工

通过BIM软件优化后，整个项目的设计情况已实现三维可视，针对管道及设备布置复杂的地方，要采用三维图纸或模拟视频进行交底，指导现场按照设计进行施工。使用三维模型的可视化功能，能够直观地把模型和实际的工程相比较，发现项目中实际与理论的差距以及不合理性，既直接又方便。

2.3　基于BIM的机电设计流程

基于BIM技术的设计流程与传统设计流程有所区别，大概流程如图2.3.1所示。首先由专业负责人创建通用的项目样板，主要是对在设计过程中需要统一的参数、设计人员不可随意修改的设置，如图框的样式、标注的样式等与出图有关的设置。之后由专业负责人利用该项目样板创建中心文件，并上传到服务器中，各设计人员从服务器中用中心文件创建本地文件，并创建自己所负责区域的工作集。然后设计人员对项目样板进行各专业针对性的修改，例如创建风管、水管系统，添加新的管道类型，添加新的表示风管、水管的线样式等。这样设计的准备工作基本完成，可以正式开始进行设计了。首先，和其他专业进行互提资，在项目中导入建筑模型，根据建筑模型创建基本的标高轴网和平面视图，并对创建的平面视图进行重命名及分类管理。之后我们进行负荷计算，创建提资工作集，提资视图，为其他专业提供信息，同时接受其他专业提供的信息。然后我们就可以进行风系统，水系统，采暖、防排烟等系统的设计，以及相关设备及附件的布置。设计完成后，我们需要在专业内及专业间进行碰撞检查，提高设计质量。最后，我们对视图进行必要的标注，对图纸进行布置，导出符合设计标准的图纸。

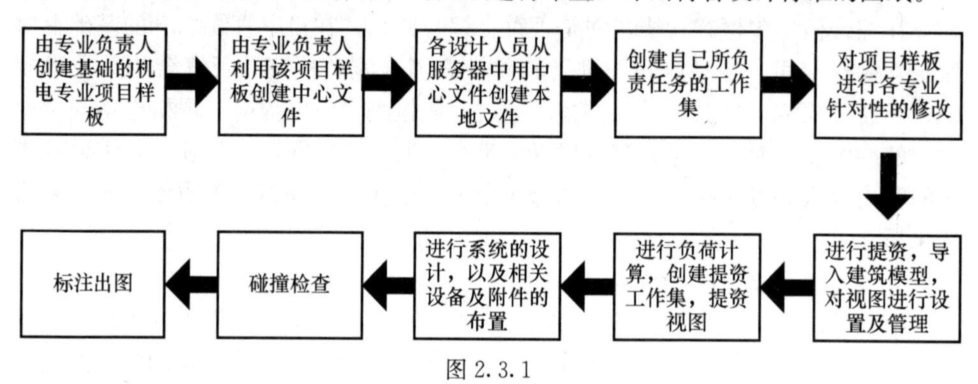

图 2.3.1

2.4　正向设计协同方式

在利用 Revit 进行 BIM 设计的过程中，软件内置的协作功能使协同设计方便高效了许多。Revit 的协同设计有“链接模型”和“工作共享”两种形式。

链接模型的形式同 CAD 中的链接参照的方法类似，但 Revit 中的链接功能更完善，链接时可以对链接文件的关键图元进行监视。当链接中的被监视图元发生变化时，软件本身会提供多个消息进行提示，同时提供监视报告，以供在后续的处理中与其他设计人员进行沟通后决定是否接受这一变化。

Revit 中的工作共享是允许多名设计成员对同一个项目文件进行处理的协同设计方法，工作共享的特点是：协同性强，设计成员通过“与中心文件同步”的操作就能得到整个项目的最新的设计信息，同时将自己的设计信息实时提供给中心文件，保证了共享信息的及时准确。工作共享的协同方式通过工作集来区分不同的设计参与成员的工作内容，除了方便各专业的分工协作，对大型的项目，在专业内来进行分工也很方便。

2.4.1　链接模型

1. 链接模型的项目基点和定位方式

各模型文件之间的位置关系非常重要，因此在协同设计开始前，负责人应先确定好项目基点坐标，并以此确定各链接文件的坐标位置。如果总图中已经提供具体的坐标值，则按该值修改项目基点坐标值；如没有提供，则一般约定在①和Ⓐ号轴线的交点为项目基点，也可根据项目需要约定其他位置。

2. 链接模型的导入方式

有两种方式能够导入链接模型，一种是单击【插入】选项卡，选择【链接 Revit】命令，打开【导入/链接 RVT】窗口，如图 2.4.1 所示，找到链接模型所在位置并选中，在此需要注意，【定位】处一般选择“自动-原点到原点”，最后单击【打开】按钮即可。另一种方式是在【项目浏览器】窗口，如图 2.4.2 所示，右键单击【Revit 链接】命令，选择【新建链接】，其他操作就与第一种方式一致了。

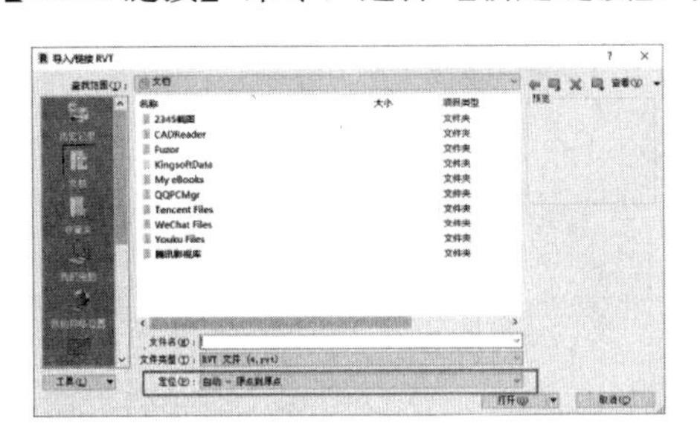

图 2.4.1

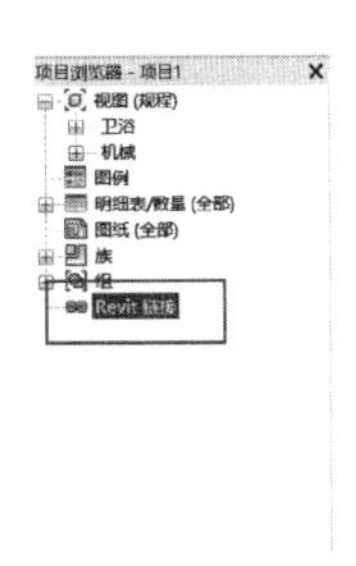

图 2.4.2

3. 链接模型的显示

链接模型后，要检查位置是否正确，检查平面视图、立面视图中的位置是否对齐，以及我们所需要的链接模型中的信息是否显示出来。例如我们将建筑模型导入暖通专业样板时，可能会存在房间标记不能显示的情况。此时，单击【视图】选项卡，选择【图形】面板中的【可见性/图形】命令，单击【Revit 链接】模块，选择【显示设置】中的【按主体视图】命令，之后在【Revit 链接显示设置】窗口中勾选【按链接视图】，并将链接视图处选择所需要修改的平面视图，如图 2.4.3 所示，单击【确定】，这样房间标记就显示出来了。

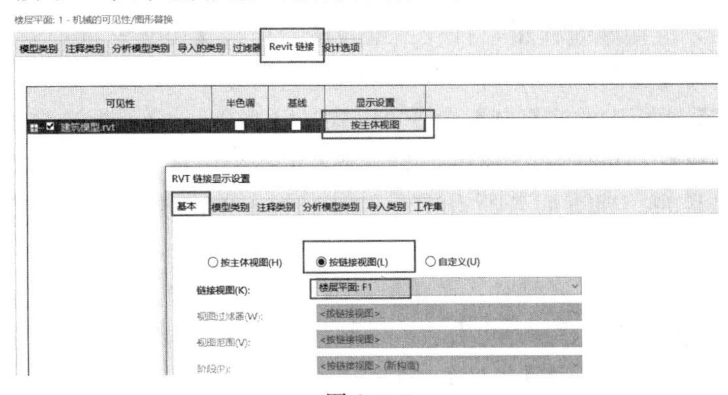

图 2.4.3

注意：有时会发现【按主体视图】处为灰色，不能修改。此时，我们需要回到平面视图，在【属性】栏中将【视图样板】改为“无”，再次按上文所述修改即可。

4. 链接模型的管理

单击【管理】选项卡，选择【管理项目】面板中的【管理链接】命令，打开【管理链接】窗口，在此可以进行“删除链接”“卸载链接”“重新载入链接”“重新载入来自”等操作对链接文件进行管理，如图2.4.4所示。

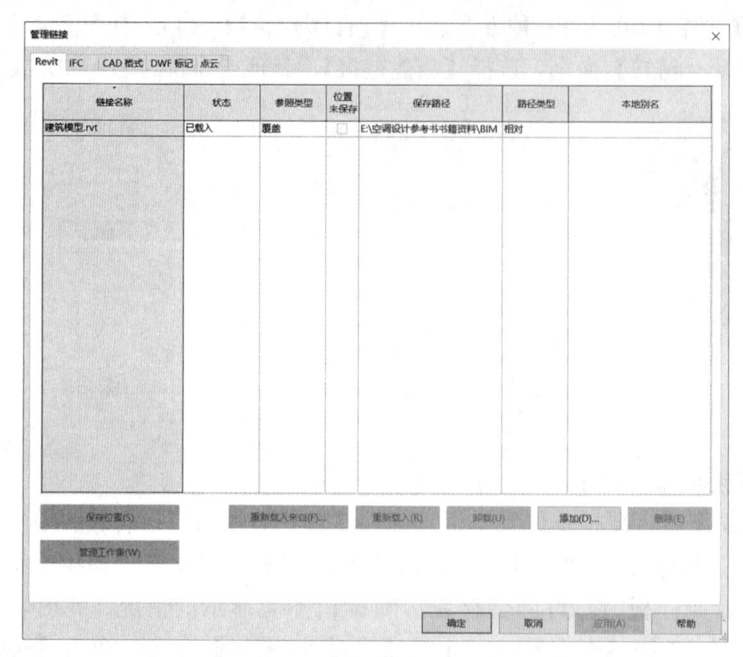

图2.4.4

5. 链接模型应用

前面已经提到，链接模型协同方式是通过复制、监视来实现的，在此我们新建一个项目，链接建筑模型，打开三维视图，单击【协作】选项卡，选择【坐标】面板中的【复制/监视】命令，单击【选择链接】，并选中导入的链接模型。单击【工具】面板中的【复制】命令，并勾选【多个】，之后框选整个建筑模型，并单击【完成】，如图2.4.5所示，图中显示了多个监视符号，链接模型中所有图元已被监视。检查后若所有图元已被监视，单击【复制/监视】面板中的【完成】命令即可。

当链接的模型发生修改时，在【项目浏览器】中找到该链接文件，右键选择【重新载入】命令，此时会弹出警告，需要进行协调查阅，如图2.4.6所示。单击【协作】选项卡，选择【坐标】面板中的【协调查阅】命令，选中该链接，即可弹出协调查阅报告，如图2.4.7所示，

图 2.4.5

警告
链接实例需要协调查阅

图 2.4.6

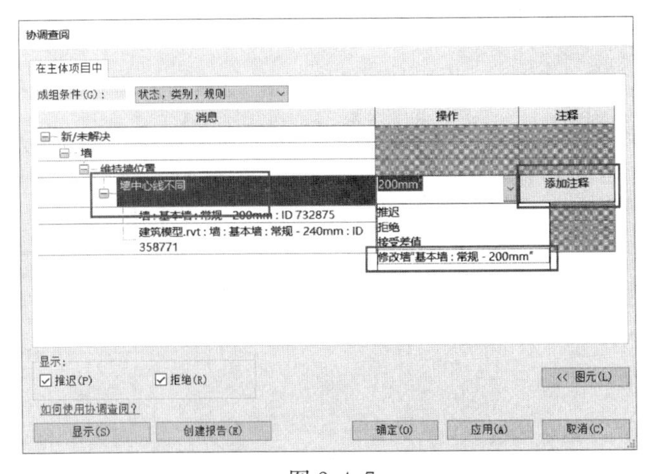

图 2.4.7

报告中显示了发生修改的图元，选中图元并单击【显示】命令，可以在模型中对该图元进行高亮显示。在【操作】选项下，选择“修改墙‘基本墙：常规-200mm’”，即可将链接模型修改到最新版，同时也可以对修改位置添加注释。

在协同设计中链接模型的另一个作用是提供标高轴网，以便其他专业参照，一般是由建筑专业提供给机电专业。新建一个项目，打开机械样板，链接建筑专业提供的模型，单击【插入】选项卡，选择【链接】面板中的【链接 Revit】命令，在文件中找到建筑模型并打开，如图 2.4.8 所示。

单击【协作】选项卡，在【坐标】面板中选择【复制/监视】，在下拉面板中选择“选择链接”，再选中导入的链接模型，进入【复制/监视】面板，如图 2.4.9 所示。

图 2.4.8

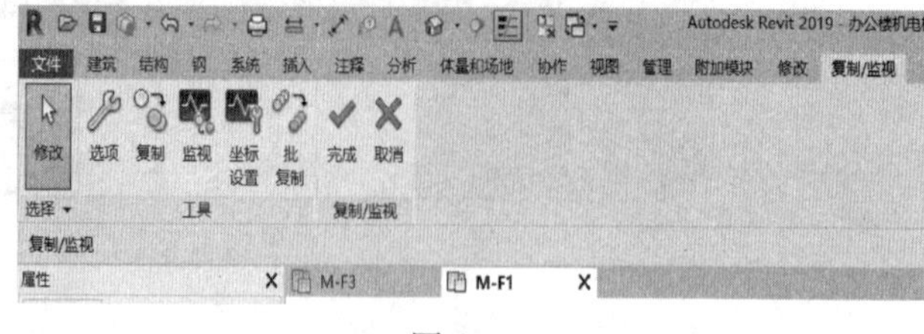

图 2.4.9

单击【工具】面板中的【选项】命令，弹出【复制/监视选项】对话框，在此我们可以设置标高、轴网、柱、墙、楼板等样式，如图 2.4.10 所示，在【新建类型】处，将“8mm 标头”改为“上标头”以及“下标头”。

单击【复制】命令，再单击需要复制的轴网，即可完成轴网的复制，最后单击【完成】即可完成绘制，如图 2.4.11 所示。

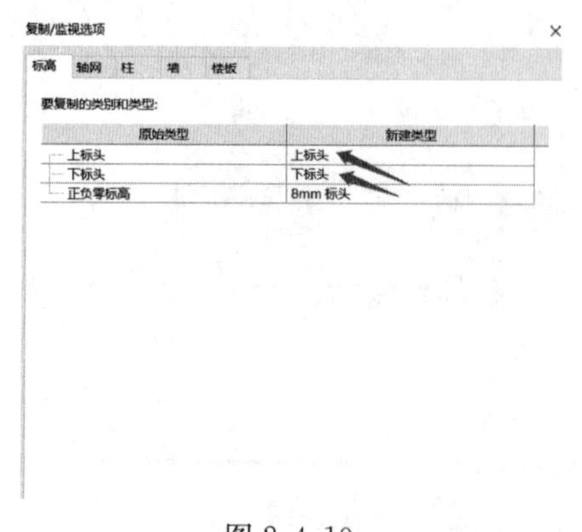

图 2.4.10

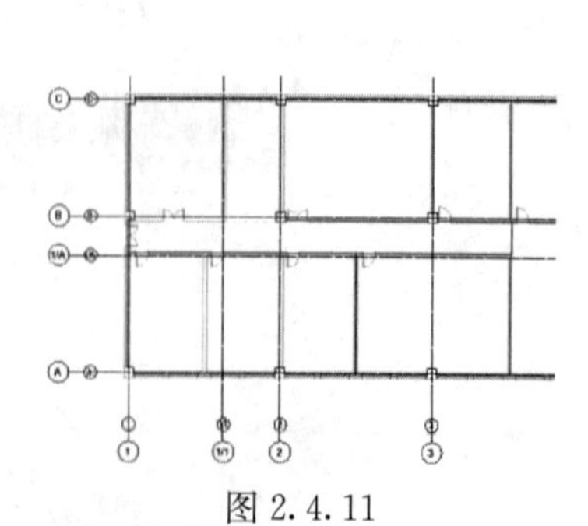

图 2.4.11

打开任意立面视图，绘图区域存在两套标高，一套是机械样板预设的标高，另一套是链接模型中的标高，在此我们需要删除机械样板预设的标高，并用与上述相同的方式复制链接模型中的标高。单击【视图】选项卡，选择【平面视图】下的【楼层平面】，进行平面视图的建立。

6. 链接模型的注意事项

链接模型在各专业间存在不同步的可能，因此需要建立相应的制度，规定同步的时间、次数，来保证所链接模型的时效性。需要注意的是，链接模型间的同步次数不是越多越好，这样会使载入者频繁复查变更的部分而降低设计效率，建议依据项目的进程安排适时进行。

2.4.2　中心文件

1. 连接服务器

按照图 2.4.12 所示文件路径打开文件夹，在该文件夹中创建一个扩展名为“.txt”的文本文档，在里面输入负责人所提供的服务器 IP 地址，如图 2.4.13 所示。保存文件后修改文件名为“rsn.ini”，修改后会弹出提示，单击【是】即可，如图 2.4.14 所示。这样计算机就与服务器进行了连接，能够进行中心文件的同步了。

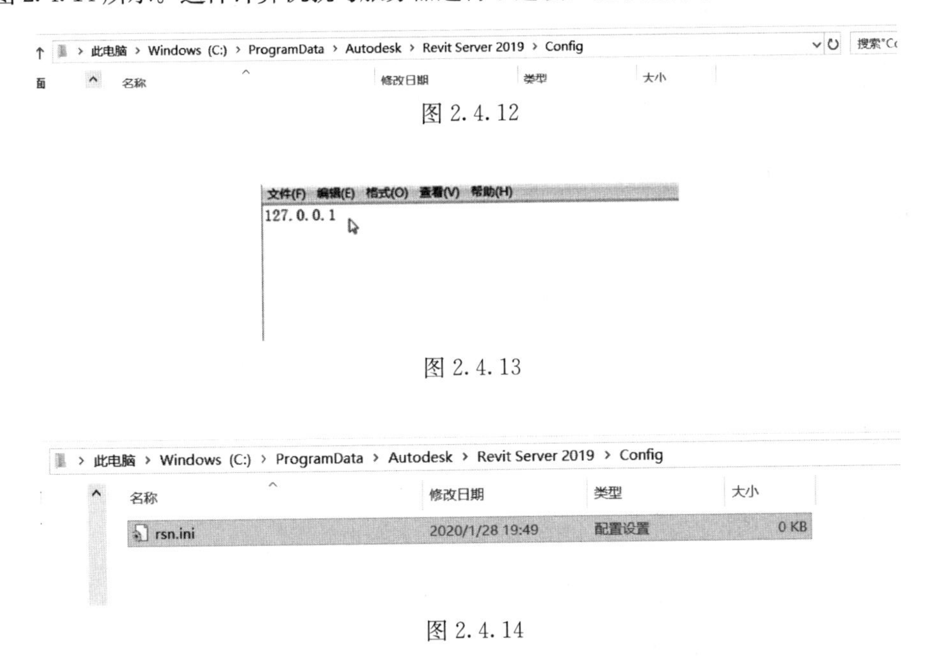

图 2.4.12

图 2.4.13

图 2.4.14

2. 创建本地文件

在创建本地文件之前，需要更改用户名，用户名将直接影响到后期的协同工作，这是大部分用户容易忽视的一点。单击【文件】选项卡，再单击右下角的【选项】命令，打开【选项】窗口，如图 2.4.15 所示，单击【常规】，在【用户名】处输入自己的用户名，该用户名一般采用“专业+人员代号或名称”的方式来命名。

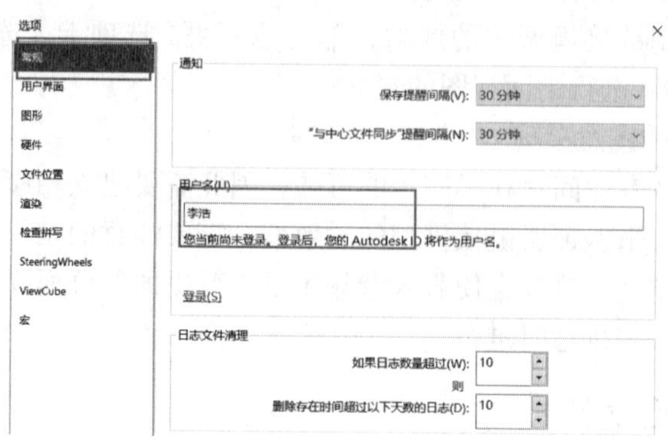

图 2.4.15

用户名设置完成后，回到欢迎界面单击【打开】，选择【Revit Sever 网络】，并选择右侧显示的本地服务器，如图 2.4.16 所示，在服务器中找到专业负责人上传的中心文件并选中。在该对话框的最下方，有“核查”“从中心分离”“新建本地文件”几个选项，“核查”选项用于修复破损文件，如果中心文件有问题，可勾选此选项。“从中心分离”要慎重勾选，因为从中心分离后将无法再和中心文件同步，一般用于提交设计成果或需要向他人展示时使用。“新建本地文件”会直接将本地文件保存到“文档”文件夹，影响文件的管理，所以一般不勾选。最后单击【打开】，进入项目编辑界面。确定打开的是否为中心文件的方法是看【保存】按钮是否为灰色不可选，而旁边【同步】按钮可选，如果“保存”按钮不可选即为中心文件。此时我们需要将打开的文件用“另存为”的方式保存到本地副本，通过本地副本同步来更新中心文件，严禁直接打开中心文件进行编辑。另外需要注意的是，在【另存为】对话框中，单击右下角的【选项】按钮，打开【文件保存选项】对话框，如图 2.4.17 所示，在此我们需要核查“最大备份数”是否足够（应稍微大些），还需要查看“保存后将此作为中心模型”是否取消了勾选，核查完成后保存即可。当保存为本地文件后，再回到项目编辑界面，【保存】按钮可进行选择。

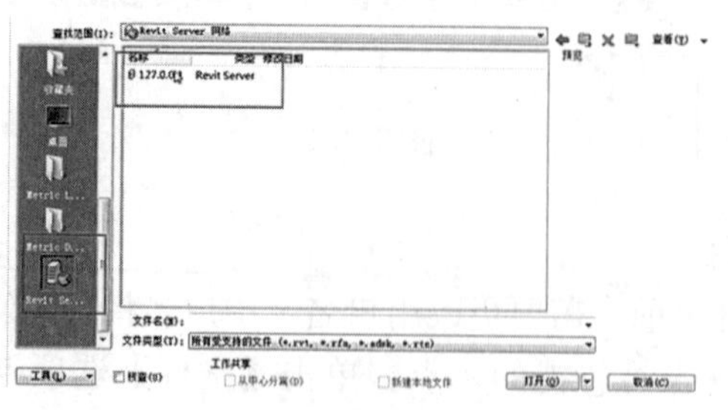

图 2.4.16

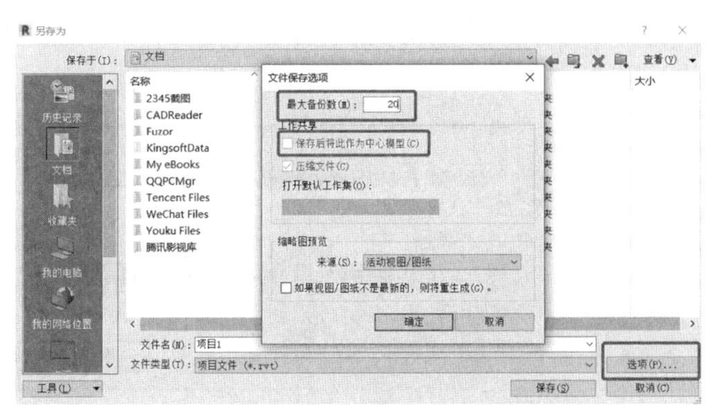

图 2.4.17

3. 创建工作集

本地文件创建完成后，我们来创建自己的工作集。单击【协作】选项卡，选择【管理协作】面板中的【工作集】命令，打开【工作集】对话框，在此处有其他人已经创建好的工作集，也可以新建自己的工作集，单击【新建】，弹出【新建工作集】对话框，如图 2.4.18 所示。暖通工作集的命名一般按照专业、区域、系统、所有者代号的顺序命名，如 M-A 区-裙房风-M-01 或 M-空调设备、M-消防设备。自己的工作集创建完成后，要查看名称后的“可编辑”参数选择为“是”，最后会弹出窗口提示是否将该工作集变为活动工作集，我们选择“是”即可。这样工作集才能属于你自己。此处有一点需要注意，只有活动工作集为自己的工作集时，所绘制的模型权限才能属于自己，所以我们需要查看【协作】选项卡下的【活动工作集】是否为自己拥有权限的工作集。当我们选中一个图元后，可以在【属性】面板，【标识数据】下查看该图元属于哪一个工作集及所有者。

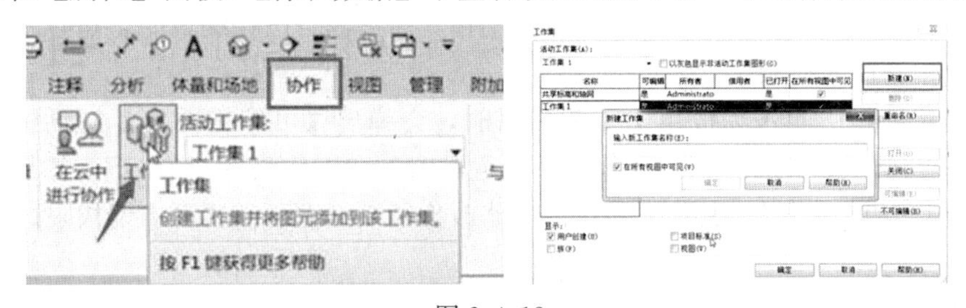

图 2.4.18

4. 工作集的使用

在工作集的使用过程中，权限是我们需要注意的，当我们移动或修改他人工作集中的图元，此时会弹出提示窗口，如图 2.4.19 所示，我们并没有修改的权限，需要单击【放置请求】来获取他人的权限。此时在对方计算机中会出现如图 2.4.20所示的窗口，单击【显示】，可以查看对方申请的图元，单击【批准】，对方就可以借用该图元的编辑权限。单击【协作】选项卡，单击【正在编辑请求】命令，可以查看自己所发出的图元权限借用申请，也可以查看其他人发给自己的图元权限申请。

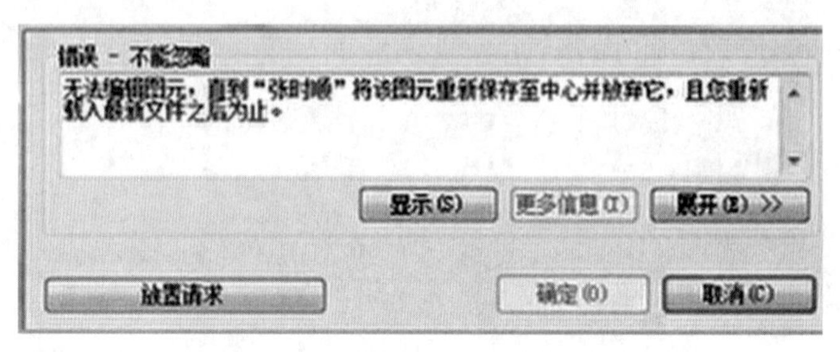

图 2.4.19

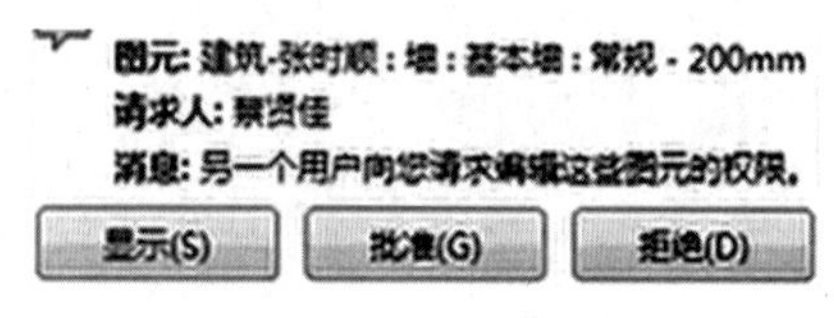

图 2.4.20

在我们绘制完成后，需要将模型同步到中心文件中，同步完成后自己的项目中也会显示其他人最新上传的模型，为服务器中的最新版模型。单击【协作】选项卡，在【与中心文件同步】的下拉列表中有两种同步选项，分别为“同步并修改设置”和“立即同步”。单击“同步并修改设置”会打开【与中心文件同步】对话框，如图 2.4.21 所示，我们需要注意，如果勾选“借用的图元”，我们就把之前借用过的图元权限归还给原来的所有者，这种方式和直接单击“立即同步”的结果是一致的。当我们取消勾选“借用的图元”时，图元的编辑权限还在自己手中，这种方式适用于团队内其他成员不在，而只有自己在编辑时，可以不用再和对方申请图元权限了。

最后当我们同步完成单击关闭项目时，会弹出【可编辑图元】对话框，如图 2.4.22所示，此时我们需要选择“保留对图元和工作集的所有权”，如果选择“放弃图元和工作集”，其他人将可随意修改你的模型而不需要再申请权限。

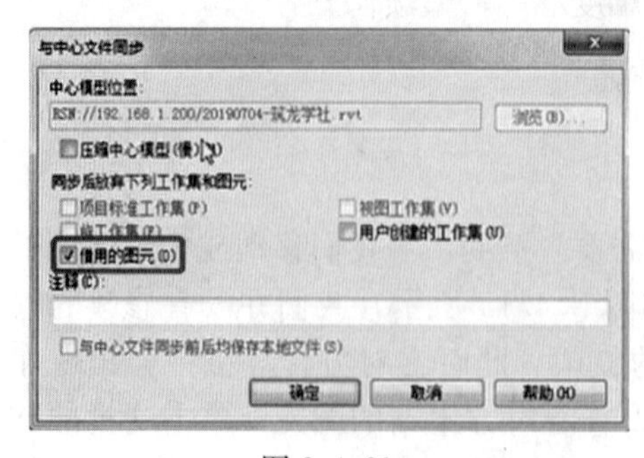

图 2.4.21

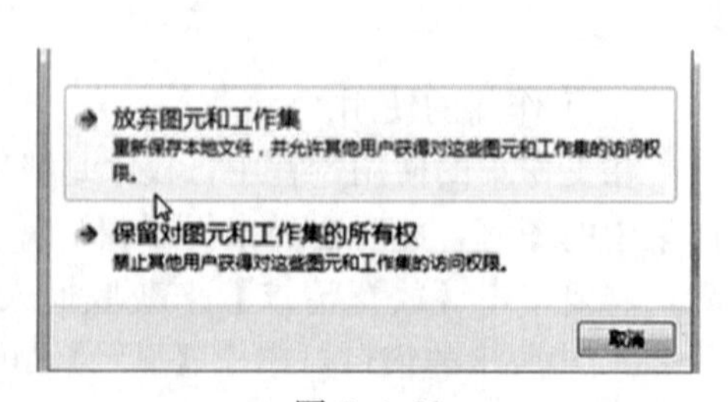

图 2.4.22

5. 工作集注意事项

工作集划分原则：

（1）各专业工作集的划分由各专业负责人确定。

（2）由于工作集有独占性，在分配给设计人时尽量不要分配同一个工作集。

（3）工作集的划分建议按系统来分，对于较大模型，可以先按区域划分再按系统划分。

（4）模型构件需按本专业各设计人的工作内容归属到各自工作集中。消防设备如风机、防火阀、报警阀等也可另建一工作集以便于给电气专业提资。工作集宜少不宜多。

操作禁令：

（1）禁止打开中心文件后不另存本地文件就进行其他操作。

（2）禁止删除不是自己创建的视图。

（3）禁止用高于创建文件的 Revit 版本打开文件。

（4）禁止长时间不同步。

（5）所有的命名均不应出现特殊字符，如@、#等，否则影响文件后续的导出和使用。

2.4.3　目前常用的协同模式

（1）五个专业共用一个中心文件，每次更新都可以看到其他专业的设计进程与变更。这种形式适合于规模小，较为简单的项目。

（2）以包含轴网标高信息的文件分别分离建筑、结构、机电中心文件，各专业间通过轴网进行定位，实现专业间的“无缝衔接”。不同专业人员分别与自己的中心文件同步更新，按照项目进度需求，在约定的时间节点链接或更新链接其他专业的中心文件。这种形式适合规模大，较为复杂的项目，方便专业内与专业间的操作与协调，是目前最为适宜的方式。

（3）以包含轴网标高信息的文件分别分离建筑、结构、水、暖、电中心文件。这种形式与前一种相比，机电专业可以独立处理各自的设计问题，但是不利于管线综合的操作。这种形式适用于管理难度小的大型项目。

第 3 章　通用项目样板

在国内，不同设计院的设计标准及内容都不一样，虽然 Revit 软件提供了各种专业的项目样板，但仍然不能满足我们工程设计时的需求。我们在进行设计之前，需要定制符合项目需求的项目样板。项目样板使得各设计人以相同的标准进行模型的搭建、绘制施工图等工作，减少了重复劳动，大大提高了设计师的效率。

在同一项目中，不同专业的样板也有所不同，需要根据各专业的需求进行项目样板的制作。在项目的搭建过程中，可能会根据项目的实际需求修改样板中预设的内容，负责人要及时根据修改内容更新样板。

3.1　项目样板的内容

项目样板基于 Revit 基本元素构成，由视图样板、预制族、项目设置、浏览器组织、基础设置五个部分组成，如图 3.1.1 所示。

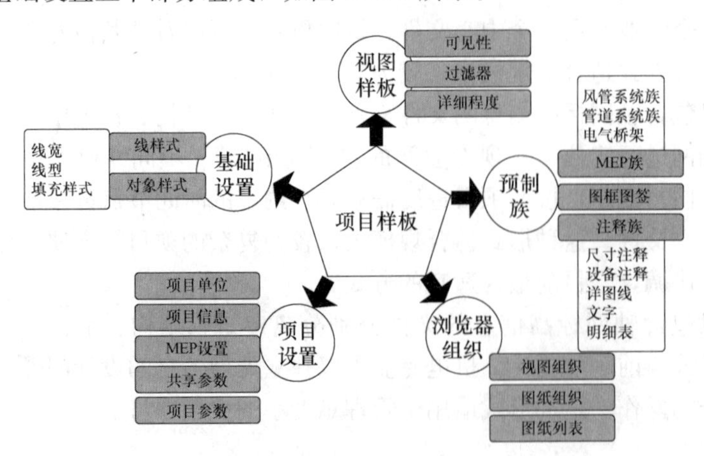

图 3.1.1

（1）视图样板是显示样式及显示内容的控制。

（2）预置族是模型建立的最基本的族，便于快速开展工作及统一建模标准。

（3）项目设置是模型整体的、笼统的设置，其中共享参数和项目参数对族有关键作用。

（4）浏览器组织是对视图、图纸、图纸列表的管理。

（5）基础设置是对视图中各种线的显示样式、填充样式进行设置。

3.2　基础设置

在项目样板的基础设置中，线宽、线型与填充样式属于图形基本构成元素，它们影响着对象样式和线样式的呈现方式，所以设置项目样板时，需要先设定好线宽、线型和填充样式，然后进行对象样式和线样式的设置。

3.2.1　线宽

线宽表示在所有图纸及视图中出现的所有构件轮廓线的宽度，不同构件的轮廓在施工图中呈现的粗细程度也会根据出图要求而有所不同。

单击【管理】选项卡，在【设置】面板中打开【其他设置】下拉列表，单击【线宽】，弹出【线宽】编辑对话框，如图 3.2.1 所示，包含模型线宽、透视视图线宽、注释线宽三种模块设置。模型线宽是用来指定平面视图中图元（比如风管、水管等）在不同比例下的显示宽度，在出图时按所设置的宽度进行显示，共有 16 种型号，可以根据各专业制图标准或自己的设计及出图需求对不同比例下的线宽进行修改，直接单击宽度，并输入新的宽度，最后单击【确定】即可完成修改。同时，也可以添加自己所需要的视图比例，单击【添加】按钮，并输入具体比例值即可。透视视图线宽和注释线宽也是有 16 种型号，分别控制三维视图和剖面视图中模型的表达效果，设置方式和模型线宽类似。

由于机电专业中的三个专业可能使用同一个样板，所以建议使用默认线宽。如果设计要求中对线宽有规定，可以单独建立各专业项目样板，并进行线宽设置。

线宽

模型线宽　透视视图线宽　注释线宽

模型线宽控制墙与窗等对象的线宽。模型线宽根据视图比例而定。

模型线宽共有 16 种。每种都可以根据每个视图比例指定大小。单击单元可以修改线宽。

	1:10	1:20	1:50	1:100	1:200	1:500
1	0.1800 mm	0.1800 mm	0.1800 mm	0.1000 mm	0.1000 mm	0.1000 mm
2	0.2500 mm	0.2500 mm	0.2500 mm	0.1800 mm	0.1000 mm	0.1000 mm
3	0.3500 mm	0.3500 mm	0.3500 mm	0.2500 mm	0.1800 mm	0.1000 mm
4	0.7000 mm	0.5000 mm	0.5000 mm	0.3500 mm	0.2500 mm	0.1800 mm
5	1.0000 mm	0.7000 mm	0.7000 mm	0.5000 mm	0.3500 mm	0.2500 mm
6	1.4000 mm	1.0000 mm	1.0000 mm	0.7000 mm	0.5000 mm	0.3500 mm
7	2.0000 mm	1.4000 mm	1.4000 mm	1.0000 mm	0.7000 mm	0.5000 mm
8	2.8000 mm	2.0000 mm	2.0000 mm	1.4000 mm	1.0000 mm	0.7000 mm
9	4.0000 mm	2.8000 mm	2.8000 mm	2.0000 mm	1.4000 mm	1.0000 mm
10	5.0000 mm	4.0000 mm	4.0000 mm	2.8000 mm	2.0000 mm	1.4000 mm
11	6.0000 mm	5.0000 mm	5.0000 mm	4.0000 mm	2.8000 mm	2.0000 mm
12	7.0000 mm	6.0000 mm	6.0000 mm	5.0000 mm	4.0000 mm	2.8000 mm
13	8.0000 mm	7.0000 mm	7.0000 mm	6.0000 mm	5.0000 mm	4.0000 mm
14	9.0000 mm	8.0000 mm	8.0000 mm	7.0000 mm	6.0000 mm	5.0000 mm
15	9.0000 mm	9.0000 mm	9.0000 mm	8.0000 mm	7.0000 mm	6.0000 mm
16	9.0000 mm	9.0000 mm	9.0000 mm	9.0000 mm	8.0000 mm	7.0000 mm

添加(D)...　删除(E)

图 3.2.1

3.2.2 线型图案

线型图案表示在所有图纸及视图中线条的形式，是一系列交替出现空格的虚线或圆。Revit提供了包括中心线、三分段划线等多种预定义的线型图案，我们可以对现有的线型图案进行编辑、删除和重命名等操作，也可以创建自己的线型图案。

单击【管理】选项卡，在【设置】面板中打开【其他设置】下拉列表，单击【线型图案】，弹出【线型图案】编辑对话框，如图3.2.2所示，单击【新建】，弹出【线型图案属性】对话框，在这里你可以自定义线型图案，需要注意名称采用“专业+线的名称”来命名，如图3.2.3所示。

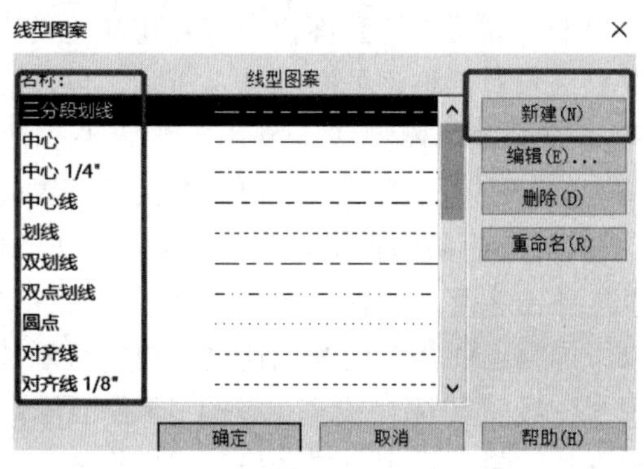

图 3.2.2

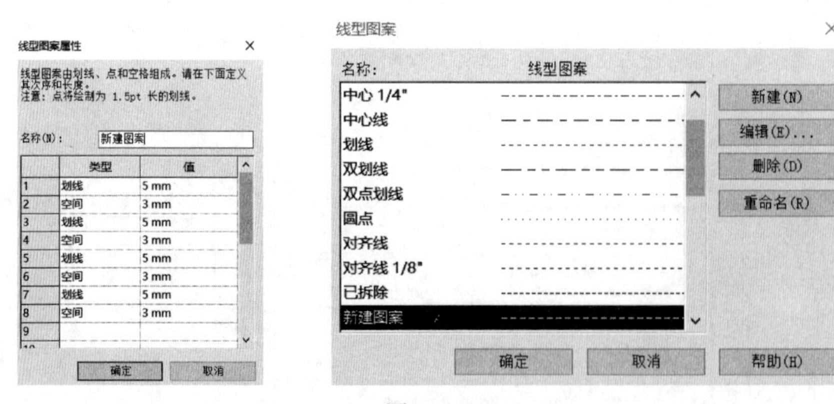

图 3.2.3

注意：在新建和编辑线型图案的设置中，点或划线之后必须设置“空间”并赋予大于0.5292mm的值，否则会弹出报错对话框。

3.2.3 填充样式

Revit内的填充样式与CAD相同的是绘图填充图案以符号形式表示材质，不同的是 Revit 内的填充样式不仅控制模型中所有构件的显示外观，还控制构件被剖切处的二维表达，以及 Revit 中二维视图中起修饰作用的填充图案的表达。

单击【管理】选项卡中的【其他设置】，在下拉菜单中选择【填充样式】，打开【填充样式】对话框，如图 3.2.4 所示。Revit 中提供了“绘图”与“模型”两种填充图案类型，绘图类填充图案可用于绘制详图；模型类填充图案与模型相关，可以进行移动、旋转等操作，代表建筑物的实际图元外观。模型填充图案表示图元真实的纹理，如石材的错缝等。我们可以单击编辑现有的填充图案，也可以单击新建填充图案，或者可以删除或复制现有的图案。

1. 新建“绘图”类型填充样式

当【图案填充类型】为“绘图”时，单击【新建】按钮，弹出【新填充图案】对话框，如图 3.2.5 所示，当选择【类型】为基本时，在“名称”栏中输入新建填充样式的名称，选择“平行线”或“交叉填充”，并输入“线角度”和“线间距 1”和“线间距 2”，即可完成新建的填充样式。当选择【类型】为自定义时，可单击【浏览】，通过导入 CAD 中的“. pat”格式的文件，添加填充样式。需要注意的是，导入时一定要检查“导入比例”的数值。不仅通过对话框中的预览来确定比例，还要看在实际的视图中是否适合构件的尺寸，否则需要重新导入。

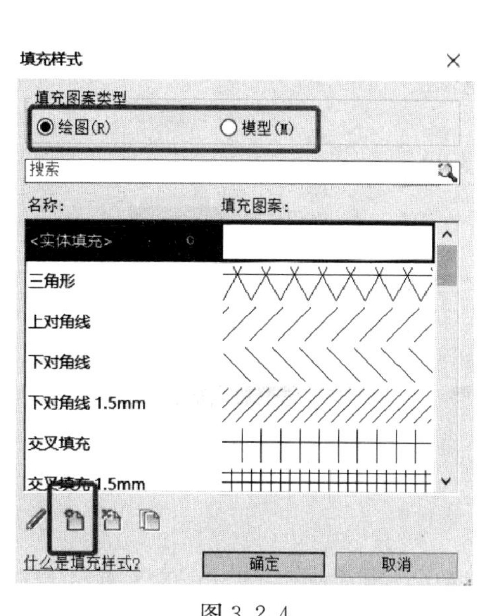

图 3.2.4

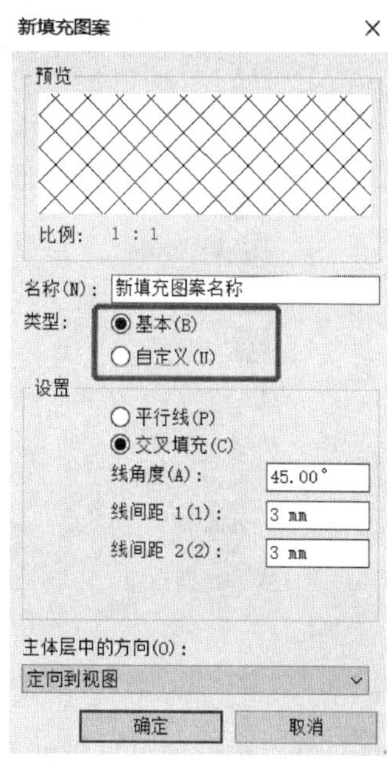

图 3.2.5

2. 新建“模型”类型填充样式

当【图案填充类型】为“模型”时，单击【新建】按钮，弹出【新填充图案】对话框，设置方式与上述相同，但当导入“. pat”文件时会提示“未发现‘模型’类型填充图案”，原因是 CAD 使用的“. pat”文件都是“绘图”类型填充样式。此时，我们需要打开“. pat”文件，在每个填充样式的名称下面添加一行“;%TYPE=MODEL”，就可以将“绘图”类型的填充样式改变为“模型”类型的填充样式，再次导入即可。

注意：当“填充图案类型”为“模型”时，导入比例默认为“1.00”，导入 CAD 中的填充样式，单击【确定】，若弹出“填充图案太密”的提示框，此时将导入比例适当地调大，即可成功将其导入 Revit 中。

3.2.4 材质

材质不仅指定模型图元在视图和渲染图像中的显示方式，还提供外观、图形、热量和物理信息。单击【管理】选项卡，在【设置】面板中选择【材质】，打开【材质浏览器】，如图 3.2.6 所示，在软件的其他操作中也会出现“材质”选项，如在下文讲到的对象样式中。在【材质浏览器】对话框中包含了项目材质列表、库列表、库材质列表和材质编辑器。

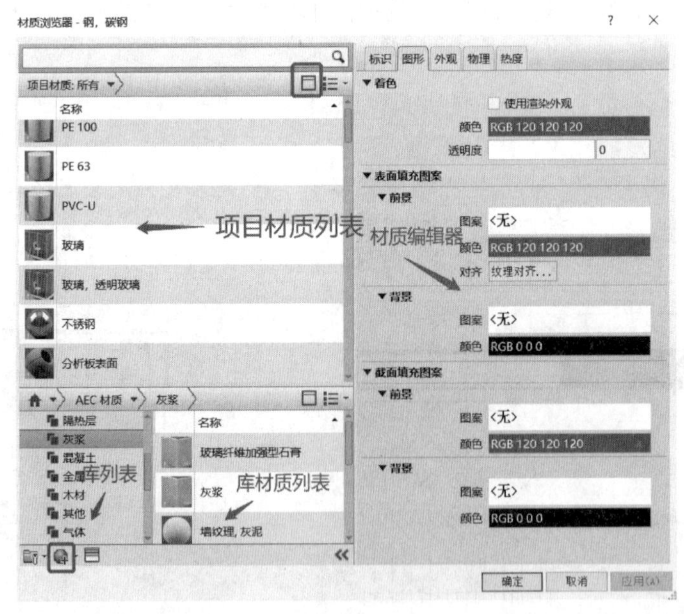

图 3.2.6

我们可以选择项目材质列表中的需要的材质应用于图元，在右侧的材质编辑器中可以对当前材质进行编辑，包含标识、图形、外观、物理、热度等模块，我们经常修改的是图形和外观模块，可对其中的相应参数进行修改。当项目材质列表中没有我们所需要的材质时，可以单击【显示/隐藏库面板】□来调取材质库，Revit 软件自带了材质库，也可以单击来打开现有库或者创建新的材质库。选中某一个材质库，在右侧会显示出该库中的材质列表，将鼠标移动到所需要的材质处，再单击，即可将该材质添加到项目材质列表中，进而应用到项目中。我们也可以对添加的材质在材质编辑器中进行编辑。最后，如果材质库中还是没有我们需要的材质，我们可以单击新建按钮来新建一种自己需要的材质，我们可以对新的材质右键单击进行重命名，也可以在材质编辑器中对各项参数进行编辑，最后单击【确定】即可应用于项目中。

3.2.5　线样式

线样式是模型中出现的所有二维修饰项的表达形式，规定了不同的二维线使用不同的线宽和线型以及线的颜色设定。如我们在使用详图线或者模型线时就可以选择不同的线样式，如图 3.2.7 所示。单击【管理】选项卡，在【设置】面板中打开【其他设置】下拉列表，单击【线样式】，弹出【线样式】编辑对话框，如图 3.2.8 所示。单击【类别】参数“线”旁的“＋”，可列出样板中所有的线样式。我们双击对应的参数就可以对已有的线样式进行线宽、线颜色、线型图案等设置，也可以在【修改子类别】中新建、删除和重命名我们所需要的线样式。但要注意的是，软件自带的线样式不能删除和重命名。单击【新建】，输入线样式的名称，为了和样板自带的线样式区分开，新的线样式的命名一般为“专业＋线的名称”，之后分别设置其线宽、线颜色和线型图案。

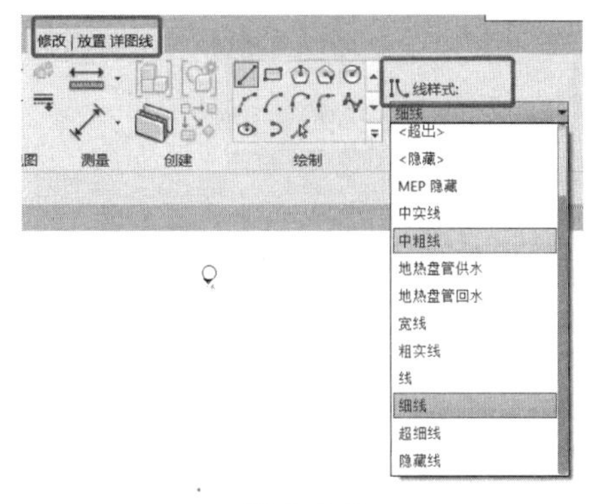

图 3.2.7

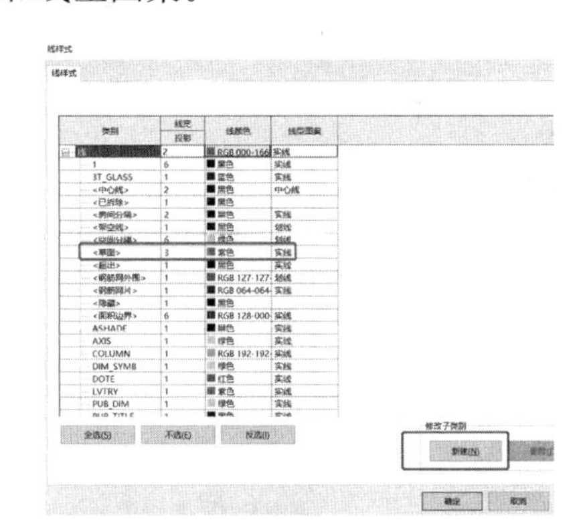

图 3.2.8

3.2.6　对象样式

对象样式工具可为项目中不同类别和子类别的模型对象、注释对象和导入对象指定线宽、线颜色、线型图案和材质。其中，模型对象主要用于设置各种构件图元的样式；注释对象用于设置注释图元的样式，如剖面和各种图元标记；分析模型对象用于各专业中分析模型的样式；导入对象用于设置导入文件图元的样式，如导入的 CAD 文件等。Revit 中，对象样式的功能与 CAD 中图层的功能相同，修改对象样式中各种类别的线宽、线颜色、线型图案，即可同步修改相应模型的外观样式。对象样式的设置非常重要，直接影响专业出图效果及质量。

单击【管理】选项卡，在【设置】面板中可以看到【对象样式】命令，或者单击【视图】选项卡，单击【可见性/图形】命令，在弹出的【可见性/图形替换】窗口的下方，也有【对象样式】命令。对象样式用于设置除线以外的其他图元的显示效果，包括线宽、线颜色、线型图案，以及材质等，如图 3.2.9 所示。在【修改子类别】中我们可以新建子类别，单击【新建】按钮，打开【新建子类别】对话框，如图 3.2.10 所示，在创建新的子类别时，除了需要输入名称外，还需要设置子类别所属的总类别。我们可以对新建的子类别进行修改和重命名。

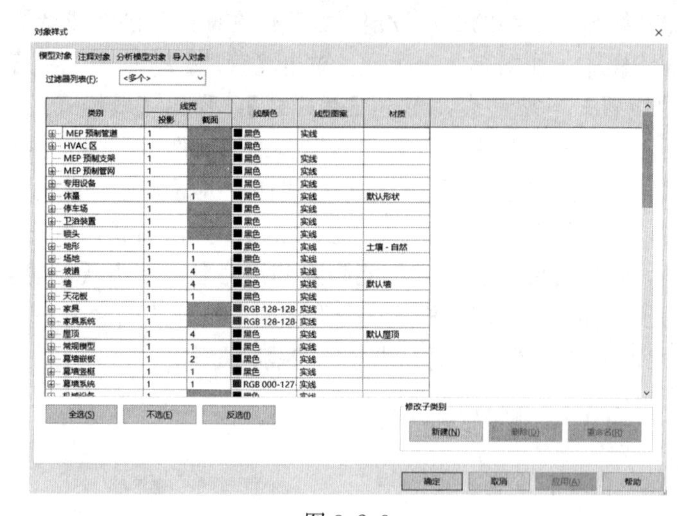

图 3.2.9

新建子类别

名称(N)：

请在此处输入新名称

子类别属于(S)：

风管附件

确定　取消

图 3.2.10

但需要注意的是，对象样式中，软件自带的类别，可以通过“线颜色”等参数来修改绘图区域中模型的外观显示；新建的子类别，修改“线颜色”及“线宽”，不能修改绘图区域中模型的外观显示。

3.3　项目设置

3.3.1　项目单位

项目单位规定了项目中使用的统一单位，可以指定项目中各种单位的显示格式。单击【管理】选项卡，选择【设置】面板中的【项目单位】，打开【项目单位】对话框，如图 3.3.1 所示。所有的项目单位按照规程共分为 6 类，分别为公共、结构、HVAC、电气、管道、能量。在格式处可以预览该单位的显示格式，单击该格式，会弹出【格式】对话框，如图 3.3.2 所示，我们可以根据设计要求编辑项目单位的单位符号、小数点位数，以及单位等设置。

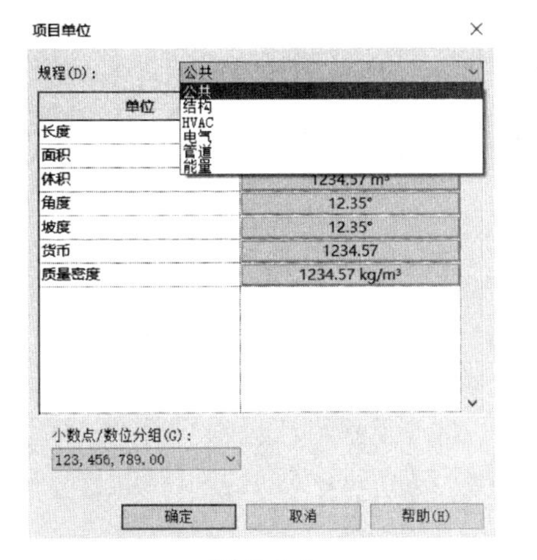

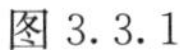
图 3.3.1

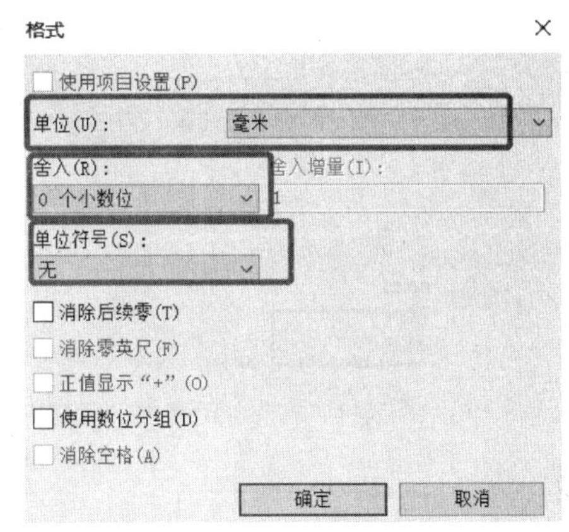

图 3.3.2

3.3.2　项目参数

项目参数是图元的信息容器，通过定义项目参数可以定义图元的各种特性。这些特性可以应用于图纸图框的联动以及项目浏览器的组织。定义项目参数可以使我们按照自己的设计要求对视图、图纸等图元进行管理，增加了项目管理的灵活性。

单击【管理】选项卡，选择【项目参数】，弹出【项目参数】对话框，如图 3.3.3所示，可以添加、修改和删除项目参数。例如可以新建一个与图纸相关的项目参数。单击【添加】按钮，弹出【参数属性】对话框，如图 3.3.4 所示，参数类型选择“项目参数”，名称输入“设计者”，因为该参数与专业无关，规程我们选择“公共”，参数类型选择“文字”，参数分组方式选择“其他”。由于不同图纸的设计者不同，所以选择“实例”“按组类型对齐值”，最后参数的类别选择“项目信息”，该项目参数就设置完成了。对于其他与图纸有关的项目参数可按相同的方式创建。如果某个参数需要同时关联“图纸”与“项目信息”，可在参数的类别中勾选“图纸”与“项目信息”。

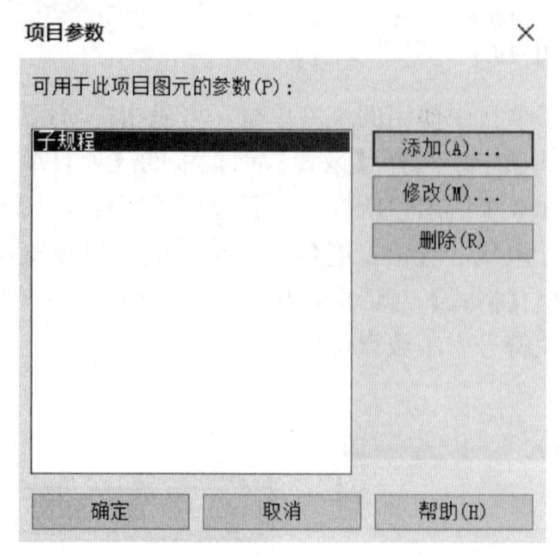

图 3.3.3

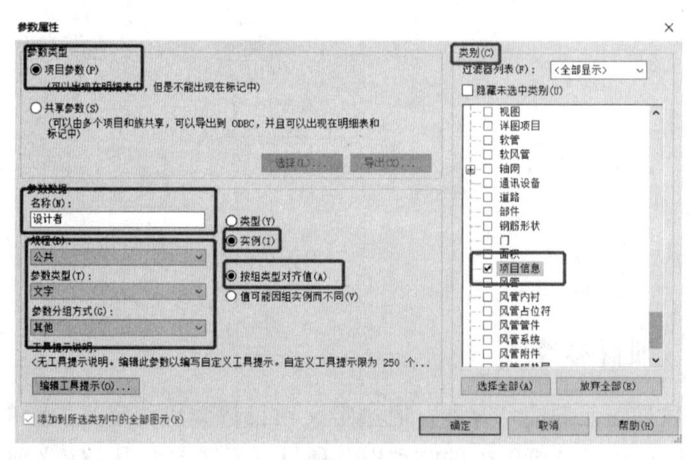

图 3.3.4

3.3.3 项目信息

项目信息是关于项目全局的信息参数，可与图纸中的参数联动。通过修改项目信息，可以修改图纸的项目名称、项目地址等图纸参数，并直接反映到图纸图签上。单击【管理】选项卡中的【项目信息】命令，打开【项目信息】对话框，如图 3.3.5 所示。可以在此输入相关信息，也可以通过【项目参数】命令来新建参数，图中的“设计者”即是上文创建的参数。

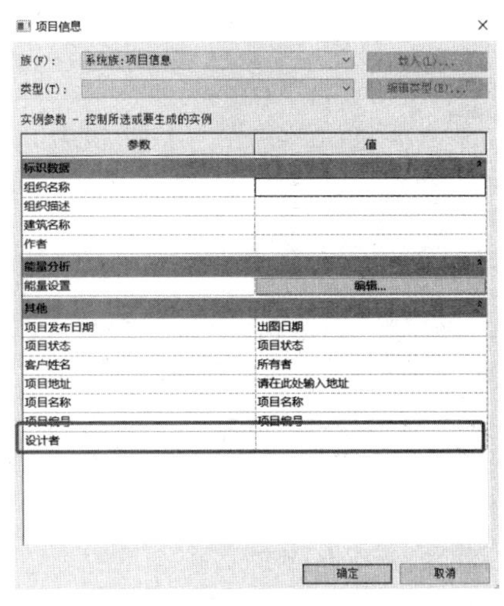

图 3.3.5

3.3.4　共享参数

项目参数只能应用于项目内部，若想将参数应用于多个项目，可以将参数定义为共享参数。其他项目可将该共享参数导入并进行自定义，实现参数的共享。

单击【管理】选项卡中的【共享参数】命令，打开【编辑共享参数】对话框，如图 3.3.6 所示。创建一组出图时需要用到的参数。首先创建一个共享参数文件，单击【创建】，为共享参数文件命名并保存。之后创建一个参数组，单击【组】下面的【新建】命令，输入所创建参数组的名称，我们也可以对已有的参数组进行重命名或删除等操作。最后新建相关参数，单击【参数】下的【新建】命令，打开【参数属性】对话框，如图 3.3.7 所示，输入参数名称“图纸编号”，因为与专业无关，规程我们选择“公共”，参数类型选择“文字”。

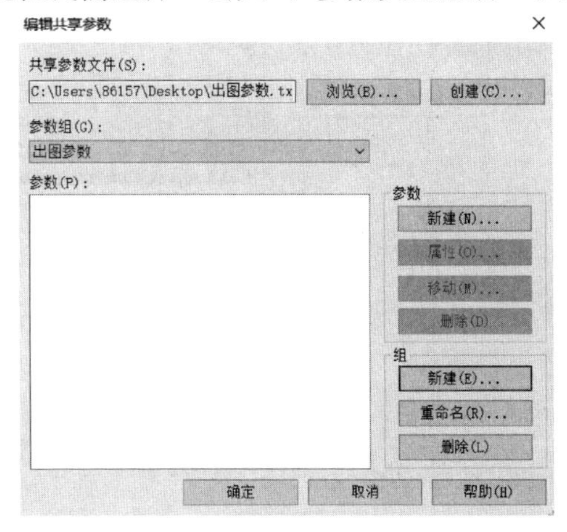

图 3.3.6

参数属性

名称(N):

图纸编号

规程(D):

公共

参数类型(T):

文字

工具提示说明:

<无工具提示说明。编辑此参数以编写自定义工具提示。...

编辑工具提示(O)...

确定　取消

图 3.3.7

其他所需参数的创建方式与此相同。单击【属性】命令，可以查看该参数的规程、参数类型等设置；单击【移动】命令，可以将该参数移动到其他参数组中。

如果需要在其他项目中应用此参数，可以在新的项目中单击【共享参数】按钮，在【编辑共享参数】对话框中单击【浏览】，找到相应的格式为“.txt”的共享参数文件，则其中的共享参数将会在列表中列出。

共享参数也应用于项目参数中，单击【管理】选项卡中的【项目参数】，单击【添加】打开【参数属性】对话框，如图 3.3.8 所示，参数类型处选择“共享参数”，并单击【选择】，打开【共享参数】对话框，下方参数处即显示了我们之前创建的共享参数“图纸编号”，可单击右边的【编辑】命令对该参数进行编辑，与新建该共享参数时的操作方法一致。最后单击【确定】即可将该参数导入到【参数属性】对话框中，可以对该参数进行其他设置，与项目参数的设置方法一致。

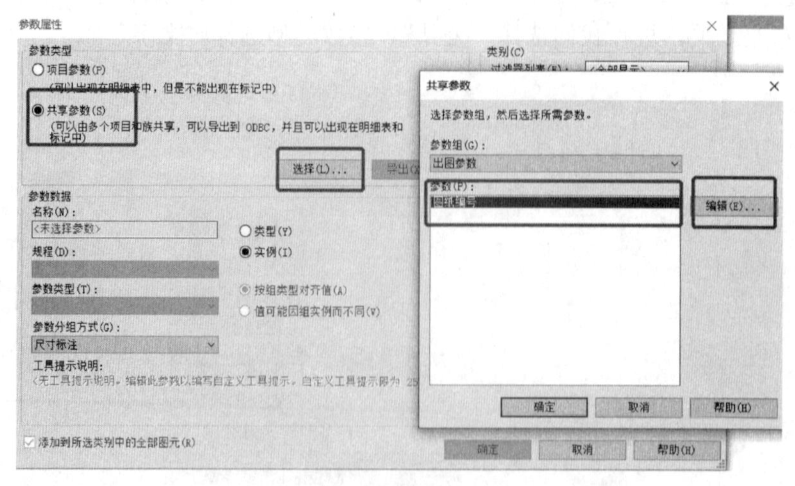

图 3.3.8

3.4　视图样板

视图是模型切割后的二维表达，模型中所有的构件在剖切处都予以显示。未处理过的视图，是全专业全部显示的，为了提高工作效率，设计人可以按需求选用视图样板，对显示内容进行过滤。为了便于显示，使用者需要对视图比例、规程、详细程度以及可见性等进行设置。这些显示规则可以作为模板存储起来，套用到其他显示要求一致的视图上，这样针对视图显示设定的模板就是视图样板。

视图样板是将视图中元素显示方式标准化的模板。视图样板规定了在不同视图下，需要显示、隐藏或替换的构件内容及二维表达方式，这些内容根据建筑、结构、机电的不同专业制图规范进行修改。

视图样板分为楼层平面、天花板平面、三维漫游与立面剖面四种，不同种类的视图样板中包含的参数也不同。某种视图只能使用对应种类的视图样板，对于同一种视图，根据视图的不同比例也需创建多个视图样板。视图样板中，图元显示样式的优先级高于对象样式和线样式。在创建项目样板之前，专业负责人需根据出图标准进一步确定各类型图纸中图元的显示方式。创建项目样板的人员应严格按照标准进行样板中各显示参数的设定。使用了视图样板，样板与视图间就建立起了联动关系，修改样板将会影响所有使用此样板的视图显示效果；如果删除该视图样板，所有的视图将不再按此规则显示。

3.4.1　视图样板的创建方式

视图样板的创建有两种方式。在项目初期，可以直接创建新的视图样板。选择某一专业的平面视图作为范本，将比例、视图可见性、规程和详细程度等参数设定完毕后，对当前视图进行调整，使其符合显示要求。单击【视图】选项卡中的【视图样板】按钮，在下拉菜单中选择“从当前视图创建样板”，在弹出的【新视图样板】对话框中输入名称，一般以“专业＋视图名称”来命名，之后可在【视图样板】对话框中对其他参数进行调整。

另一种方式是以复制现有视图样板的方式来创建。其适用于已有样板不足、需要进行修改的情况。使用该方式可以大大减少工作量，使各视图显示统一。这种方式的视图样板只能在相同种类中进行复制。

单击【视图】选项卡中的【视图样板】命令，在下拉菜单中选择【管理视图样板】，打开【视图样板】对话框，如图 3.4.1 所示，选择需要复制的视图样板，单击左下角的【复制】按钮，在弹出的【新视图样板】对话框中输入新名称即可。

Revit 中的视图样板可以按照规程和视图类型进行分类，所以在选择要复制的样板时，要看好其分类是否一致。

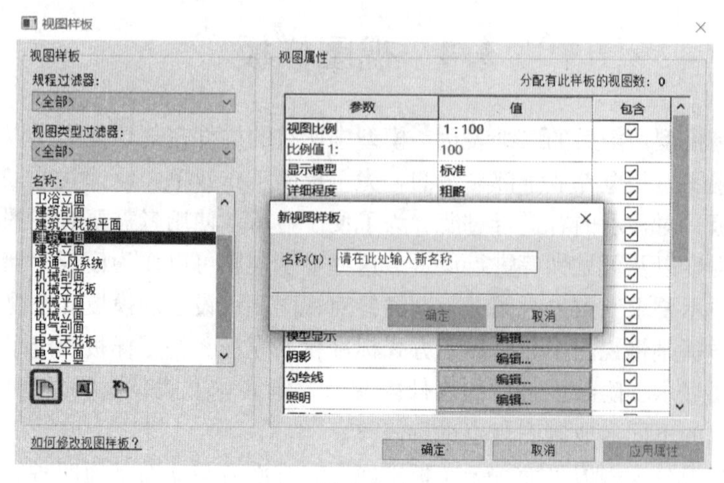

图 3.4.1

3.4.2 视图样板的设置

视图样板属性分为“参数”“值”“包含”三部分，“参数”分类显示控制视图的参数；“值”用来调整参数；“包含”是参数开关，勾选包含内对应的参数后，该参数值就可以通过视图样板来进行控制，如果需要在视图中能够单独控制某些参数，可以取消勾选该项。

下面以暖通专业风系统平面图为例讲解视图样板的设置。单击【视图】选项卡中的【视图样板】，在下拉菜单中选择【管理视图样板】，打开【视图样板】对话框。选中“机械平面”，并单击左下角【复制】按钮，输入名称为“暖通-风系统平面”。下文描述的只是通用的视图样板，在后文中还会进行更加专业的设置。

视图比例：指定视图的比例。可以选择现有的比例，也可以选择自定义，选择自定义时则可以在下方“比例值”处输入具体比例。在此我们选择 1∶100 即可。

显示模型：该参数是控制详图视图的显示样式，包含“标准”“不显示”和“半色调”三种选择。“标准”设置显示所有图元，适用于所有非详图视图。“不显示”设置只显示详图视图专有图元，包括线、区域、尺寸标注、文字和符号，不显示模型中图元。“半色调”设置通常显示详图视图特定的所有图元，而模型图元以半色调显示。可以使用半色调模型图元作为线、尺寸标注和对齐的追踪参照。在此我们选择“标准”。

详细程度：表示模型显示的详细程度，包含粗略、中等、精细三种。例如风管在粗略模式下显示为单线，在中等和精细模式下显示为双线。为提高计算机运行速度，我们选择“中等”。

零件可见性：指定在视图中是否显示从中创建的零件和图元。此处默认即可。

V/G 替换模型：定义模型中族类别可见性。单击【编辑】，在【模型类别】模块中我们取消勾选楼板、天花板、地形、橱柜、面积；将风管的透明度设置为 75%；风管、风管管件用 6 号实线绘制，风管附件、风道末端用 3 号实线，机械设备、项目详图用 4 号实线；取消勾选风管隔热层，如图 3.4.2 所示。

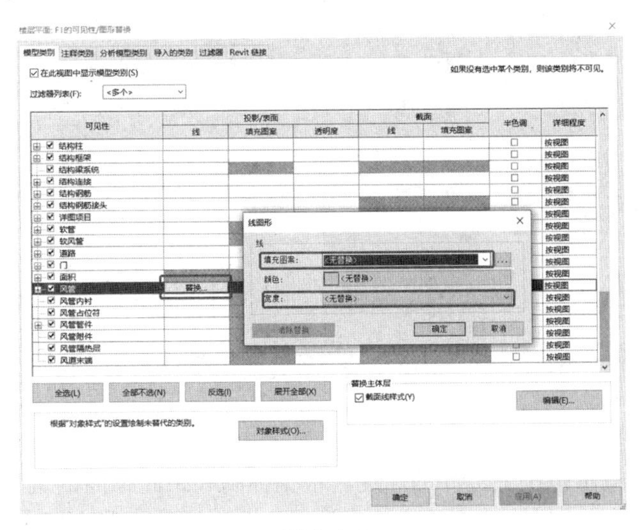

图 3.4.2

V/G 替换注释：定义模型中注释族的可见性。此处我们默认即可。

V/G 替换分析模型：定义分析模型类别的可见性。此处我们将其全部取消勾选即可。

V/G 替换带入：定义导入图元类别可见性。此处我们勾选需要显示的导入图元即可。

V/G 替换过滤器：定义过滤器的可见性。此处我们默认即可。

V/G 替换工作集：定义工作集的可见性，在建立工作集之后才会有这一项。只显示“机械设备”“风系统”“共享标高和轴网”“工作集 1”“风系统”即可。

V/G 替换 RVT 链接：对链接 RVT 文件可见性进行设置，在导入 Revit 链接文件后才有这一项。建筑、结构链接显示为粗略；关闭建筑链接中的楼板、天花板、地形、橱柜、面积；关闭结构链接中所有注释类别；修改建筑、结构墙体及柱子填充为灰度填充；在建筑链接文件中自定义墙体线宽为 3，在结构链接文件中自定义柱子线宽为 3。

模型显示：定义视觉样式（如线框、隐藏线等）、透明度和轮廓的模型显示选项。在此我们选择“隐藏线”。

阴影、勾绘线、照明、摄影曝光、阶段过滤器、颜色方案位置、颜色方案几项在机电专业中不常用，都默认即可。

基线方向：设定基线是显示参考平面的楼层还是天花。默认即可。

视图范围：定义平面视图的视图范围。单击【编辑】按钮，弹出【视图范围】对话框，如图3.4.3所示。

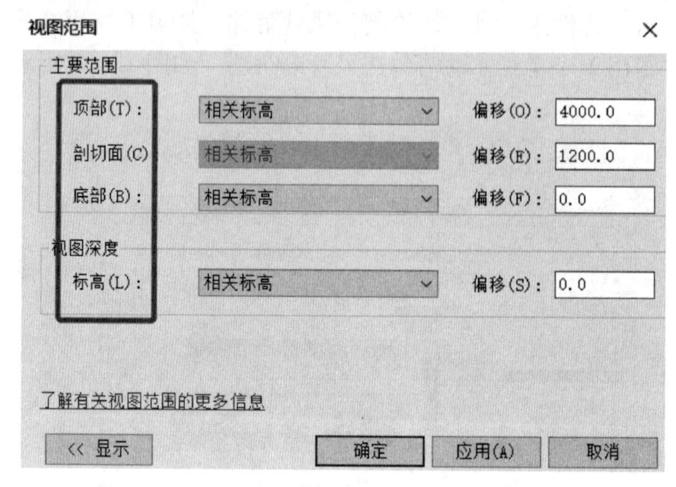

图3.4.3

“顶部”为视图范围上边界的高度，根据标高和距此标高的偏移定义上边界，高于上边界的图元不显示。偏移值为正数时视图上边界往标高以上偏移，偏移值为负数时视图上边界往标高以下偏移。

“剖切面”为平面视图中图元的剖切高度，使低于该剖面的构件以投影显示，而与该剖切面相交的其他构件显示为截面，包括墙、屋顶、天花板、楼板和楼梯。

“底部”为视图下边界的高度。

“视图深度”为主要范围以外的视图，不能高于在“底部”偏移量，一般等于“底部”的偏移量。

方向：将项目定向到项目北或正北。我们需要依据项目情况而定。

规程：Revit根据各专业显示的不同要求，预置了不同的规程，用于限定非承重墙的可见性和规程特定的注释符号，一般设定为协调，以便让各专业模型都显示出来。

3.5 浏览器组织

3.5.1 视图组织

利用Revit进行设计的过程中，将会产生大量的视图，这些视图的用途、使用者、显示内容等各有不同，为了提高工作效率，需要将视图进行分类管理。项目参数是进行视图管理的关键。单击【管理】选项卡，选择【设置】面板中的【项目参数】命令，弹出【项目参数】对话框，如图 3.5.1 所示，单击右侧【添加】，弹出【参数属性】对话框，在【名称】处输入“父-视图”，【参数类型】选择“文字”，【参数分组方式】也选择“文字”，在右侧【类别】中选择“视图”，如图 3.5.2 所示，最后单击【确定】。再按照此方式添加一个参数“子-视图”，请读者自行添加。

图 3.5.1

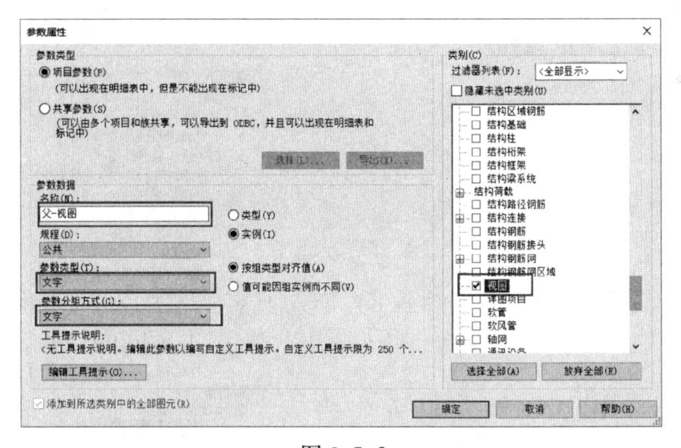

图 3.5.2

回到绘图平面，在【项目浏览器】中，右键单击最上侧的【视图】，选择【浏览器组织】，弹出【浏览器组织】对话框，如图 3.5.3 所示，输入名称为“办公楼”，确定后会自动弹出【浏览器组织属性】对话框，在此选择【成组和排序】，成组条件处选择“父-视图”，否则按“子-视图”，最后单击【确定】即可，如图 3.5.4 所示。

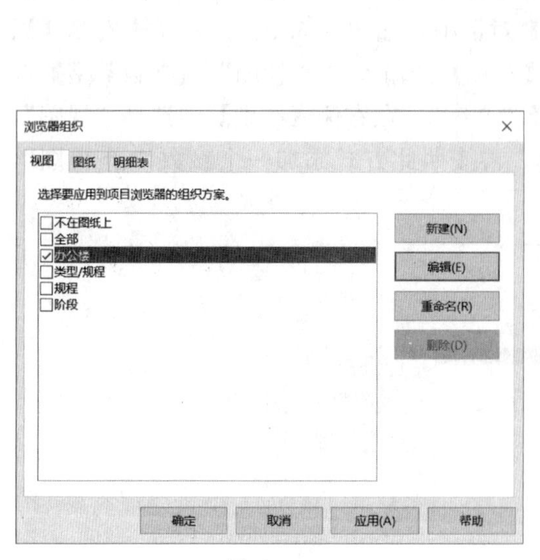

图 3.5.3

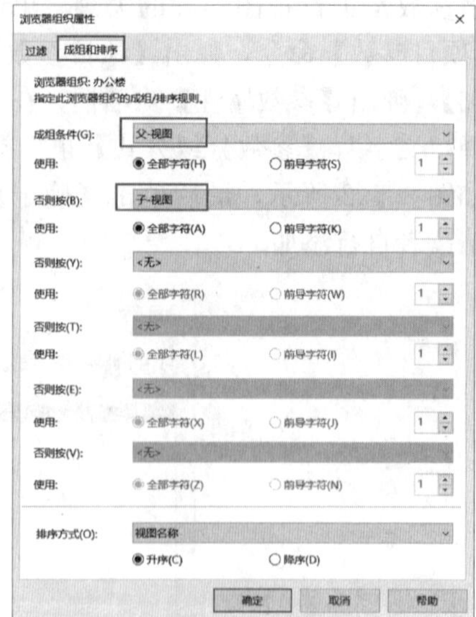

图 3.5.4

更换浏览器组织方案后，项目浏览器中的视图需要重新归类整理。选中“楼层平面：M-F1”，在右侧【属性】面板，【文字】参数组下，【父-视图】输入“01建模”，【子-视图】输入“01空调风管”，单击下侧【应用】，视图即可重新归类，其他平面视图也是如此，如图3.5.5所示。

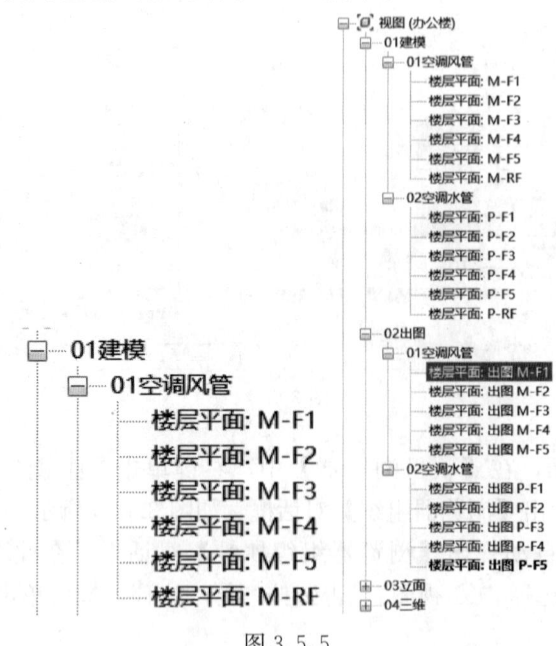

图 3.5.5

注意：在【属性】面板，【文字】参数组可能会显示为灰色，不能进行输入，如图 3.5.6 所示，这是因为此时是由视图样板中的机械平面在控制这一参数组。单击【机械平面】进入【指定视图样板】对话框，如图 3.5.7 所示。如果不需要视图样板继续控制视图，我们可以选择上侧的“无”，即可取消视图样板对视图的控制，或者也可以取消“父-视图”和“子-视图”的勾选，视图样板同样不再控制这两个参数，可以在【属性】面板中重新去输入对应的参数值。如果需要用视图样板继续来控制整个视图，则需要在【指定视图样板】对话框中直接输入对应的参数值。

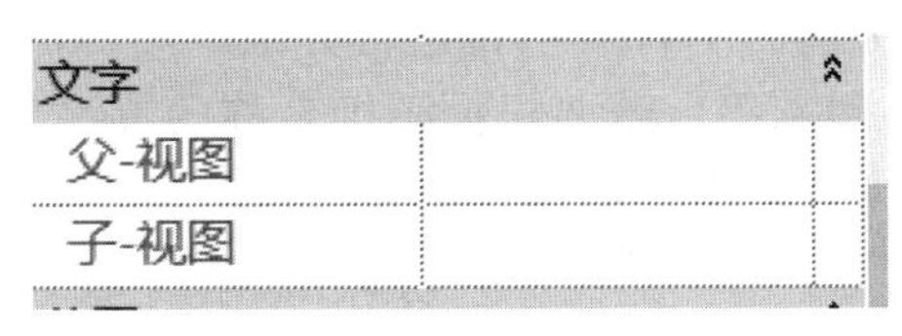

图 3.5.6

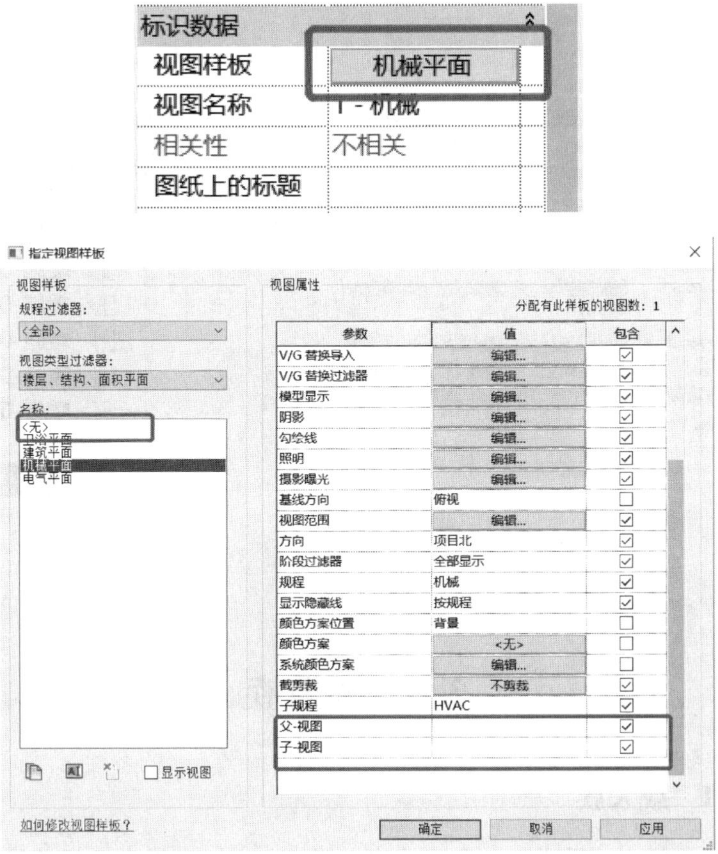

图 3.5.7

3.5.2 图纸组织

在设计过程中，同样会建立大量的图纸，尤其是在多专业进行协同设计的时候，所以需要对图纸进行分类管理。在【项目浏览器】中，右键单击“图纸”，在下拉列表中选择“浏览器组织”，打开【浏览器组织】对话框，可以选择已有的组织方案，也可以进行新建。单击【新建】按钮，输入名称为“按专业”，打开【浏览器组织属性】对话框，如图 3.5.8 所示，下面以图纸编号为条件进行归类，在“成组条件”处选择“图纸编号”，“使用”处指示是按参数值的所有字符，还是按一个或多个前导字符对项目进行分组。例如，假设图纸名称使用的 AB-、AC-、BD-、BE-等前缀，若要根据图纸名称的首字母（A、B 等）将所有图纸分组到一起，请为“使用”选择“前导字符”，并将其设置为等于 1。我们在此选择“前导字符”为“2”和“5”。设置完成后，在【浏览器组织】对话框中勾选“按专业”，并单击【确定】即可，分类结果如图 3.5.9 所示。读者也可以根据设计要求选择其他条件进行归类。

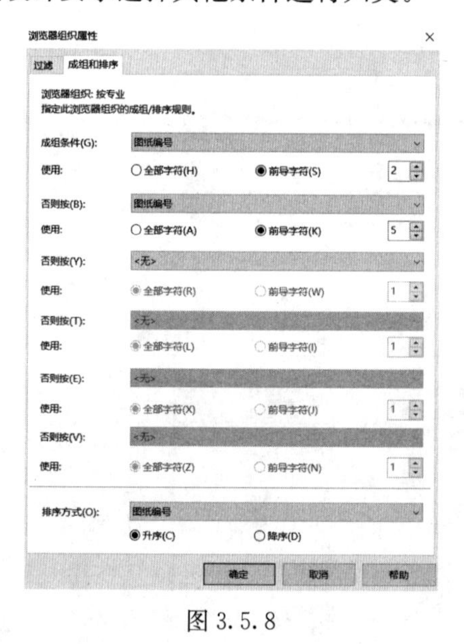

图 3.5.8

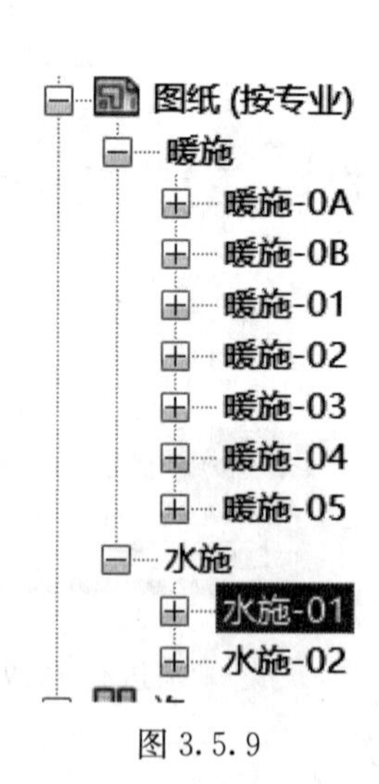

图 3.5.9

3.6 预置族

3.6.1 载入族

在项目样板中，需要载入常用的族，例如在机械样板中已经载入了部分族，但可能不能满足我们的设计需求，需要从外界导入族。单击【插入】选项卡，再单击【载入族】命令，打开【载入族】对话框，如图 3.6.1 所示，软件自带了族库，分为各种专业，可以直接进行选择。我们也可以载入自己制作或他人制作的“.rfa”格式族，在计算机中找到其储存位置，打开即可。在软件中还有许多【载入族】的按钮，操作方法与此类似。

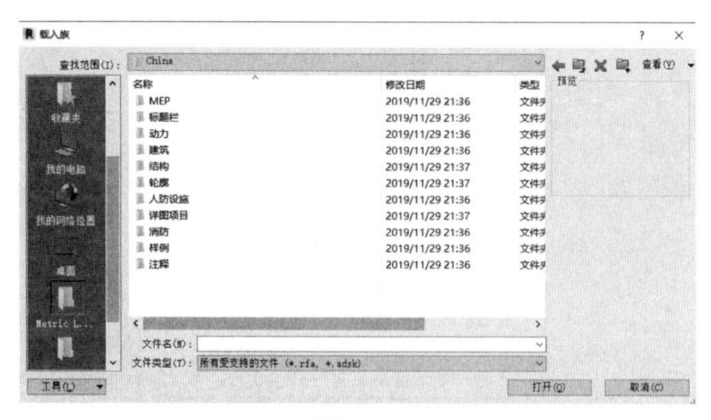

图 3.6.1

3.6.2　注释类族

在出图时为了能够更加清晰具体地表现出设计师的设计成果，需要利用注释类的族。

1. 尺寸标注

单击【注释】选项卡，在【尺寸标注】面板中有“对齐”“线性”“角度”“半径”“直径”“高程点”等常用的标注命令，单击【对齐】命令，即可拾取要标注的起点和重点进行标注，如图 3.6.2 所示。在【属性】栏中，可以选择线性尺寸标注样式，如图 3.6.3 所示。我们可以编辑已有的线性尺寸标注样式，也可以新建我们所需要的标注样式。单击【属性】栏中的【编辑类型】，打开【类型属性】对话框，尺寸标注中的主要参数与标注样式的对应关系如图 3.6.4 所示，我们可以根据此关系进行修改，也可以单击【复制】按钮进行线性尺寸标注样式的新建。其他标注命令与【对齐】标注的设置方式类似，读者可自行尝试。

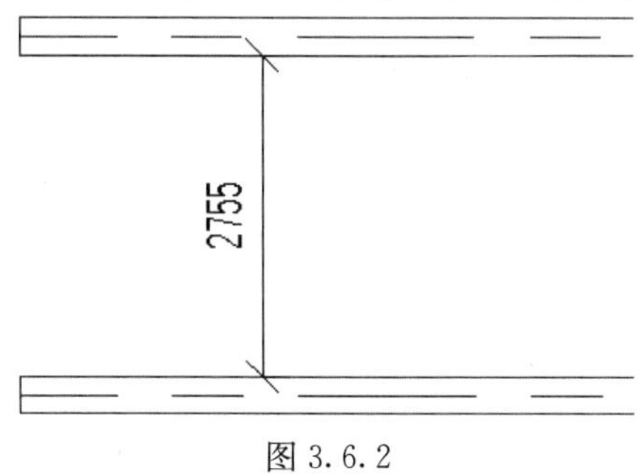

图 3.6.2

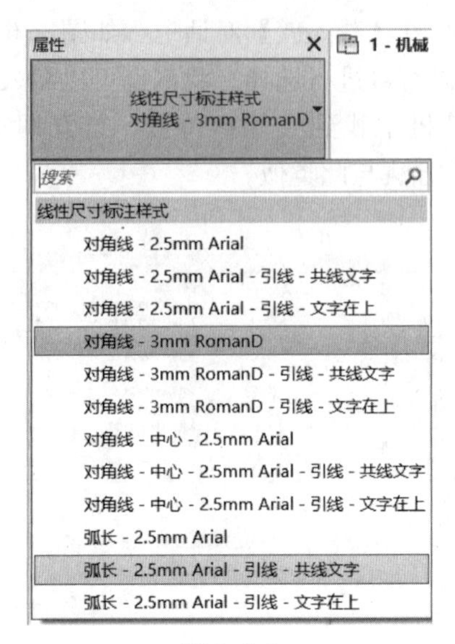

图 3.6.3

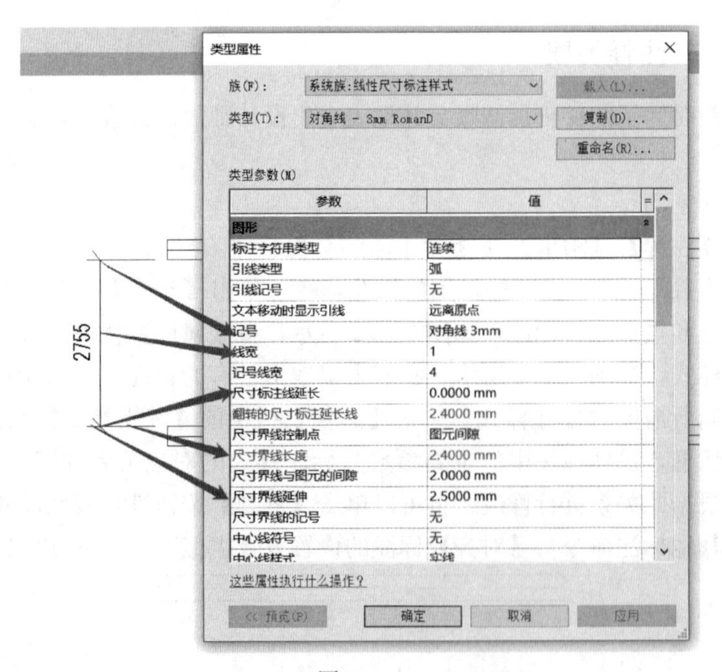

图 3.6.4

2. 文字

Revit 中文字的字体、大小、宽度系数直接影响其出图效果，所以我们需要进行统一的设置。

单击【注释】选项卡，在【文字】面板中单击【文字】命令，在功能区面板中，我们可以添加引线，并设置引线位置，以及文字对齐方式，如图 3.6.5 所示。在【属性】面板中同样提供了多个已经设置好的文字类型，如图 3.6.6 所示。单击【编辑类型】按钮，打开【类型属性】对话框，如图 3.6.7 所示。我们可以修改已有文字样式的相关参数，也可以新建我们所需要的文字类型，单击【复制】按钮，输入新的文字类型的名称，一般按照“专业＋字体＋颜色＋文字大小”的格式来命名。设置完成后，在绘图区域需要添加文字的位置单击即可，之后在文本框中输入内容，我们还可以对输入的文字格式进行编辑，如图 3.6.8 所示。

图 3.6.5

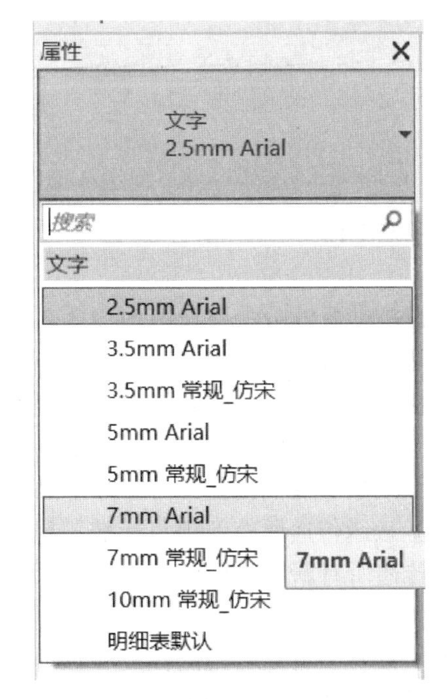

图 3.6.6

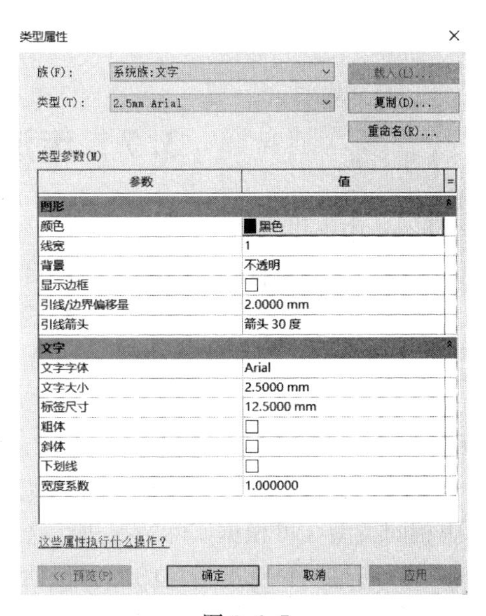

图 3.6.7

图 3.6.8

3. 标记

在出图过程中，我们需要做很多标记，以方便进行设计表达，如风管标记、水管标记等。单击【注释】选项卡，在【标记】面板处的下拉菜单中选择【载入的标记和符号】，打开【载入的标记和符号】对话框，如图 3.6.9 所示，在该窗口可以设置各类别图元的标记族，有些类别已载入多个标记族，可以选择我们所需要的，也可以单击右上角【载入族】，从软件自带的族库中载入。设置完成后，单击【按类别标记】，并将鼠标移动到需要标记的图元上，单击鼠标即可自动标记，如果标记的样式不符合要求，我们可以编辑该标记族，这在后文中会讲到。

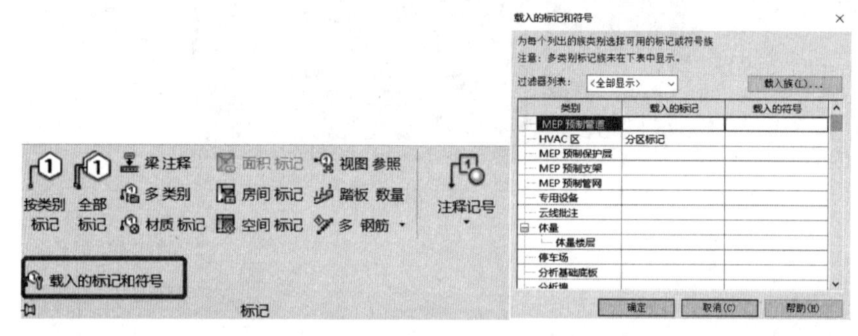

图 3.6.9

3.7 传递项目标准

Revit 中提供了将一个项目的项目样板复制并覆盖另一个项目中的功能。同时打开源项目和目标项目，在目标项目中，单击【管理】选项卡，在【设置】面板中选择【传递项目标准】，打开【选择要复制的项目】对话框，如图 3.7.1 所示。在“复制自”中选择源项目，并在列表中选择需要复制的内容，可以逐个进行选择，也可单击【放弃全部】来进行反选，最后单击【确定】即可。如果显示【重复类型】对话框，如图 3.7.2 所示，【覆盖】表示传递所有新项目标准，并覆盖新样本中相同类型；【仅传递新类型】表示传递所有新项目标准，并保留新样本中相同类型，可根据实际情况进行选择。

可以通过项目标准传递的内容包括系统族；线宽、材质、视图样板和对象样式；风管设置、管道和电气设置；标注样式、填充样式和颜色填充方案；尺寸标注样式；文字类型；过滤器；打印设置等。在选择需要传递的项目时，视图样板和过滤器必须同时传递才能保持关系，将视图样板和过滤器从源项目传递到目标项目时，如果目标项目包括具有相同名称的视图样板和过滤器时，需要将其删除，然后再从源项目传递这些项目。

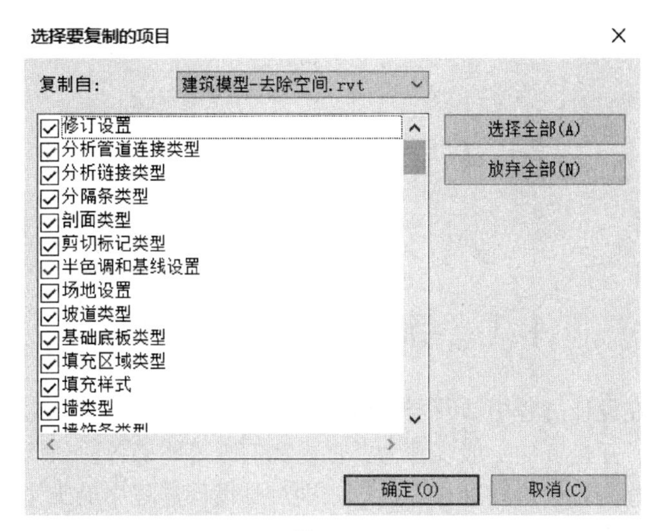
选择要复制的项目
复制自：
建筑模型-去除空间.rvt
修订设置
分析管道连接类型
分析链接类型
分隔条类型
剖面类型
剪切标记类型
半色调和基线设置
场地设置
坡道类型
基础底板类型
填充区域类型
填充样式
墙类型
选择全部(A)
放弃全部(N)
确定(O)
取消(C)

图 3.7.1

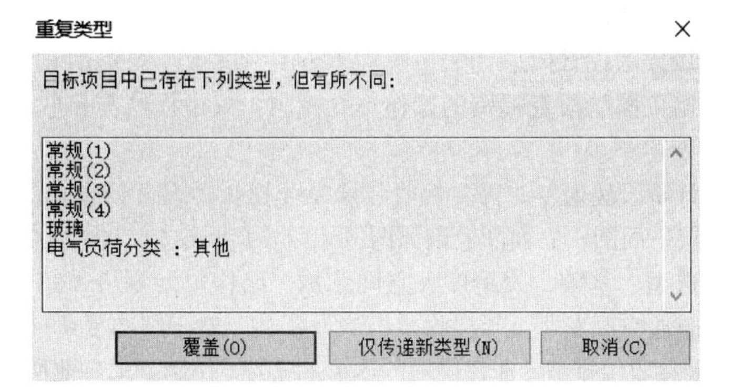
重复类型
目标项目中已存在下列类型，但有所不同：
常规(1)
常规(2)
常规(3)
常规(4)
玻璃
电气负荷分类 ： 其他
覆盖(O)
仅传递新类型(N)
取消(C)

图 3.7.2

第 4 章　空调系统

4.1　与其他专业互提资

暖通专业在设计过程中涉及与其他专业的配合，并且需要及时地向各专业提供相关的条件。互提资的一般步骤为：首先我们需要明确各阶段所需提供与接收的资料，一般分为三个阶段进行提资，分别对应设计过程中的方案阶段、初步设计阶段和施工图阶段，每个阶段所需提供的资料有所区别，具体我们可以参照图集《民用建筑工程设计互提资料深度及图样——暖通空调专业》(05SK 603)。之后我们需要创建提资工作集和提资视图。最后我们对需要提资的内容进行批注。

下面我们以方案设计阶段为例讲解在 Revit 中进行互提资的相关操作，在初步设计阶段与施工图阶段互提资的操作与此相同，只是提供与接收的资料有所区别，我们不再赘述。

在方案设计阶段暖通专业需要接收建筑专业提供的设计依据、简要设计说明、总平面图、各层平面图、立面图及剖面图等；需要接收结构专业提供的结构布置原则、上部结构选型、基础、大跨度大空间结构、结构单元划分、结构设计标准参数，一般工程暖通空调专业无须接收结构专业资料，对于结构复杂的工程了解结构体系即可；需要接收给排水专业提供的各热水系统的工作制，水专业所需供热量、介质、介质参数；需要接收电气专业提供的对暖通有特殊要求的电气设备用房信息。

暖通专业需要提供给建筑和结构专业采暖、通风和空调系统的系统形式、层高要求等，各专业机房（制冷机房、热交换站等）的面积及净高要求、设置区域等信息；需要提供给排水专业设备机房的用水量、排水量、水质及水压要求等信息；需要提供给电气专业暖通空调设备的用电安装总量、自动控制要求等。

接下来我们需要创建提资工作集，工作集的创建方式可参考 2.4.2 节所讲内容，需要注意工作集的命名格式，需要区分好专业及提供的信息，例如“暖通提资-建筑”或“暖通提资-建筑-设备机房信息”。工作集创建完成后，我们需要在该工作集下创建提资视图，选择需要用来提供资料的平面视图，右键单击选择【复制视图】，在扩展列表中选择【带细节复制】。复制完成后我们需要对该视图进行重命名，提资视图同样需要区分专业及提资内容，例如将其命名为“暖通提资-建筑-设备机房信息”。我们还需要对视图进行归类，可参考 3.5 节内容，结果如图 4.1.1 所示。

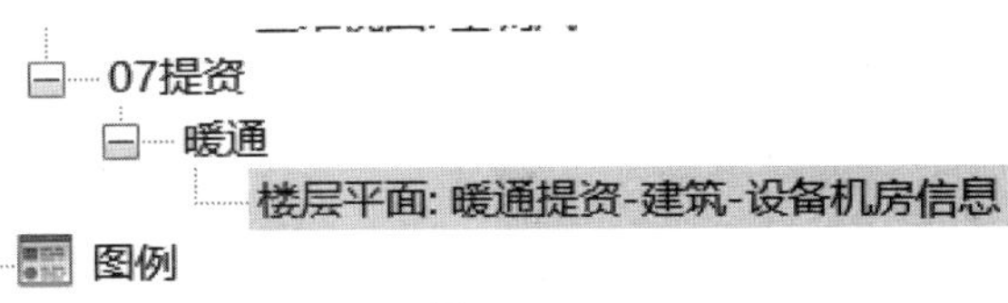

图 4.1.1

最后我们需要进行批注，打开提资平面视图，链接建筑专业提供的建筑模型，模型中包含了建筑专业提供给暖通专业的相关资料。同时我们需要批注暖通专业的条件发送给建筑或其他专业。我们需要使用详图线和文字命令来进行批注，单击【注释】选项卡，单击【详图线】，在绘图区域中绘制引线，并单击文字命令进行注释，如图 4.1.2 所示。

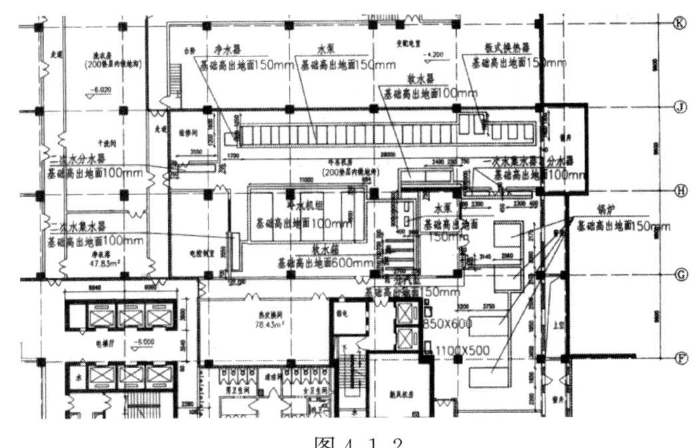

图 4.1.2

建筑专业将暖通专业提供的文件链接进入项目中，可能暖通专业提资内容没有显示，单击【视图】选项卡，单击【可见性】命令，打开【可见性】对话框，在【Revit 链接】模块中单击【按主体视图】，在【RVT 链接显示设置】对话框中将其修改为“按链接视图”，并将下方链接视图修改为我们所创建的提资视图，单击【确定】即可显示出暖通专业的提资内容，如图 4.1.3 所示。暖通专业接收其他专业资料时操作方式也是如此。

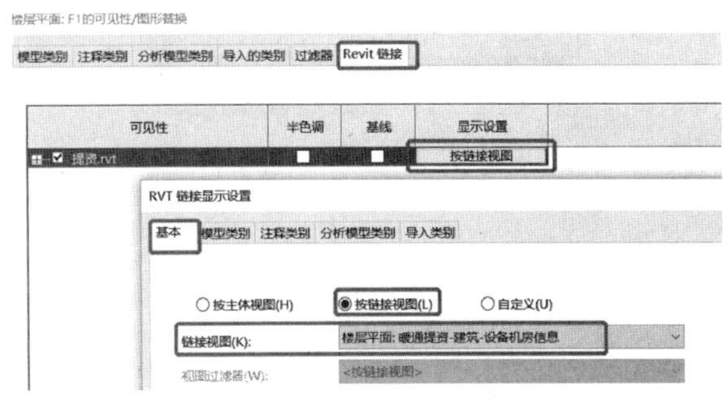

图 4.1.3

如果所有专业都在同一中心文件下工作，就可以直接进行同步，建筑专业直接查看提资视图的内容即可。

4.2 负荷计算

下面以一个具体案例进行讲解，该工程位于北京市，建筑名称为东方大厦办公楼，建筑面积 4890m²，本工程主体地上 5 层，建筑高度 18.9m（室外地坪至檐口高度，最高处），耐火等级二级，建筑结构形式为钢筋混凝土框架形式，结构的设计使用年限为 50 年，抗震设防烈度 7 度。

4.2.1 添加空间

Revit 使用空间构件维护该构件所在区域的相关信息。“空间”中存储了能够影响项目的热负荷和冷负荷分析的多个参数值。我们通过空间放置可以自动获取建筑中不同房间的信息：周长、面积、体积、朝向、门窗的位置及门窗的面积等。

Revit 中的空间是通过识别建筑模型中的房间边界来进行放置的，选中链接的建筑模型，单击【属性】面板中的【类型属性】，弹出【类型属性】对话框，如图 4.2.1 所示，我们勾选【房间边界】参数，单击【确定】即可。之后单击【分析】选项卡，在【空间和分区】面板中选择【空间】命令来放置空间，放置空间之前一定要确保【修改 | 放置空间】选项卡下，【标记】面板中的【在放置时进行标记】被选中，以便于自动添加空间标记。将光标指向建筑模型上，自动捕捉房间边界，单击即可为相应的房间布置空间，如图 4.2.2 所示。对于较大的房间或者不规则的房间，可以单击【空间分隔符】进行空间的分割，如图 4.2.3所示。我们也可以快速添加空间，在【修改 | 放置空间】选项卡下，【空间】面板中，选择【自动放置空间】命令，即可自动创建本层空间，并显示所创建空间的数量。

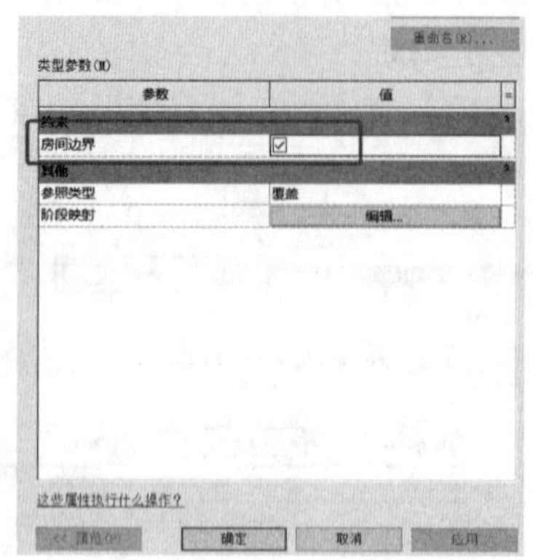

图 4.2.1

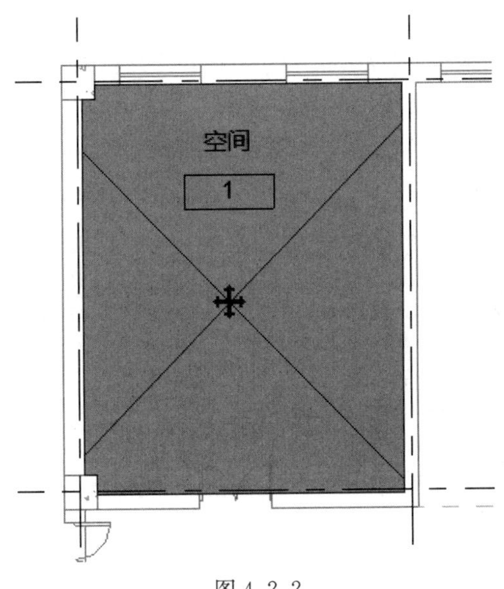

图 4.2.2

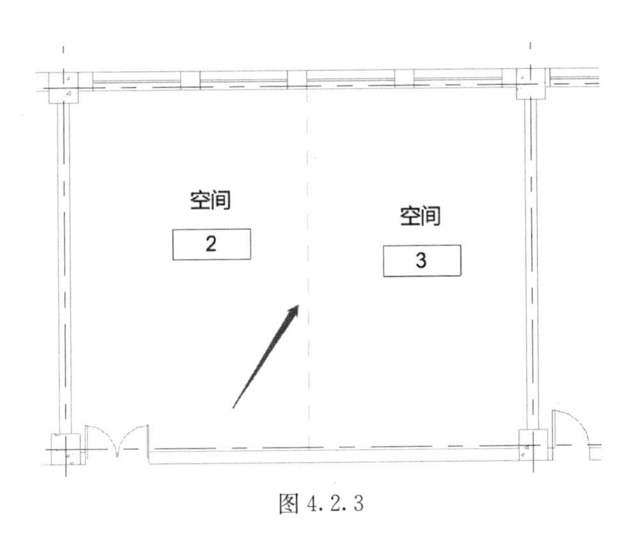

图 4.2.3

选中创建完成的空间，在【属性】栏中可以编辑该空间的约束条件，可以查看软件自动计算出的“面积”和“体积”等信息，还可以编辑空间的名称和编号等信息。

4.2.2　空间分区

分区是各空间的集合，可以由一个或者多个空间组成。使用相同空调系统的空间或者空调系统中使用同一台空气处理设备的空间可以指定为同一分区。新创建的空间会自动放置在“默认”分区下，所以在负荷计算前，最好为空间指定分区。

首先选中默认分区并进行删除，然后单击【分析】选项卡中【空间和分区】面板中的【分区】命令，进入分区编辑界面，如图 4.2.4 所示，可以添加或删除空间，也可以为分区添加“名称”及能量分析的相关参数。添加空间时，直接在绘图区域单击要添加到该分区的空间即可，最后单击【完成编辑分区】。

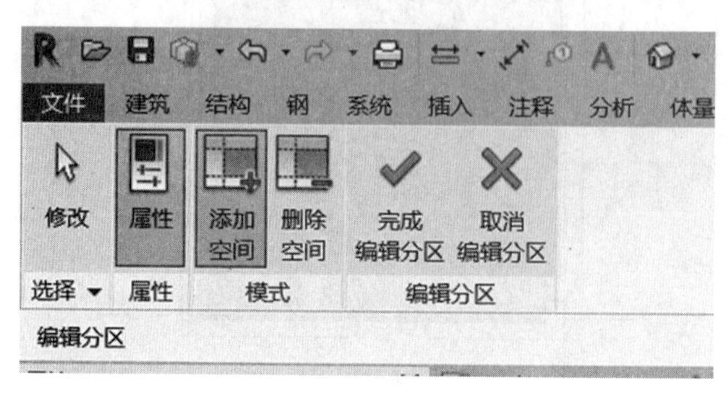

图 4.2.4

4.2.3 负荷计算

Revit 软件自带的负荷计算工具可能不符合国内用户的习惯，所以利用第三方软件来进行计算。空间添加完成后，需要将模型保存为 gbXML 文件。进入三维视图，单击【文件】选项卡，选择【导出】，再选择 gbXML，弹出【导出 gbXML】对话框，如图 4.2.5 所示，我们选择【使用房间/空间体积】选项。弹出【导出 gbXML-设置】对话框，根据设计内容对各项进行修改即可。单击【下一步】对模型信息进行保存，保存为“. xml”格式的文件，如图 4.2.6 所示。最后，利用第三方负荷计算软件“鸿业负荷 9.0”进行负荷计算，在后文 4.2.4 节中将会有详细介绍。

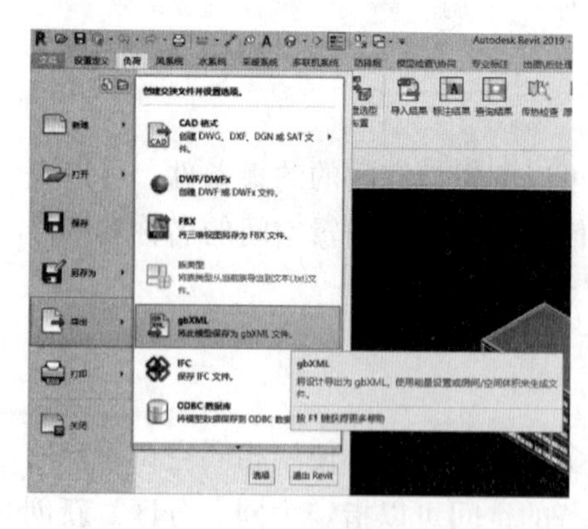

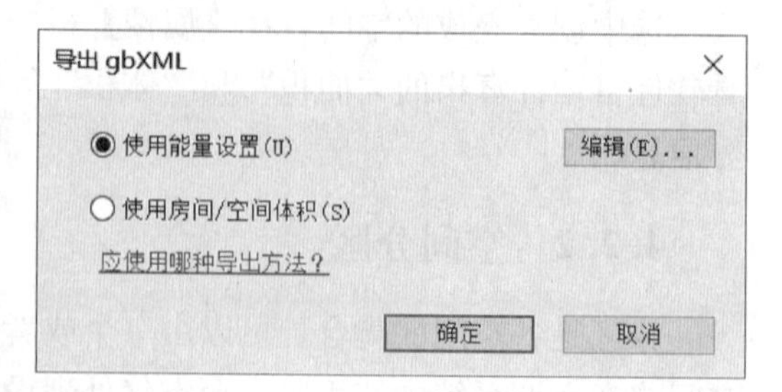

图 4.2.5

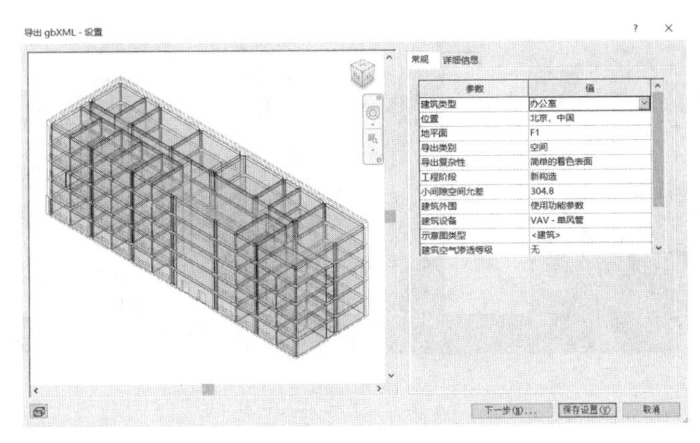

图 4.2.6

注意： 在放置空间时，可以先选中一个房间放置空间，再修改其编号、名称、上限偏移量等，之后再单击自动放置空间命令，软件将以此编号为起点进行自动编号，并与之前设置好的上限偏移量一致。

注意： 由于建筑围护结构间存在传能，为保证负荷计算结果的准确性，需要为建筑模型的所有区域布置空间，如楼梯间、走道、卫生间等非空调区域。

4.2.4　鸿业 BIMSpace 软件的应用

1. BIMSpace 2020 简介

我们可以去鸿业科技官网下载并安装鸿业 BIMSpace 2020 系列软件，安装完成后打开鸿业机电 2020 软件，选择“正式版（需要有加密锁）”或试用版，同时选择 Revit 2019 版本，如图 4.2.7 所示。进入 Revit 欢迎界面，如图 4.2.8 所示，界面中新增了给排水、暖通、电气的样板文件，还在功能区选项卡中增加了很多鸿业软件用于设计的专业命令。

图 4.2.7

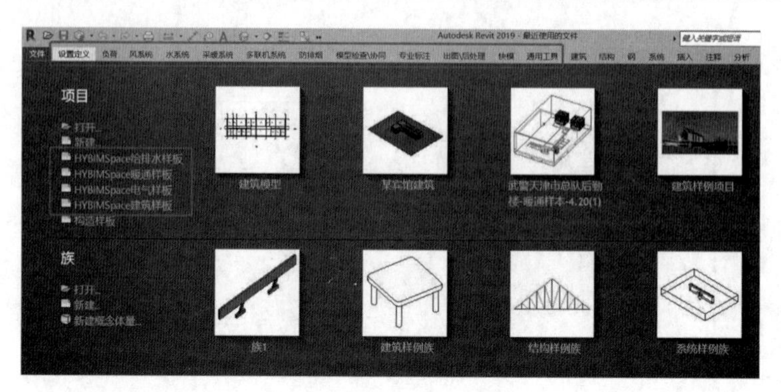

图 4.2.8

新建一个项目，进入项目编辑界面。单击【负荷】选项卡，显示【负荷计算】面板，如图 4.2.9 所示。

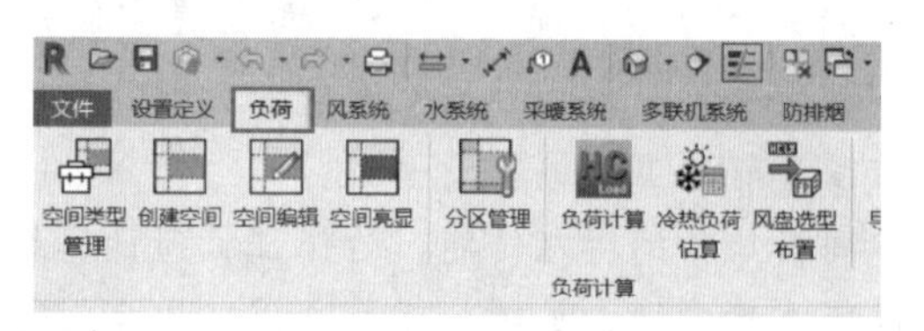

图 4.2.9

【空间类型管理】命令是用来预设常见建筑类型中各空间参数的，软件中已经预置部分类型的空间参数，包括设计参数、冷热指标以及其他参数，我们可以根据设计要求对这些参数进行修改，也可以利用【添加】命令进行所需新空间类型的创建，或者利用【修改】命令对已有空间类型进行修改，如图 4.2.10 所示。

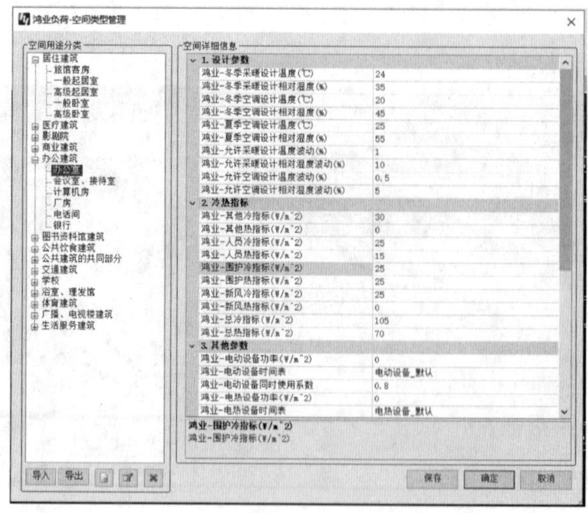

图 4.2.10

注意：修改完信息后一定要单击右下角【保存】，否则修改信息无效。

【创建空间】命令是利用空间类型与房间名称的对应关系来自动创建空间。双击【空间类型】列中的任意一项，可以弹出【空间类型管理】对话框，根据建筑类型以及设计参数等进行空间类型的选择。其次，我们还要根据已有的房间名称通过关键词与选择的空间类型进行匹配。

对应规则：

“办公室”对应“普通办公室”“办公室一”“科长办公室一”等。

“会议室?”对应“会议室 1”“会议室 20”“会议室 300”等。

“30 *”对应“301”“3011”等。

“第 * 间”对应“第 100 间”“第二百间”等。

一个空间类型可以对应多个房间关键字，关键字间要用“,”隔开，否则按一个关键字处理。

单击按钮，直接在界面表格的下方添加一条新的对应关系，并且房间名称关键词处于编辑状态，可以输入与前面关键字不重复的关键字；

单击房间关键字名称的单元格可以直接进入编辑状态或者单击按钮，修改房间名称关键词。

双击空间类型对应的单元格，弹出空间类型管理界面，具体操作如空间类型管理操作，可以直接进行修改、添加、删除操作，也可以直接选择合适空间类型用途空间，单击【确定】按钮直接更改创建空间界面内的空间类型；

修改或者添加完成后，单击【确定】按钮，把前面操作都更新到数据库内记录；

设定房间名称对应空间类型名称，然后单击【创建空间】按钮，就可以创建当前文档全部空间，并且附加空间类型上的所有信息，以方便计算使用。

其中房间与空间类型匹配主要是通过“关键词”。

根据本办公楼的房间名称，可以进行如图 4.2.11 所示的设置。设置完成后单击【创建空间】即可对整栋建筑自动创建空间。

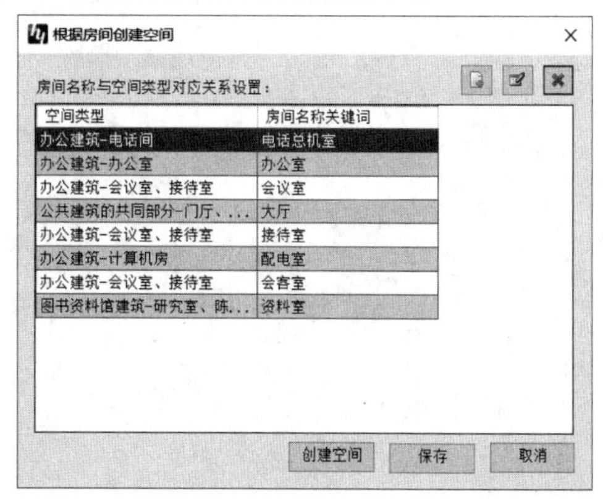

图 4.2.11

注意：修改完信息后一定要单击右下角【保存】，否则修改信息无效。保存后再创建空间。

【空间编辑】命令可以显示所有已创建的空间，同时可以对自动创建的空间进行参数编辑，根据设计要求进行修改。如图 4.2.12 所示。

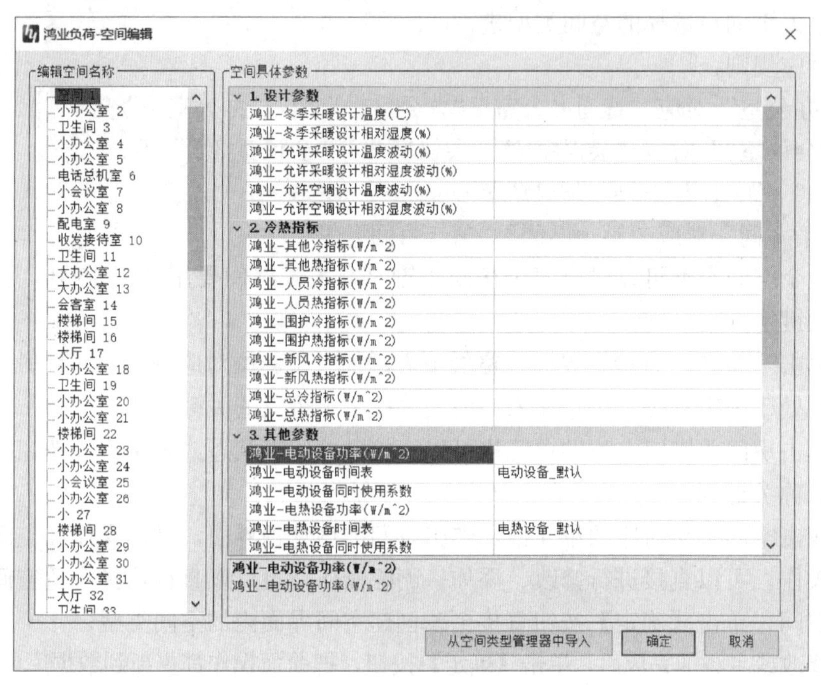

图 4.2.12

【空间亮显】命令是对已经创建的空间进行显示，以便于检查是否有空余位置未创建空间，如图 4.2.13 所示。

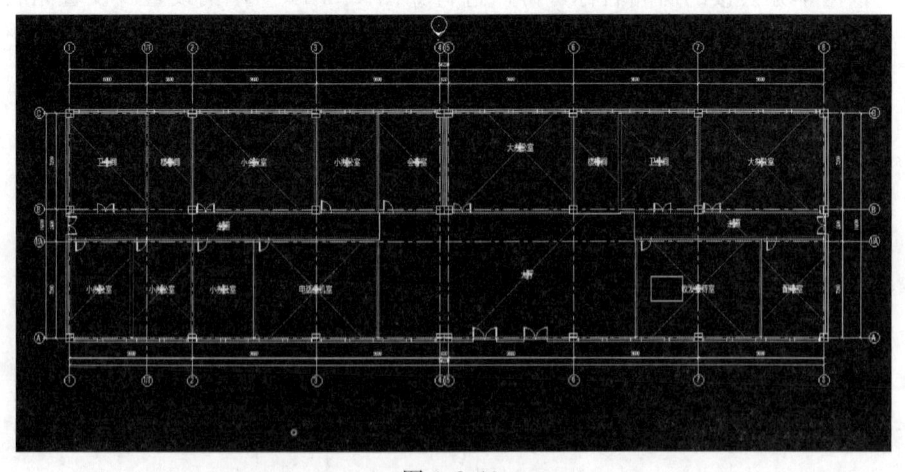

图 4.2.13

2. 负荷计算

单击【创建空间】，打开【根据房间创建空间】对话框，根据房间名称设置好空间类型和房间名称关键词之间的关系，最后单击【创建空间】，即可为整栋建筑创建空间，这大大加快了我们创建空间的速度。空间创建完成后，需要对空间进行标记。单击【注释】选项卡，在【标记】面板中单击【全部标记】命令，打开【标记所有未标记对象】对话框，如图 4.2.14 所示，在上方勾选“当前视图中的所有对象”，以便能对整层的所有空间进行标记，在“类别”中勾选“空间标记”，最后单击【确定】即可。回到绘图区域，可以看到空间中标记的名称和编号与房间名称和编号是一致的，这也省去了上述方法中需要一个一个去修改的重复工作。其他楼层的空间标记也应如此进行添加。

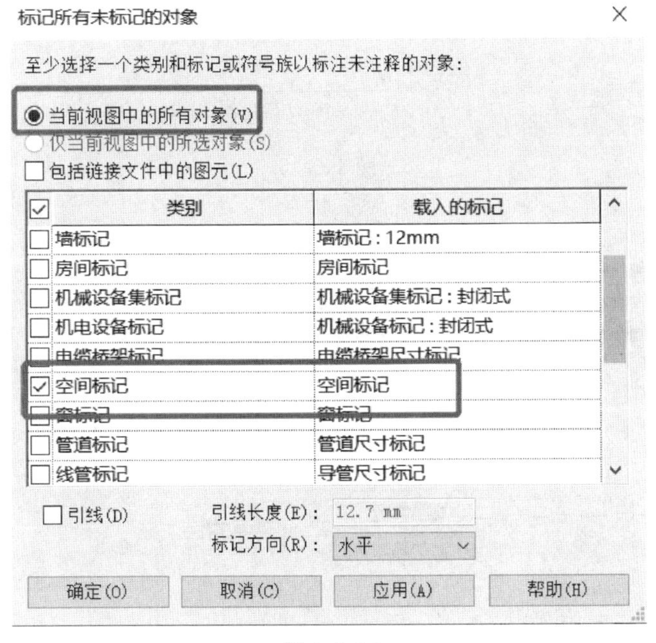

图 4.2.14

单击【分区管理】命令，打开【分区管理】对话框，如图 4.2.15 所示，可以查看分区中所包括的空间，也可以修改分区参数，还可以对分区进行新建、修改和删除等操作。但需要注意，软件中的系统分区都是根据创建空间时空间类型和房间关键词的对应关系自动创建，但在实际设计过程中，需要根据房间的使用功能、负荷及使用的时间表，划定几个房间分区，在同一个分区中采用一套空调系统，不同的分区可以采用相同形式的空调系统，如全空气系统等。所以软件划分出的系统分区可能与设计不符，需要我们根据实际情况进行修改。

上述全部设置完成后，单击【负荷计算】命令（此处我们需要提前安装好

“鸿业负荷9.0”软件），进入负荷计算软件中。鸿业暖通空调负荷计算主界面包括菜单栏、工具栏、数据区、负荷对象区和输出窗口，如图4.2.16所示。软件自动根据Revit软件中的信息进行负荷计算。

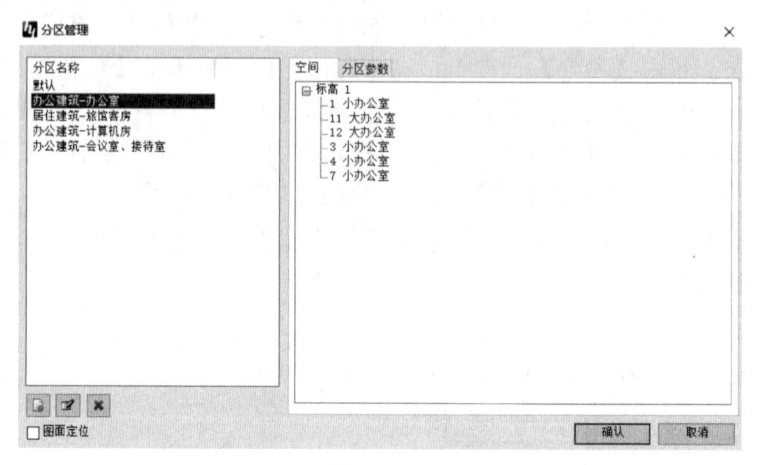

图4.2.15

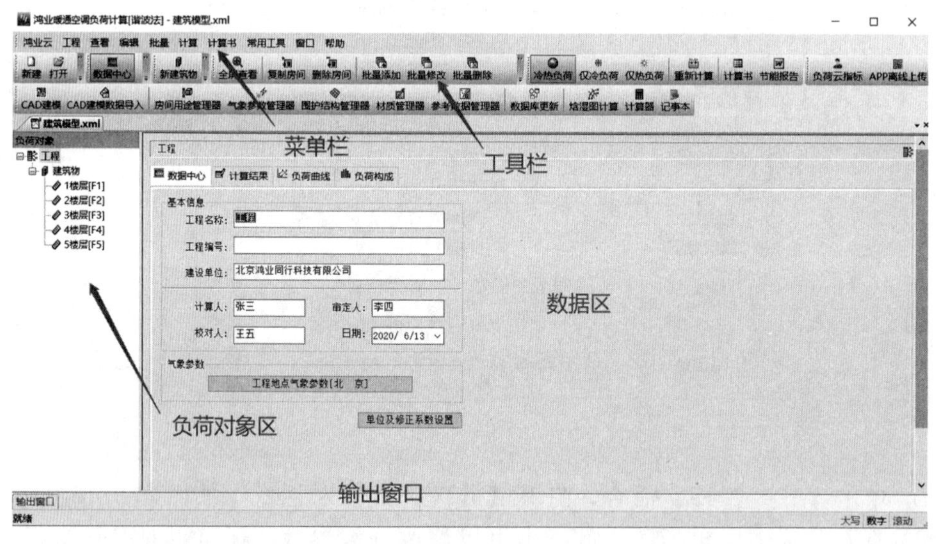

图4.2.16

如果我们是通过导出gbXML格式的文件方式进行负荷计算，打开“鸿业负荷9.0”软件后，只需单击菜单栏【编辑】选项卡，在下拉列表中选择【添加Revit建筑】命令，弹出【打开】对话框，选择我们前面保存的“.xml”文件，打开即可，如图4.2.17所示。文件打开后，软件会自动对导出的建筑信息进行计算，如图4.2.18所示。

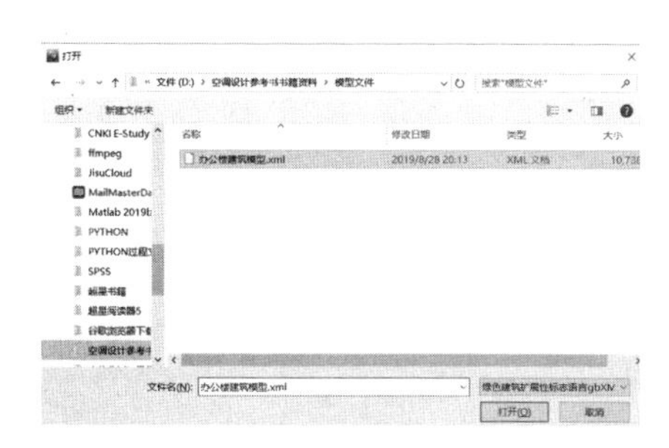

图 4.2.17

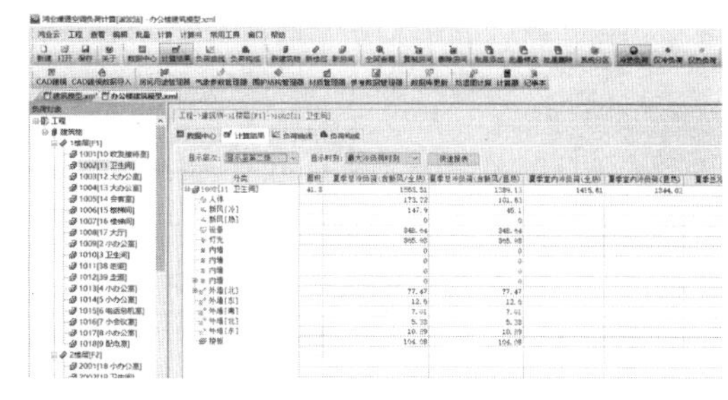

图 4.2.18

除了从 Revit 中导出的信息外，我们还需要根据该项目的工程概况，进行负荷计算相关信息的设置。

（1）设置工程信息

单击【工程】，选择【数据中心】，根据工程实际进行填写，其中【气象参数】最为重要，需根据项目概况选择项目所在地，打开【气象参数管理器】对话框，如图 4.2.19 所示，共包含三种数据来源，每种数据来源的数据都稍有区别，设计师可根据实际情况选择最接近的气象参数，也可以根据情况进行参数修改。此处我们默认选择“北京”。

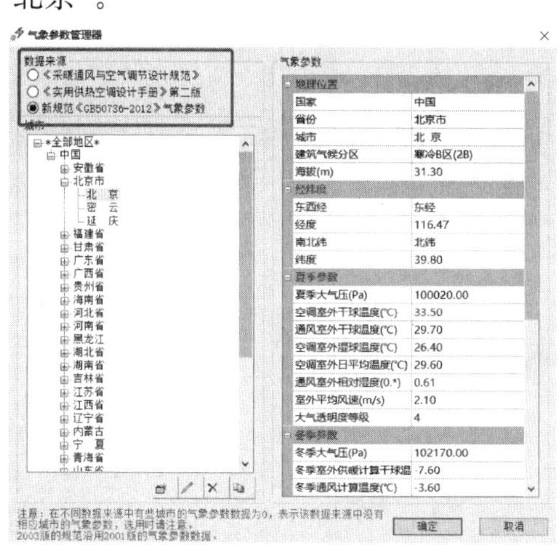

图 4.2.19

（2）设置建筑物信息

单击【建筑物】，选择【数据中心】，核对【参数设置】中的起始楼层号和终止楼层号是否正确。【建筑性质】修改为“办公建筑”。还要核对【楼层设置】中的层高、窗高、标高是否都正确。最后，需要根据建筑专业提供的围护结构信息进行围护结构的设置，如图 4.2.20 所示。单击【围护结构设置】，打开【围护结构模板管理器】对话框，在此窗口可以进行详细的围护结构设置，如图 4.2.21 所示。因本办公建筑无围护结构信息，所以采用默认围护结构设置。

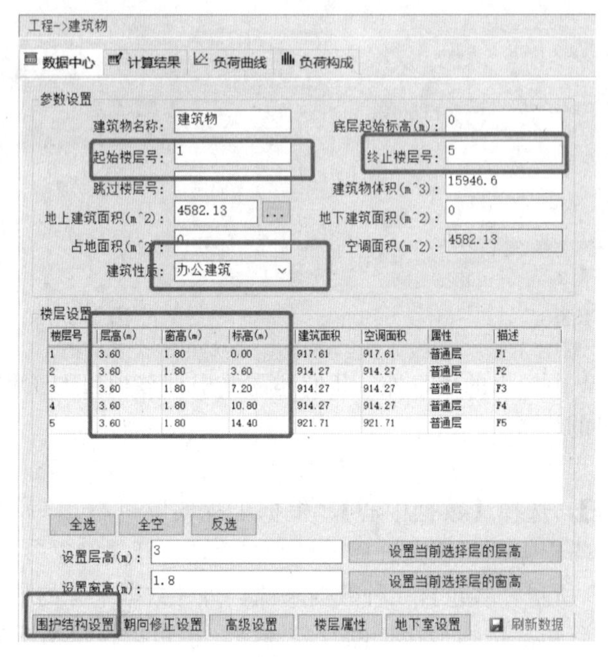

图 4.2.20

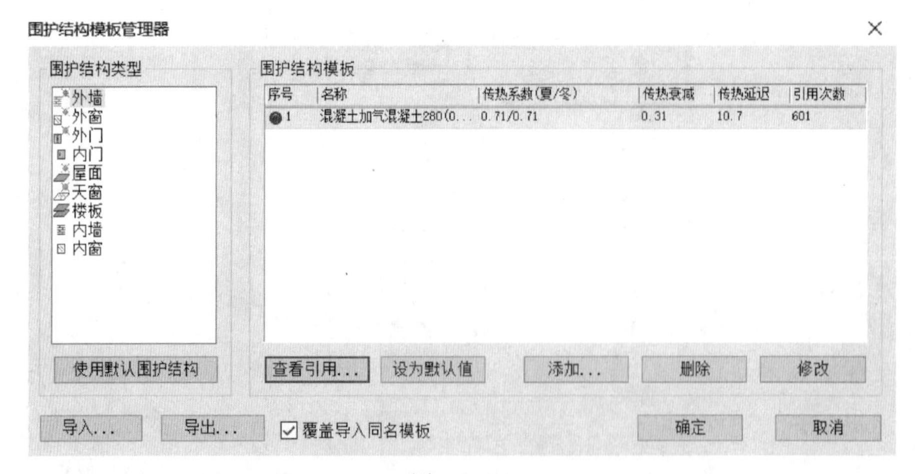

图 4.2.21

（3）对房间进行设置

选中从 Revit 中提取出的房间，选择【数据中心】，并单击【基本信息】，如图 4.2.22 所示，我们需要核查该房间是否需要计算负荷，比如楼梯间等就不需要计算负荷。接下来是【时间指派】，可根据建筑概况进行选择，我们在此选择“人员-办公建筑-工作日”。室内设计参数我们需要根据《民用建筑供暖通风与空气调节设计规范》（GB 50736—2012）中的规定进行选择，如图 4.2.23 所示。因此，夏季室内设计温度为 25℃，相对湿度为 55%，冬季室内设计温度为 20℃，相对湿度为 45%。若冬季采用散热器、地热盘管等供暖，【热负荷类型】选择“采暖热负荷”，如采用空调采暖，则选择“空调热负荷”。【室内其他参数】也要根据《公共建筑节能设计标准》（GB 50189—2015）中的规定进行选择，如图 4.2.24～图 4.2.27所示，在此，该办公室默认为普通办公室，设备功率值选择“15”，灯光功率值选择“9”，人员的人均占有使用面积为“10”，人均新风量为“30”。

夏季参数	
设计温度(℃)	25
相对湿度(%)	55
冬季参数	
热负荷类型	采暖热负荷
是否内区房间	否
设计温度(℃)	20
相对湿度(%)	45
房高修正类型	散热器采暖修正
户间传热量计算方法	户墙传热概率计算
室内其他参数	
设备功率	单位面积设备(W/m^2)
值	15
灯光功率	单位面积照明(W/m^2)
值	9
人员数量	人均面积(m^2/人)
值	10
新风量	人均新风量(m^3/h.人)
值	30
劳动强度	静坐

图 4.2.22

表3.0.3　长期逗留区域空气调节室内计算参数

参数	热舒适度等级	温度（℃）	相对温度（%）	风速（m/s）
冬季	Ⅰ级	22~24	30~60	≤0.2
	Ⅱ级	18~21	≤60	≤0.2
夏季	Ⅰ级	24~26	40~70	≤0.25
	Ⅱ级	27~28		

图 4.2.23

表B.0.4-9　不同类型房间电器设备功率密度（W/m^2）

建筑类别	电器设备功率
办公建筑	15
宾馆建筑	15
商场建筑	13
医院建筑-门诊楼	20
学校建筑-教学楼	5

图 4.2.24

表B.0.4-3　照明功率密度值（W/m^2）

建筑类别	照明功率密度
办公建筑	9.0
宾馆建筑	7.0
商场建筑	10.0
医院建筑-门诊楼	9.0
学校建筑-教学楼	9.0

图 4.2.25

表B.0.4-5　不同类型房间人均占有的建筑面积（m^2/人）

建筑类别	人均占有的建筑面积
办公建筑	10
宾馆建筑	25
商场建筑	8
医院建筑-门诊楼	8
学校建筑-教学楼	6

图 4.2.26

表B.0.4-7　不同类型房间的人均新风量[m^3/(h·人)]

建筑类别	新风量
办公建筑	30
宾馆建筑	30
商场建筑	30
医院建筑-门诊楼	30
学校建筑-教学楼	30

图 4.2.27

注意：可以使用鸿业负荷计算的批量修改功能对相同或相近的房间参数进行修改，单击最上部工具栏中的【批量】，选择【批量修改】，弹出【批量修改】对话框，在左侧勾选具有相同参数的房间，在右侧勾选需要修改的参数，并进行数值修改，最后单击【确认】即可实现参数的批量修改，如图 4.2.28 所示。在此也可修改其他影响负荷计算结果的参数，例如屋面、外墙等，只需在上方选择即可。

（4）核查详细负荷

软件已从 Revit 中提取出了围护结构的详细信息，并进行了负荷计算，我们需要核对是否有围护结构不需要计算负荷，例如旁边房间是空调房间，一般就不计算隔墙的负荷，但外围护结构必须计算。单击【数据中心】，选择【详细负荷】，可以看到具体参与负荷计算的选项，我们可以在此进行修改，如添加或删除一些围护结构等。双击各影响因素，可对具体参数进行设置，例如双击“新风(冷)”，可设置新风冷负荷的相关参数，其中，新风机组送风状态点选择“处理到室内等焓状态点”。

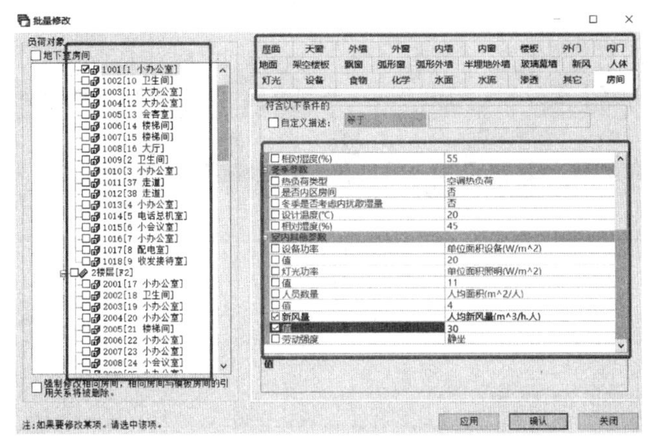

图 4.2.28

我们需要对从 Revit 中提取的所有房间进行上述参数的核查修改，以便使负荷计算结果更加准确。最后保存该负荷计算的成果，并导出计算书。我们可以使用 BIMSpace 软件的【导入结果】功能将该负荷计算结果赋回到 Revit 中，用于指导后续设计工作，如图 4.2.29 所示。

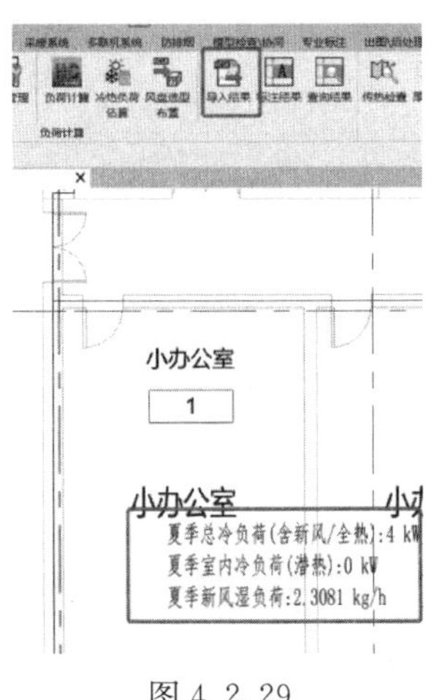

图 4.2.29

4.3　空气处理过程计算

在鸿业负荷计算 9.0 软件中我们还可以进行焓湿图的绘制，焓湿图是反映湿空气状态参数及其变化过程的湿空气性质图，利用它可以方便地分析空调系统的空气处理过程。

在软件界面上部单击【焓湿图计算】命令，如图 4.3.1 所示，打开【焓湿图计算】对话框，如图 4.3.2 所示。

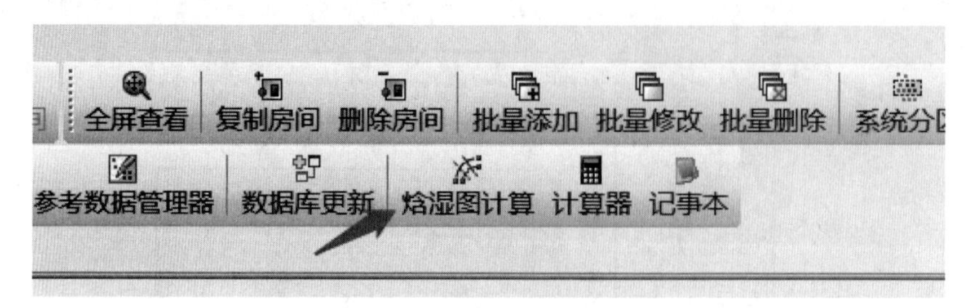

图 4.3.1

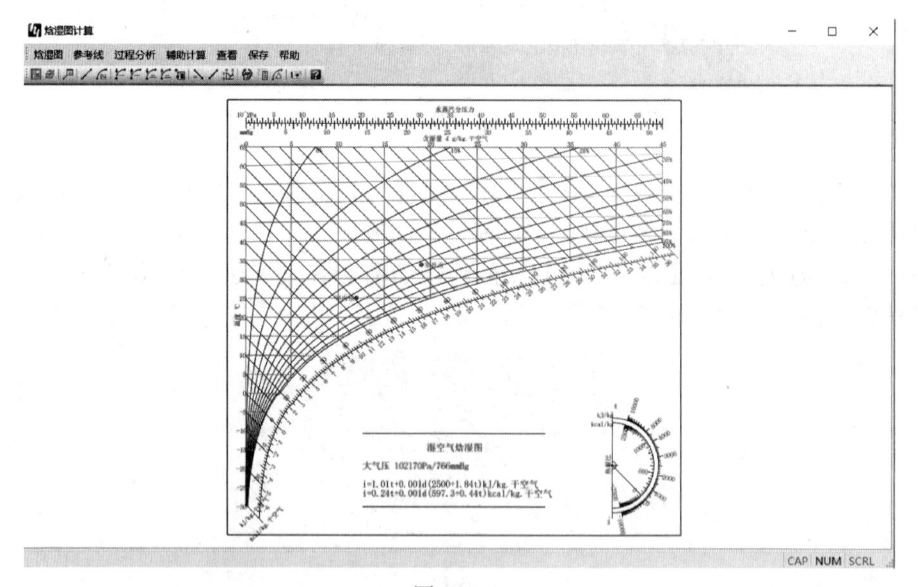

图 4.3.2

4.3.1　绘制设置

单击【焓湿图】选项卡，在下拉列表中选择【绘制设置】命令，打开【绘制设置】对话框，如图 4.3.3 所示。

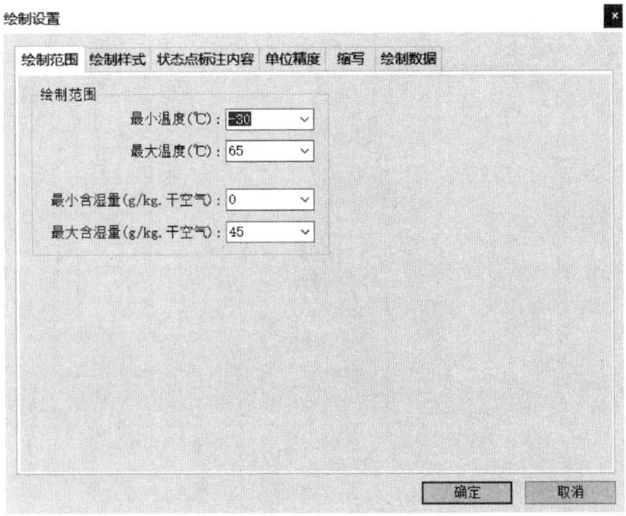

图 4.3.3

选择【绘制范围】选项卡，可对最小温度、最大温度进行设置，也可以设置最小含湿量、最大含湿量等参数。在暖通空调工程设计中最低温度一般取－30℃，最高温度一般取 65℃；最小含湿量一般取 0g/kg 干空气，最大含湿量一般 45g/kg 干空气，即可满足要求。

选择【绘制样式】选项卡，可对各参考线、过程线的颜色进行设置。双击颜色，在弹出的【颜色】对话框中即可进行修改。

选择【状态点标注内容】选项卡，可以设置状态点的具体标注内容，勾选需要标注的内容即可。

选择【单位精度】选项卡，可对图中显示的各个变量的单位和精度进行设置。

选择【缩写】选项卡，可对图中显示的各个参数进行缩写设置。

选择【绘制数据】选项卡，可对夏季工况、冬季工况、大气压力、绘制内容等选项进行设置。

4.3.2　绘制焓湿图

1. 空气状态点

在空调方案设计阶段，需要在焓湿图上绘制空气的状态点，并计算该点的温度、相对湿度、焓、含湿量等参数值。

单击【焓湿图】选项卡，在下拉列表中选择【空气状态点】命令，打开【空气状态参数】对话框，如图 4.3.4 所示。我们可以分别设置室内点和室外点相关参数。

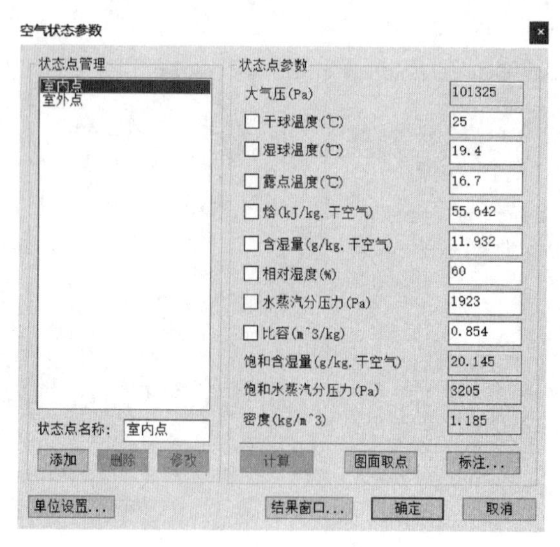

图 4.3.4

因为任何两个独立参数的等值线交点都可以在焓湿图上确定一个具体的状态点，所以在状态点参数中选择任意两个已知参数，并输入参数值，单击下方的【计算】按钮，即可计算出其他参数值。单击【标注】按钮，即可在焓湿图中标注该状态点。单击【结果窗口】按钮，可以查看当前状态点相关参数，并可以复制该参数。在状态点名称处输入新的状态点名称，并单击【添加】按钮，可以添加新的状态点，并可以进行相关计算。我们也可以对已有状态点进行修改和删除操作。单击【图面提取】按钮，可以在焓湿图中拾取状态点。

2. 绘制热湿比线

单击【参考线】选项卡，在下拉列表中选择【绘制热湿比线】，打开【绘制热湿比线】对话框，如图 4.3.5 所示，我们可以直接输入已经计算好的热湿比值，也可以单击 ... 进行计算，打开【计算热湿比】对话框，如图 4.3.6 所示，软件中提供了两种计算方式，分别为“根据余热余湿计算”和“根据状态点计算”，可以根据相关数据进行选择。参数值输入完成后，单击【计算】即可。在【绘制热湿比线】对话框中单击【绘制】按钮，在焓湿图中单击需要绘制热湿比线的位置即可，如图 4.3.7 所示。

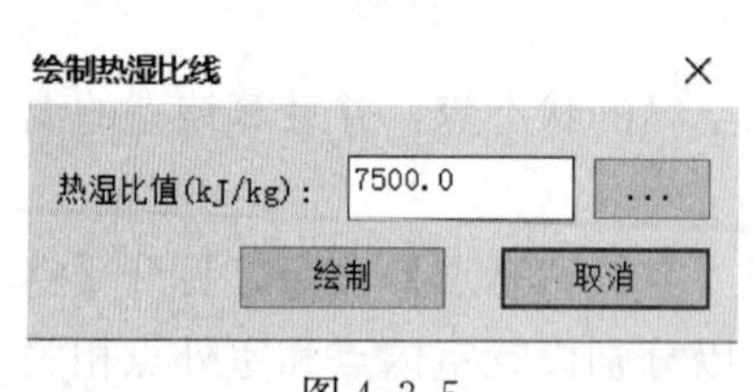

图 4.3.5

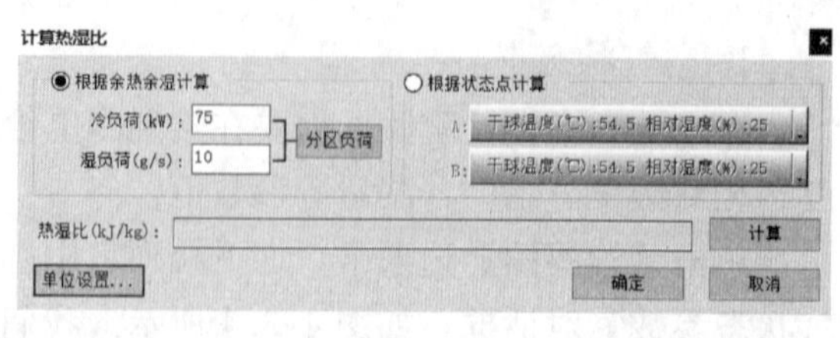

图 4.3.6

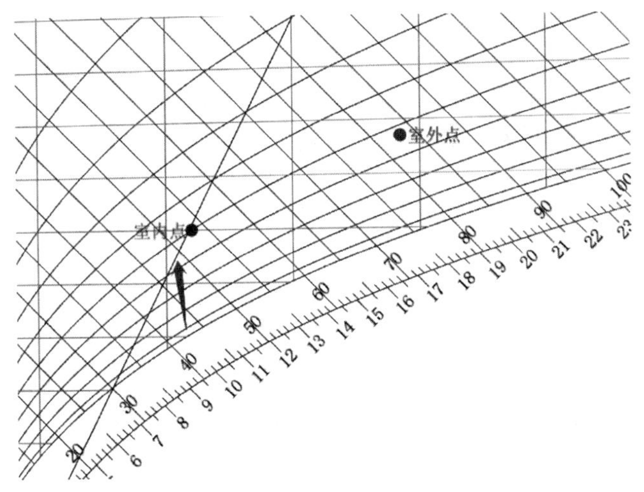

图4.3.7

3. 等值参考线

单击【参考线】选项卡，在下拉列表中选择【等值参考线】，打开【绘制等值参考线】对话框，如图4.3.8所示，我们可以绘制等温线、等焓线、等含湿量线、等相对湿度线。勾选相应等值线，输入具体数值，单击【绘制】按钮即可在焓湿图中自动绘制。

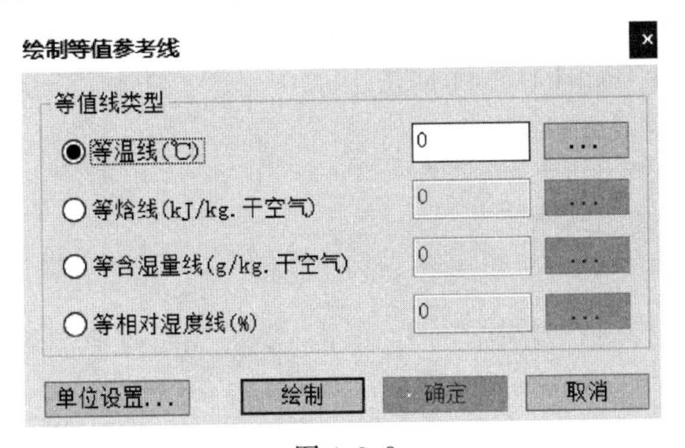

图4.3.8

4. 等值线过程

单击【过程分析】选项卡，在下拉列表中选择【等值线过程】，打开【等值线过程】对话框，如图4.3.9所示，在该对话框中可以根据初、终状态点参数计算等含湿量过程、等焓过程以及等温过程。我们可以在输入框中直接输入参数值或者单击[...]，在【空气状态参数】对话框中选择已经设置好的状态点。参数输入完成后，单击下方的【计算】按钮，可以计算出“状态差”等其他参数，单击【图面标注】按钮，在焓湿图中单击标注引线终点即可将计算结果进行标注。

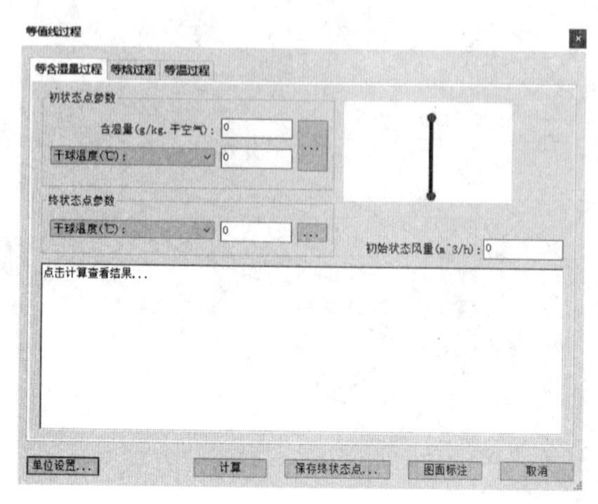

图 4.3.9

5. 混风过程

混风过程是用来绘制两种不同状态空气的混合过程。单击【分析过程】选项卡，在下拉列表中选择【混风过程】，打开【混风过程】对话框，如图 4.3.10 所示。首先需要确定 A、B 状态点，我们可以单击状态点参数，进入【空气状态参数】对话框，选择需要混合的状态点，或者我们也可以单击下方的【图面提取】按钮，在焓湿图中进行选择。A、B 状态点设置完成后，单击【计算】按钮，可自动计算出混合状态点 C 的相关参数，同样单击【图面标注】按钮，可以在焓湿图中标注混合过程，如图 4.3.11 所示。

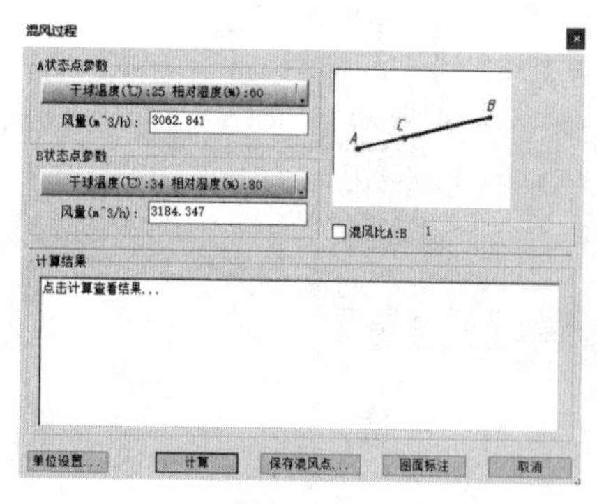

图 4.3.10

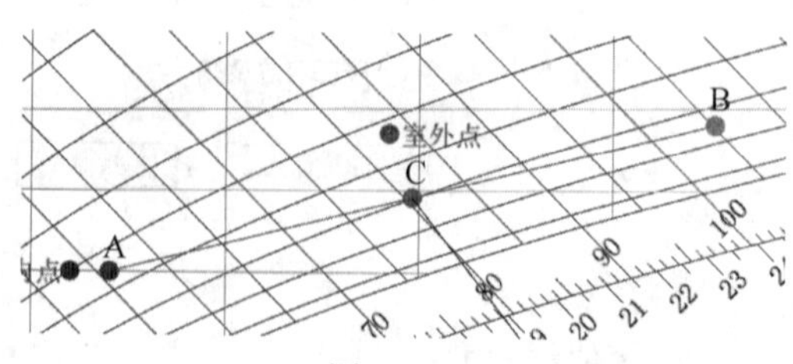

图 4.3.11

6. 自定义过程

单击【过程分析】选项卡，在下拉列表中选择【自定义过程】，打开【自定义过程】对话框，如图 4.3.12 所示。软件中提供了两种自定义过程的方式，分别为“两点确定过程线”和“一点＋热湿比线确定过程线”。对于第一种方式，我们可以直接从【空气状态参数】对话框中进行选择，或者单击后方，在下拉列表中选择状态点或者直接在图面中提取。第二种方式中，“一点”可以直接在【空气状态参数】对话框中进行选择或通过图面进行提取，热湿比可以直接输入或单击⋯计算热湿比。单击【请选择等值参考线】，在【绘制等值参考线】对话框中选择一种等值参考线，并输入相应的值来确定与热湿比线相交的等值参考线。

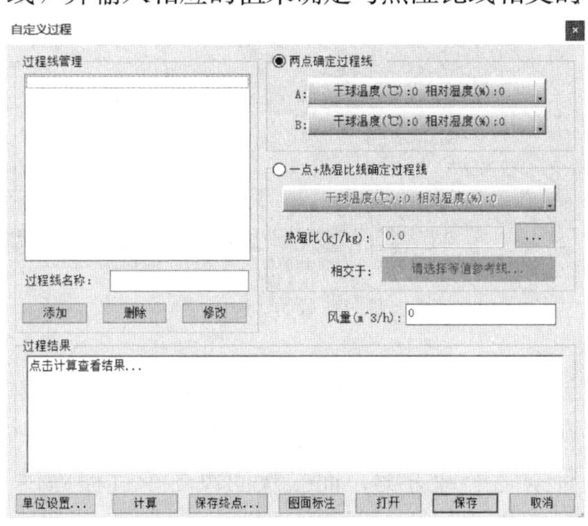

图 4.3.12

参数设置完成后，单击【计算】按钮，就可计算出该过程线，单击【图面标注】，可以在焓湿图中标注该过程线。

4.3.3　空气处理过程计算

1. 一次回风夏季过程

单击【过程分析】选项卡，在下拉列表中选择【一次回风夏季过程】，打开【一次回风夏季过程】对话框，如图 4.3.13 所示。

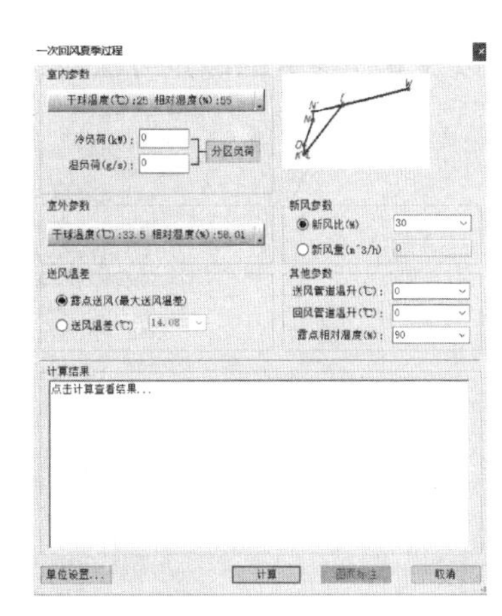

图 4.3.13

首先我们需要确定室内、外状态参数，单击状态参数条，我们可以从【空气状态参数】对话框中进行选择，或者单击▪在图面中提取。冷负荷和湿负荷可以根据负荷计算结果直接输入。接下来确定送风温差、新风参数及其他参数。如果采用温差送风，可直接输入空调房间要求的送风温差；如果采用露点送风，直接勾选“露点送风”即可，推荐这种方式。各空气处理方案可在对话框右上角进行预览。确定新风参数时，可以输入新风比或者是新风量，其他参数根据实际情况输入即可。

各参数设置完成后，单击下方的【计算】按钮，即可计算出系统负荷及一次回风各状态点的参数值，当计算结果不合理时，会显示计算失败，并显示可能存在的问题，我们需要修改后重新进行计算。单击【图面标注】按钮，在焓湿图中进行标注，如图 4.3.14 所示。一次回风冬季过程与此类似，不再赘述。

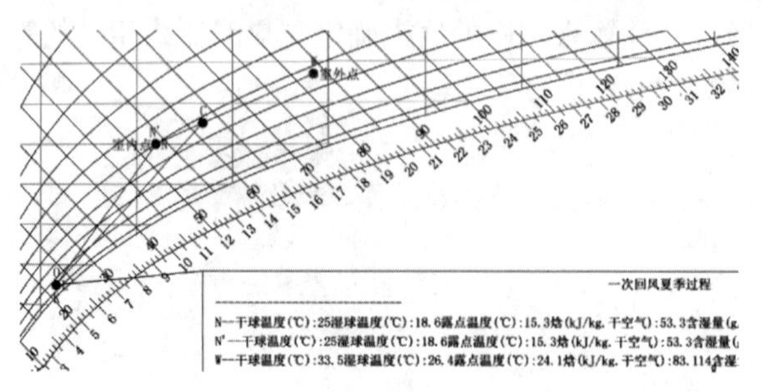

图 4.3.14

一次回风冬季过程与此类似，不同之处在于提供了四种空气处理方案，读者可根据设计要求进行选择。二次回风夏季过程与一次回风夏季过程的不同之处在于只有温差送风一种空气处理方案，而二次回风冬季过程提供了两种方案，读者可根据设计要求进行选择。

2. 风机盘管处理过程

单击【过程分析】选项卡，在下拉列表中选择【风机盘管处理过程】，打开【风机盘管加独立新风系统】对话框，如图 4.3.15 所示。风机盘管加独立新风系统根据新风处理的状态点分为 7 种空气处理过程，选择不同的处理过程，可在对话框右侧进行预览。可根据设计要求选择合适的空气处理方案。室内外状态参数以及其他参数的确定方法与一次回风夏季过程相同。

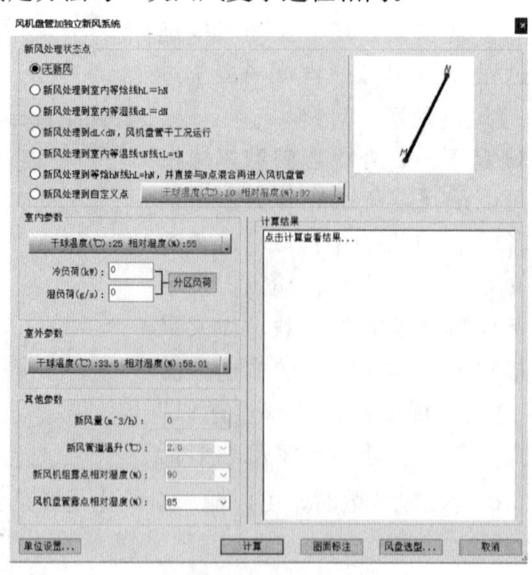

图 4.3.15

4.3.4　系统分区计算

单击软件上方的【系统分区】选项卡，如图 4.3.16 所示，打开【系统分区管理】对话框，如图 4.3.17 所示。软件中显示了我们在 BIMSpace 软件中对空间所做的系统分区，我们可以在此查看该系统分区内所包含的房间、负荷计算结果以及负荷计算曲线，并且我们可以绘制焓湿图来分析该分区的空气处理过程，具体绘制方式在前文中已经讲到，此处不再赘述。

图 4.3.16

图 4.3.17

我们重点讲解【风机盘管选型】与【风口选型】两个模块。单击【风机盘管选型】，如图 4.3.18 所示。首先，我们需要选择“新风处理状态点”，软件中提供了五种常见的新风处理状态点，我们也可以进行自定义。根据设计要求进行选择即可。接下来我们需要设置“其他参数”，包括“新风管道温升”“新风机组露点相对湿度”“风机盘管露点相对湿度”。输入相应参数值即可。在右侧，设备库来源处我们选择“BIMSpace”，或者选择“默认”，“过滤条件”及“校核依据”可根据实际情况进行选择。在“校核档次”处一般选择“按照中速档参数选型”，剩余其他参数根据实际情况添加即可。

参数设置完成后，单击左下角的【计算选型】按钮，软件会根据设定的参数进行风机盘管的自动选型。选型结果如图 4.3.19 所示。单击【结果保存】按钮，可将计算结果保存在该负荷计算的文件中，用于导入 Revit 中。单击【结果报表】按钮，可以输出“风机盘管选型结果 . xls”文件，如图 4.3.20 所示。

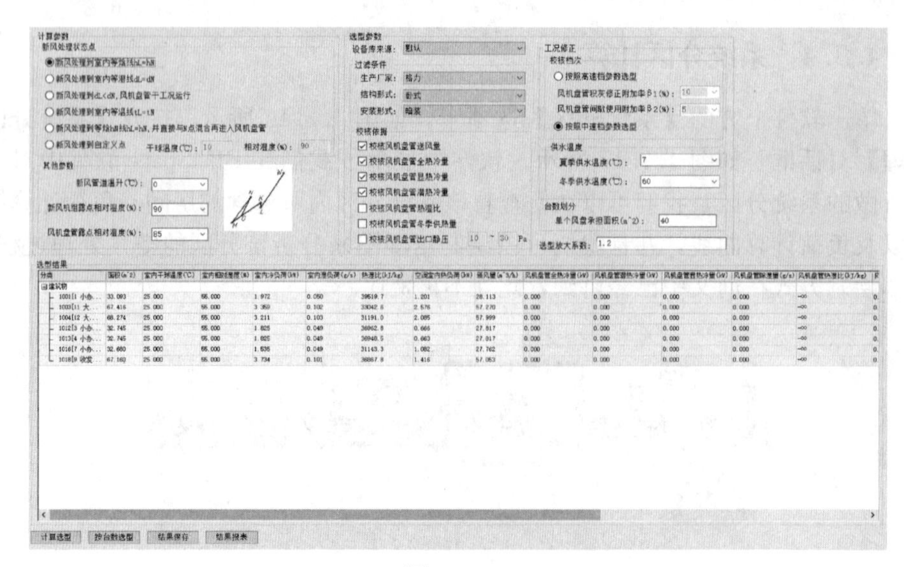

图 4.3.18

盘管显热冷量(kW)	风机盘管除湿量(g/s)	风机盘管热湿比(kJ/kg)	风机盘管送风量(m^3/h)	台数	型号	中档风量(m^3/h)	中档显冷(kW)	中档全冷(kW)	中档制热(kW)	设备热湿比(kJ/kg)
19	0.069	28725.5	744.514	1	FP-12.5WA	975.000	4.425	5.695	9.435	11210.6
92	0.140	24017.5	1227.761	2	FP-10WA	788.000	3.443	4.590	7.735	10004.4
36	0.142	22671.6	1159.765	2	FP-10WA	788.000	3.443	4.590	7.735	10004.4
00	0.068	26867.0	681.274	1	FP-12.5WA	975.000	4.425	5.695	9.435	11210.6
00	0.068	26856.6	680.982	1	FP-12.5WA	975.000	4.425	5.695	9.435	11210.6
03	0.068	22637.0	554.100	1	FP-10WA	788.000	3.443	4.590	7.735	10004.4
77	0.139	26797.9	1393.116	2	FP-12.5WA	975.000	4.425	5.695	9.435	11210.6

图 4.3.19

风机盘管选型表

建筑物

房间	面积(m^2)	室内干球温度(℃)	室内相对湿度(%)	室内冷负荷(kW)	室内湿负荷(g/s)	热湿比(kJ/kg)	空调室内热负荷(kW)	新风量(m^3/h)	风机盘管全热冷量(kW)	风机盘管潜热冷量(kW)	风机盘管显热冷量(kW)	风机盘管除湿量(g/s)	风机盘管热湿比(kJ/kg)	风机盘管送风量(m^3/h)	厂家	结构形式	安装形式	台数	型号	高档风量(m^3/h)	高档显冷(kW)	高档全冷(kW
1001[1小办公室]	33.093	25	55	1.972	0.05	39519.7	1.706	28.113	1.972	0.123	1.849	0.069	28725.5	744.514	格力	卧式	暗装	2	FP-6.3WA	660	2.8	3.65
1003[11大办公室]	67.416	25	55	3.359	0.102	33042.6	3.605	57.27	3.359	0.268	3.092	0.14	24017.5	1227.761	格力	卧式	暗装	4	FP-5WA	525	2.159	2.9
1004[12大办公室]	68.274	25	55	3.211	0.103	31191.0	3.127	57.999	3.211	0.276	2.936	0.142	22671.6	1159.765	格力	卧式	暗装	4	FP-5WA	525	2.159	2.9
1012[3小办公室]	32.745	25	55	1.825	0.049	36962.8	1.165	27.817	1.825	0.125	1.7	0.068	26867.0	681.274	格力	卧式	暗装	2	FP-6.3WA	660	2.8	3.65
1013[4小办公室]	32.745	25	55	1.825	0.049	36948.5	1.163	27.817	1.825	0.125	1.7	0.068	26856.6	680.982	格力	卧式	暗装	2	FP-6.3WA	660	2.8	3.65
1016[7小办公室]	32.68	25	55	1.535	0.049	31143.3	1.581	27.762	1.535	0.132	1.403	0.068	22637.0	554.1	格力	卧式	暗装	2	FP-5WA	525	2.159	2.9
1018[9收发接待室]	67.16	25	55	3.734	0.101	36867.8	2.441	57.053	3.734	0.257	3.477	0.139	26797.9	1393.116	格力	卧式	暗装	4	FP-6.3WA	660	2.8	3.65

图 4.3.20

单击【风口选型】模块，打开风口选型界面，如图 4.3.21 所示。在左侧的“新风量”处，我们需要输入该系统分区总的新风量，其他参数根据实际进行选择即可。在右侧我们可以选择“风口类型”“颈部风速”等参数。设置完成后，单击左下角的【计算选型】按钮，软件即可自动进行风口类型的选择，选型结果如图 4.3.22所示。单击【结果保存】按钮，可将计算结果保存在该负荷计算的文件中，用于导入 Revit 中。单击【结果报表】按钮，可以输出“风口选型结果.xls”文件，如图 4.3.23 所示。

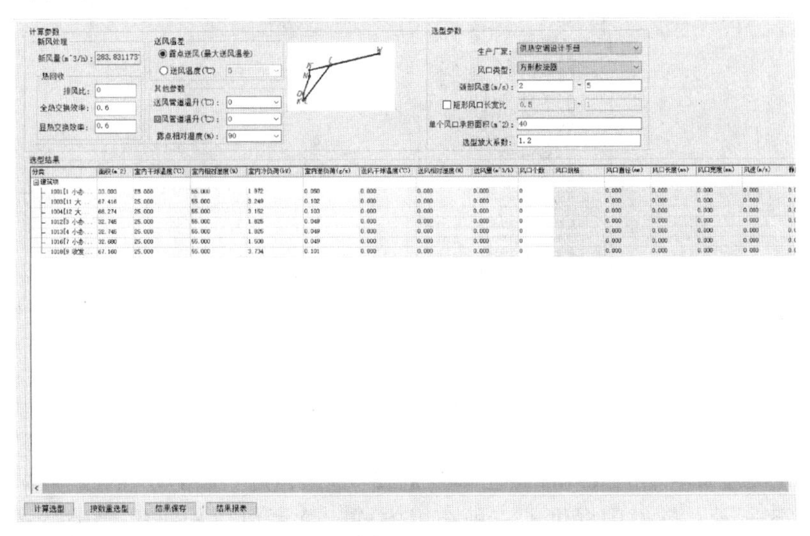

图 4.3.21

送风干球温度(℃)	送风相对湿度(%)	送风量(m^3/h)	风口个数	风口规格	风口直径(mm)	风口长度(mm)	风口宽度(mm)	风速(m/s)	静压损失(Pa
16.614	89.999	677.943	1	300×300	0.000	300.000	300.000	2.511	19.860
16.614	89.999	1116.775	2	250×250	0.000	250.000	250.000	2.978	32.291
16.614	89.999	1083.620	2	250×250	0.000	250.000	250.000	2.890	29.938
16.614	89.999	627.413	1	250×250	0.000	250.000	250.000	3.346	37.925
16.614	89.999	627.171	1	250×250	0.000	250.000	250.000	3.345	37.888
16.614	89.999	518.294	1	250×250	0.000	250.000	250.000	2.764	26.601
16.614	89.999	1283.524	2	250×250	0.000	250.000	250.000	3.423	40.081

图 4.3.22

风口选型表

建筑物

房间	面积(m^2)	室内干球温度(℃)	室内相对湿度(%)	室内冷负荷(kW)	室内湿负荷(g/s)	送风干球温度(℃)	送风相对湿度(%)	送风量(m^3/h)	厂家	风口类型	风口个数	风口规格	风口直径(mm)	风口长度(mm)	风口宽度(mm)	风口厚度(mm)	风速(m/s)	静压损失(Pa)	全压损失(Pa)
1001[1小办公室]	33.093	25	55	1.972	0.05	16.614	89.999	677.943	供热空调设计手册	方形散流器	1	300×300	0	300	300	100	2.511	19.86	23.643
1003[11大办公室]	67.416	25	55	3.249	0.102	16.614	89.999	1116.775	供热空调设计手册	方形散流器	2	250×250	0	250	250	100	2.978	32.291	37.612
1004[12大办公室]	68.274	25	55	3.152	0.103	16.614	89.999	1083.62	供热空调设计手册	方形散流器	2	250×250	0	250	250	100	2.89	29.938	34.948
1012[3小办公室]	32.745	25	55	1.825	0.049	16.614	89.999	627.413	供热空调设计手册	方形散流器	1	250×250	0	250	250	100	3.346	37.925	44.643
1013[4小办公室]	32.745	25	55	1.825	0.049	16.614	89.999	627.171	供热空调设计手册	方形散流器	1	250×250	0	250	250	100	3.345	37.888	44.601
1016[7小办公室]	32.68	25	55	1.508	0.049	16.614	89.999	518.294	供热空调设计手册	方形散流器	1	250×250	0	250	250	100	2.764	26.601	31.186
1018[9收发接待室]	67.16	25	55	3.734	0.101	16.614	89.999	1283.524	供热空调设计手册	方形散流器	2	250×250	0	250	250	100	3.423	40.081	47.11

图 4.3.23

计算完成后，我们对负荷计算文件进行保存，并打开 BIMSpace 软件，单击【负荷】选项卡，在下方选择【导入结果】命令，打开【导入】对话框，如图 4.3.24 所示。选择我们保存的负荷计算文件，并勾选需要标注的内容，最后单击【空间更新】按钮即可。在绘图区域我们可以看到标注的结果。

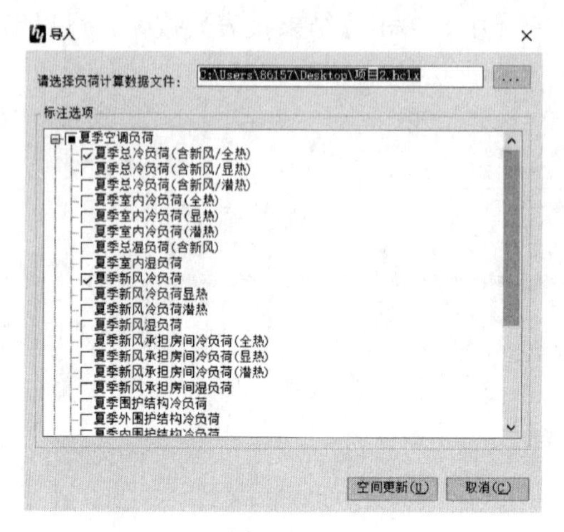

图 4.3.24

单击该选项卡下的【风盘选型布置】命令，会弹出【自动布置】对话框，如图 4.3.25 所示。软件中提供了三种布置方式，读者可以根据需要进行选择。单击【确定】后，软件会自动调取负荷计算文件中我们所保存的风机盘管选型结果，在绘图区域的对应空间中进行自动布置，如图 4.3.26 所示。软件会将风机盘管布置在门所在的位置，我们可以根据设计要求进行移动。

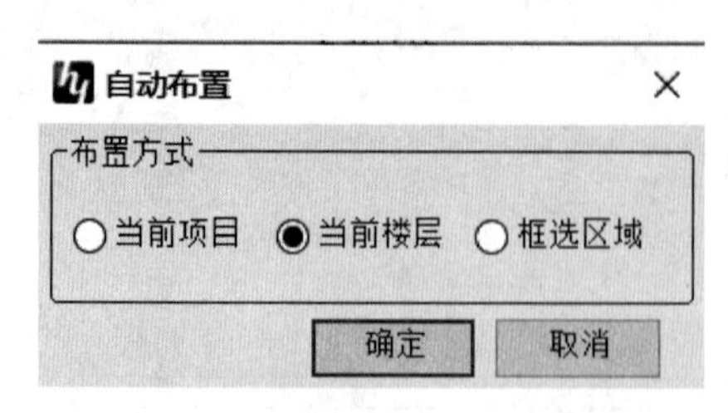

图 4.3.25

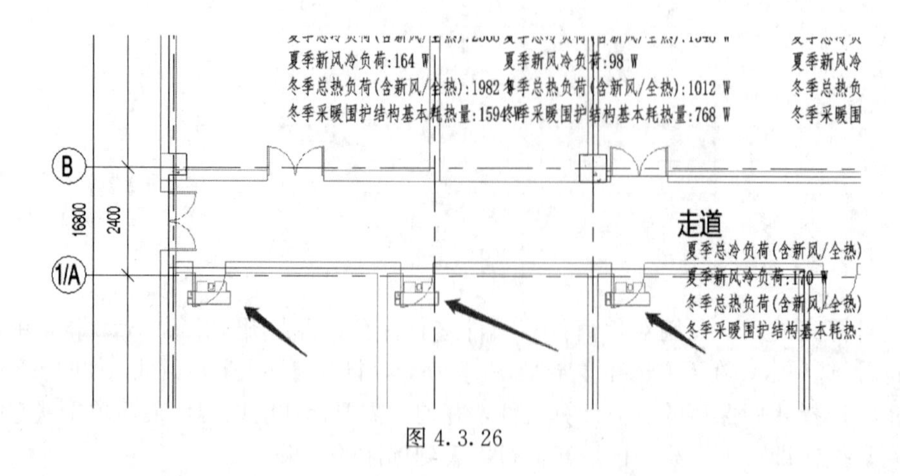

图 4.3.26

4.4　暖通专业项目样板

第 3 章中对项目样板进行了通用性的设置，但在暖通专业中，还要对风管、水管等进行一些专业性的设置，在下文中将一一进行介绍。

4.4.1　机械设置

我们首先对风管和水管进行一些通用性的设置。单击【管理】选项卡，在【MEP 设置】的下拉列表中选择【机械设置】，打开【机械设置】对话框，或者我们也可以单击“机械设备”命令下的↘来快速地打开【机械设置】对话框，如图 4.4.1 所示。“隐藏线”表示当两根高度不同的管道在平面视图中发生遮挡时，遮挡部位的显示样式，如图 4.4.2 所示。我们可以在此设置箭头所指位置的“线样式”“内部间隙”“外部间隙”“单线”等参数设置，读者可自行尝试进行修改。

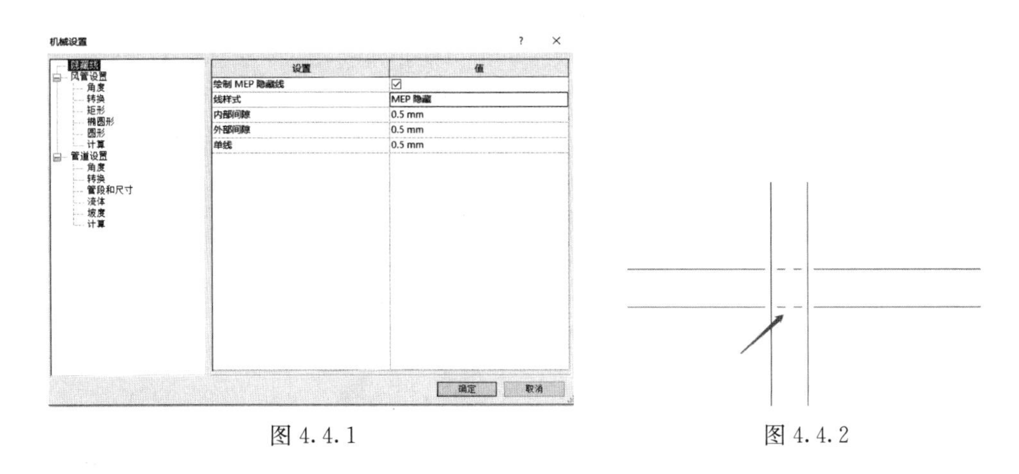

图 4.4.1　　　　图 4.4.2

有时我们可能发现平面视图中发生遮挡时，没有隐藏线显示。此时我们需要查看【属性】面板中的规程是否为“机械”，以及【机械设置】对话框中“绘制 MEP 隐藏线”是否勾选。

【机械设置】对话框中的其他设置将在后文中讲到。

4.4.2　风管设置

1. 风管类型

打开设置好的通用项目样板或者机械样板，单击【系统】选项卡，单击【风管】命令，打开风管绘制界面，在【属性】面板的类型选择器中已经内置好了圆形、椭圆形和矩形三大类风管，又根据风管中配置有不同的构件而分为很多种类型，如图 4.4.3 所示。选中已经绘制好的风管，会在类型选择器处显示当前风管的类型，当需要改变当前风管类型时，直接单击列表中所需要的类型即可。

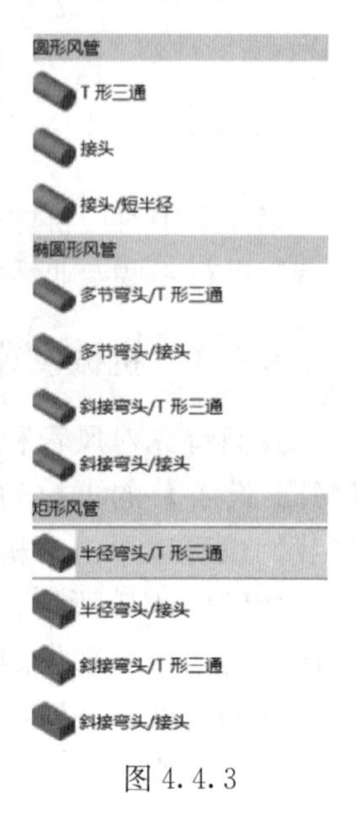

图 4.4.3

当需要修改当前类型或者新建一种新的风管类型时，在【属性】面板单击【编辑类型】按钮，打开【类型属性】对话框，如图 4.4.4 所示。如果我们需要新建新的类型，单击【复制】按钮，即可在现有类型的基础上进行新建，根据设计要求填写新的风管类型的名称。在该窗口中，我们常用的参数是【布管系统配置】，单击【编辑】，打开【布管系统配置】对话框，如图 4.4.5 所示。在该对话框中，我们可以对弯头、三通、四通及变径连接件等构件进行设置，这些风管管件会在绘制时自动添加到风管中，例如当绘制的风管需要转向时，会自动生成弯头，当两段风管进行连接时会自动生成三通等。单击每一项的下拉箭头，可以显示出其他已经载入的管件族，直接选择即可替换原有的管件族。单击“矩形弯头-弧形-法兰：1.5W”，再单击左侧【添加行】✚命令，在【弯头】下会增加一行，选择另一个弯头族，即可为弯头增加另一个备选族。Revit 默认自动在风管中添加第一行的族类型，所以我们可以单击【向上方移动】↑E 来调节弯头族的配置，如图 4.4.6 所示，其他的风管管件调节方法与此类似。此外，我们可以单击【载入族】添加所需要的风管管件。

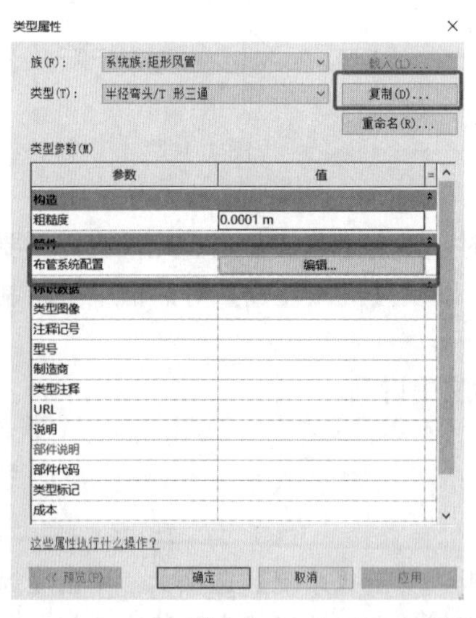

图 4.4.4

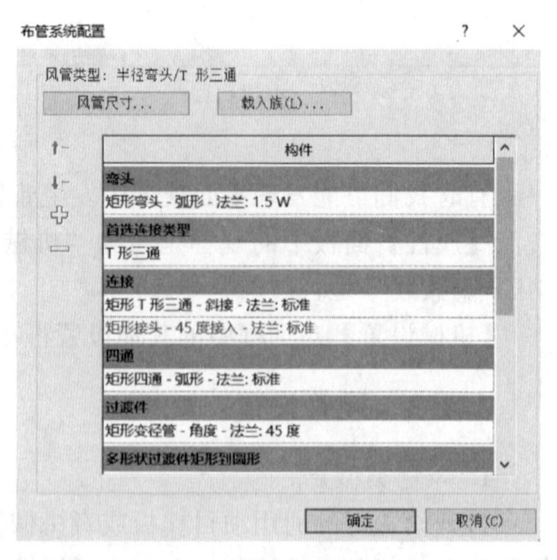

图 4.4.5

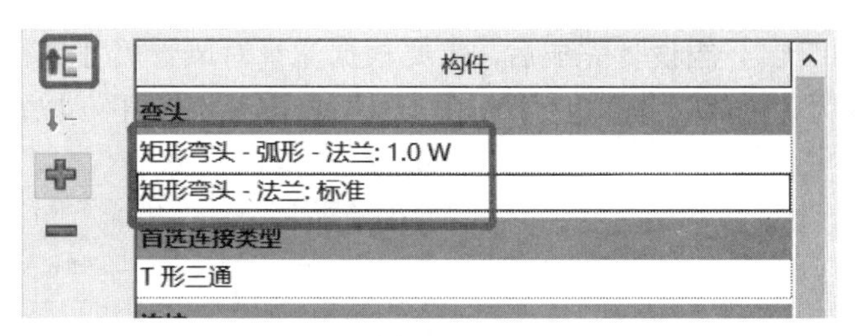

图 4.4.6

2. 风管尺寸

在【布管系统配置】窗口中单击“风管尺寸”，或者单击【管理】选项卡，在【MEP 设置】的下拉列表中选择【机械设置】，打开【机械设置】对话框，如图 4.4.7 所示。在这里我们可以“新建尺寸”和“删除尺寸”。“用于尺寸列表”表示在绘制风管时在选项栏可以直接选择该尺寸；“用于调整大小”表示在进行系统布管后，根据流量进行管径计算时可以调用的风管尺寸。

图 4.4.7

3. 风管系统

在【项目浏览器】中，【族】分类下，找到风管系统，如图 4.4.8 所示，Revit的机械样板中默认提供了“送风”“回风”“排风”三种风管系统类型，但在设计过程中是远远不够的，我们需要新建风管系统类型，下面以新建“新风系统”为例进行讲解。因新风系统与送风系统类似，所以我们选择送风系统来进行复制。右键“送风”，在弹出的列表中选择“复制”，即可复制出一个新的风管系统，我们将其“重命名”为“新风”。双击新建的“新风”，打开【类型属性】对话框，如图 4.4.9 所示。我们常用的修改是“图形替换”和“计算”以及“上升/下降符号”。单击【编辑】，打开【线图形】对话框，如图 4.4.10 所示，我们在此修改“颜色”，以便与其他系统区分开。“计算”参数对应四个值，分别为“全部”“仅流量”“无”“性能”。在设计初期，为了使软件运行流畅，不影响我们的设计过程，我们选择“无”，当设计完成后，需要根据流量对风管尺寸进行计算调整时，再将此处选择为“全部”。将“上升/下降符号”处改为“阴阳”，以符合出图习惯。

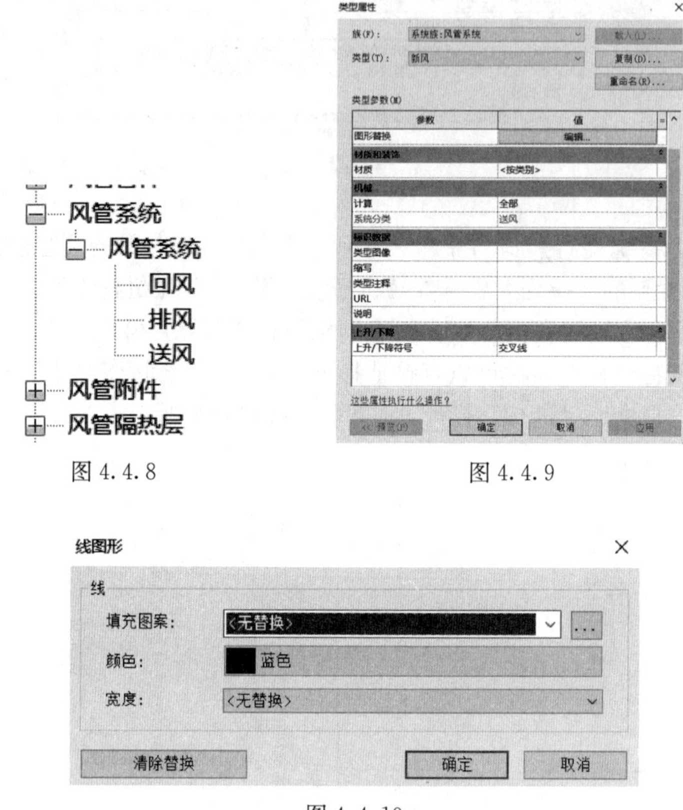

图 4.4.8

图 4.4.9

图 4.4.10

4.4.3 管道设置

1. 管道类型

打开设置好的通用项目样板或者机械样板，单击【系统】选项卡，单击【管道】命令，打开管道绘制界面，在【属性】面板中已经设置好了一种管道类型，单击【编辑类型】，打开【类型属性】对话框，和风管类型的操作类似，我们可以修改现有类型或单击【复制】新建一种管道类型。单击【布管系统配置】后的【编辑】按钮，打开【布管系统配置】对话框，如图 4.4.11 所示。与风管类型相比，管道类型增加了【管段】参数，管段用于定义管道的布管系统配置，每个管段都包含材质和明细表/类型组合、粗糙度和尺寸范围，如图 4.4.12 所示。在下拉列表中提供了多种形式的管段，可根据设计需要进行选择。每一种管段都有对应的管道尺寸列表，所以才会有后边的“最小尺寸”和“最大尺寸”，能够限制绘制管道和管道计算时的尺寸选择。

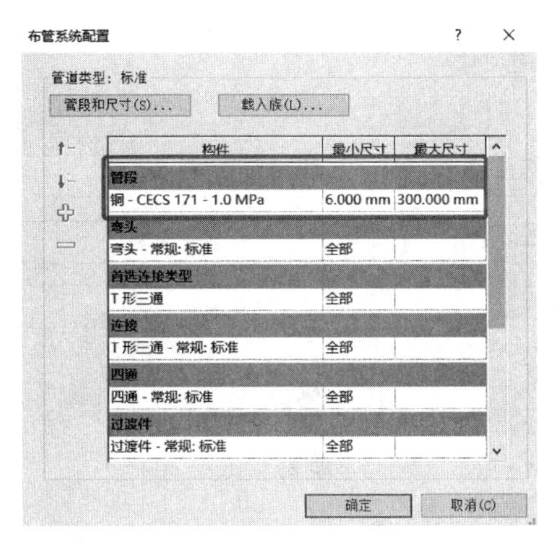

图 4.4.11

管段		
材质	明细表/类型	粗糙度（默认）
铜	K、L、M	0.00010"
铁，铸铁	22、30、150 级、200 级、250 级、300 级、350 级	0.01020"
聚氯乙烯，硬质	40, 80	0.00010"
钢，碳钢	40, 80	0.00180"
不锈钢	5S、10S	0.00180"

图 4.4.12

单击【管段和尺寸】按钮，进入【机械设置】对话框，如图 4.4.13 所示。在该对话框中可以查看不同管段对应的尺寸目录，可以单击【新建尺寸】和【删除尺寸】来修改尺寸目录。在尺寸目录中包含公称直径、内径和外径三个参数，在我们新建尺寸时也需要输入这三个参数，如图 4.4.14 所示，根据设计要求添加即可。

机械设置

隐藏线
风管设置
角度
转换
矩形
椭圆形
圆形
计算
管道设置
角度
转换
管段和尺寸
流体
坡度
计算

管段(S)：PE 63 - GB/T 13663 - 0.6 MPa
属性
粗糙度(R)：0.00200 mm
管段描述(T)：
尺寸目录(A)
新建尺寸(N)...
删除尺寸(D)

公称	ID	OD	用于尺寸列表	用于调整大小
20.000 mm	20.400 mm	25.000 mm	☑	☑
25.000 mm	27.400 mm	32.000 mm	☑	☑
32.000 mm	35.400 mm	40.000 mm	☑	☑
40.000 mm	44.200 mm	50.000 mm	☑	☑
50.000 mm	55.800 mm	63.000 mm	☑	☑
65.000 mm	66.400 mm	75.000 mm	☑	☑
80.000 mm	79.800 mm	90.000 mm	☑	☑
100.000 mm	97.400 mm	110.000 mm	☑	☑
110.000 mm	110.800 mm	125.000 mm	☑	☑

确定
取消

图 4.4.13

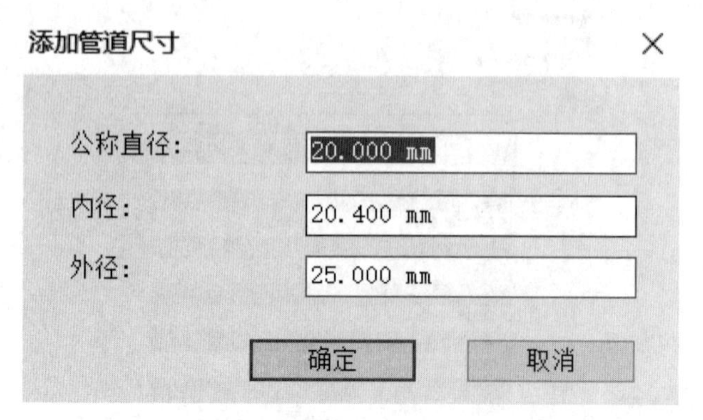

图 4.4.14

如果没有符合设计要求的管段，我们也可以对管段进行新建，单击【新建】，打开【新建管段】对话框，如图 4.4.15 所示，首先通过“从以下来源复制尺寸目录”下拉列表选择和新建管段尺寸最接近的现有管段，然后根据新建管道与已有管道的区别选择新建内容：“材质”“规格/类型”“材质和规格/类型”。“材质”可以通过单击右侧...进入材质浏览器选择，“规格/类型”可以直接按照设计标准进行输入，在尺寸目录中可以编辑新建管段的尺寸。管道类型的其他设置和风管类型类似，此处不再赘述。

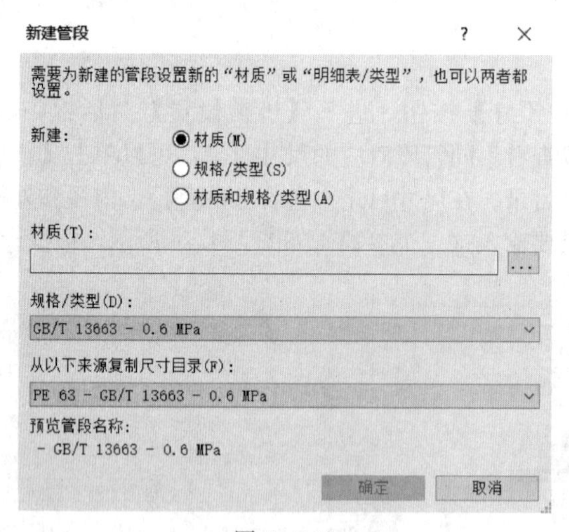

图 4.4.15

2. 管道系统

在【项目浏览器】中，【族】分类下，找到管道系统，在机械样板中内置了多种管道系统，我们也可以根据需要来新建管道系统，操作及设置方法与风管系统类似，此处不再赘述。

4.4.4　过滤器

Revit 提供了基于规则的过滤器来控制视图中图元的显示样式，常用来控制风管或管道的颜色。单击【视图】选项卡，选择【过滤器】命令，打开【过滤器】对话框，如图 4.4.16 所示，左侧是过滤器列表，中间是该过滤器控制的图元类别，右侧是过滤器规则。例如我们新建一个关于风管系统的过滤器，在左侧的列表中，我们可以进行“新建”“复制”“重命名”“删除”等操作，单击【新建】，在弹出的【过滤器名称】窗口中输入“新风系统”，因为是风管系统，所以我们在图元类别中选择与风管有关的类别，如图 4.4.17 所示。

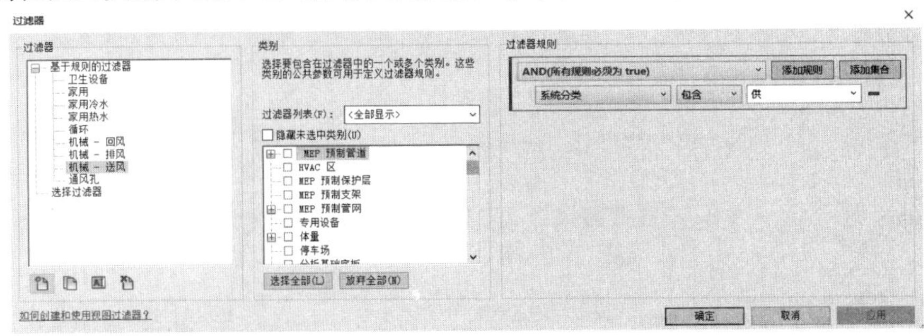

图 4.4.16

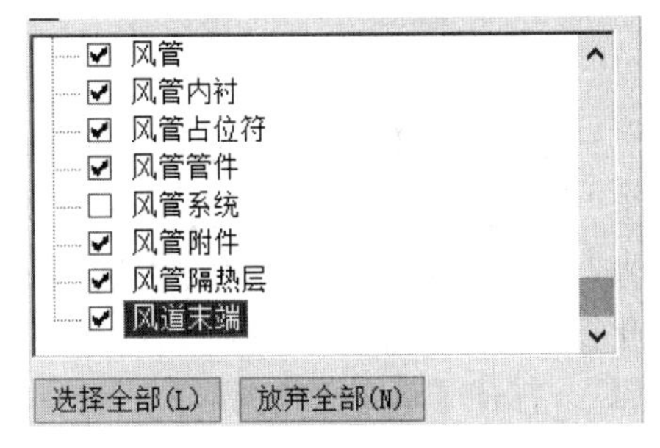

图 4.4.17

在过滤器规则处，分为“AND”和“OR”规则，“AND”表示该过滤器中的图元需要满足列出的所有规则，而“OR”表示该过滤器中的图元满足所列的规则之一即可。同时“AND”和“OR”两种方式还可以进行嵌套来进行更加精确，更加符合设计需求的过滤器设置。单击【添加规则】按钮，可以新增加一条过滤规则，单击【添加集合】按钮可以实现“AND”和“OR”两种方式的嵌套。

在规则中，从左到右依次为“参数”“操作符”“值”三个条件，我们在“参数”中选择“系统类型”，“操作符”选择“等于”，“值”选择“新风”，即我们上文中最新创建的风管系统类型。“新风系统”的过滤器就设置完成了，当然这是最简单的一种形式，读者可自行尝试建立更加准确的过滤器。

我们经常用过滤器来控制不同的风管系统显示不同的颜色，方便于日后的设计过程和展示需要。单击【视图】选项卡，选择【可见性/图形】命令，打开【可见性】对话框，选择【过滤器】模块，如图 4.4.18 所示，【可见性】对话框中的设置只能控制当前视图的显示，如果想要批量控制更多视图，需要使用视图样板。如图4.4.19所示，样板中已经设置好了几种过滤器，我们可以单击【添加】，打开【添加过滤器】对话框，选择我们需要使用的过滤器进行添加。也可单击右侧的【编辑/新建】按钮进入【过滤器】对话框，对过滤器进行编辑或者新建一种过滤器。添加完成后，即可在过滤器列表中进行显示。

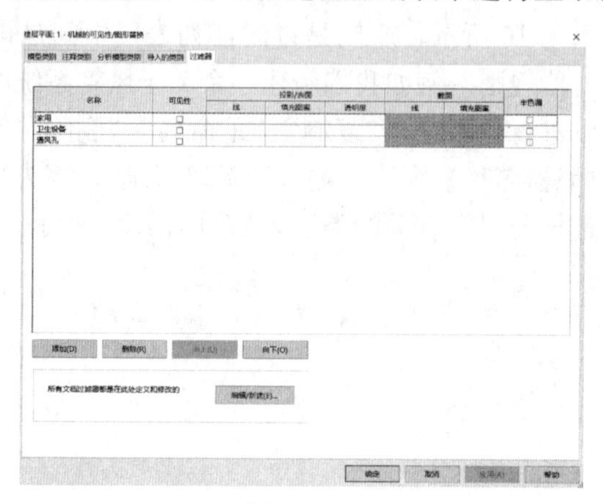

图4.4.18

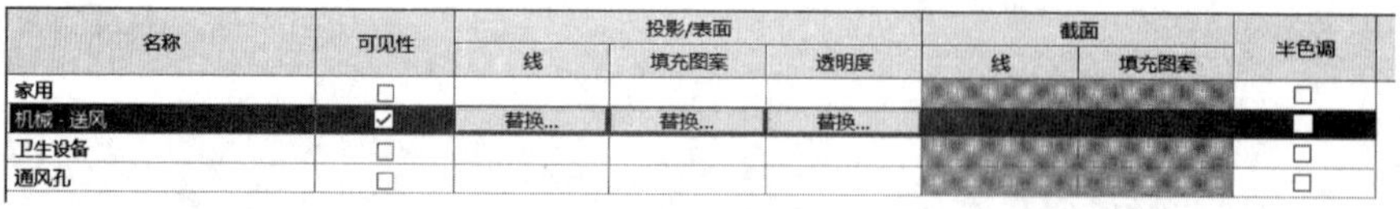

名称	可见性	投影/表面			截面		半色调
		线	填充图案	透明度	线	填充图案	
家用	☐						☐
机械 - 送风	☑	替换...	替换...	替换...			☐
卫生设备	☐						☐
通风孔	☐						☐

图4.4.19

我们可以在该【可见性】对话框中设置过滤器的“可见性”“线”“填充图案”“透明度”等参数。我们常用的是“可见性”和“填充图案”设置，“可见性”参数能够控制该过滤器控制的图元在当前视图中是否可见，这在我们进行简化视图，隐藏不需要的图元时具有重要作用。单击“填充图案”参数下的“编辑”，打开【填充样式图形】对话框，如图4.4.20所示，如无特殊要求，可以将“前景”和“背景”设置调成一致。在“填充图案”处，我们经常选择“实体填充”，在“颜色”处我们可以根据设计要求或者项目标准进行设置。

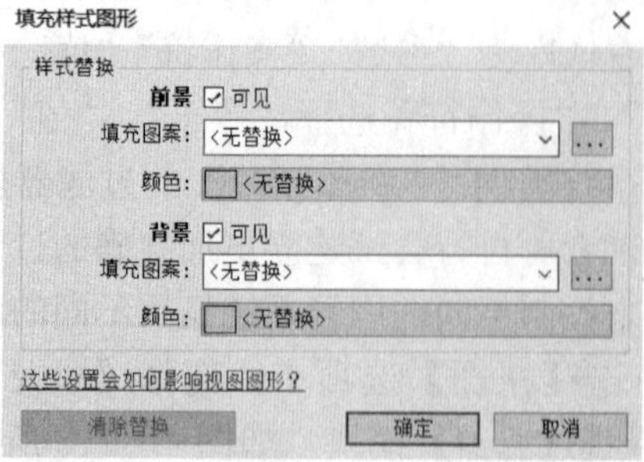

填充样式图形

样式替换

前景 ☑ 可见

填充图案：〈无替换〉

颜色：〈无替换〉

背景 ☑ 可见

填充图案：〈无替换〉

颜色：〈无替换〉

这些设置会如何影响视图图形？

清除替换　确定　取消

图4.4.20

4.5　风系统设计

4.5.1　基本绘制方法

单击【系统】选项卡，单击【风管】命令，进入风管绘制界面，如图 4.5.1 所示。绘制风管前，一般有四个需要注意的地方，首先是需要选择好风管类型，再下拉列表中直接选择即可。

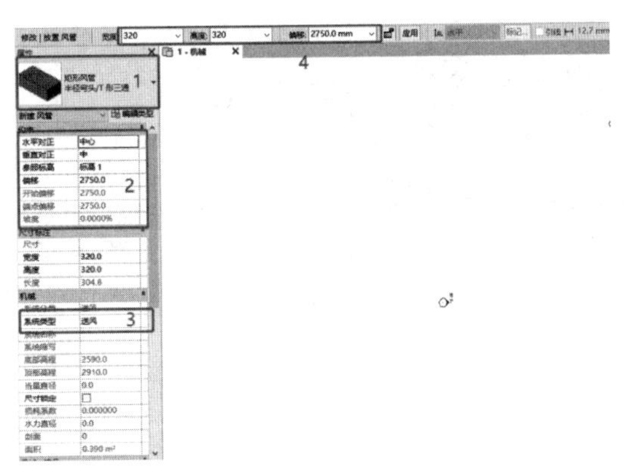

图 4.5.1

其次需要设定好约束条件，“水平对正”表示的是在绘制过程中对齐风管的边缘，以风管的“中心”“左”“右”作为参照，例如在绘制风管时需要沿着左边的墙，使风管的左边进行对齐，就可以将“水平对正”处选择为“左”；“垂直对正”表示风管在竖直方向的对齐，包括“中”“底”“顶”三个选项，例如我们需要将风管进行顶对齐时，在“垂直对正”处就可以选择“顶”；“参照标高”为定义风管高度所处的标高；“偏移量”为风管的高度测量点与“参照标高”之间的距离，单位为毫米，而高度测量点是由“垂直对正”参数确定的，当“垂直对正”选择为“底”时，偏移量表示风管底部与“参照标高”的距离。

之后需要选择风管的系统类型，这样相同类型的风管才方便进行选择及设置。最后需要设置风管的尺寸，矩形风管分为“宽度”和“高度”两个参数，在下拉列表中显示了在【机械设置】对话框中设置好的尺寸，也可以在输入框中直接输入具体的尺寸数值。此外，风管尺寸设置完成后，可以关注【属性】面板中的“底部高程”和“顶部高程”两个参数，分别表示风管的下表皮和上表皮的高度，以便判断该段风管在空间中的位置，避免发生碰撞。

上述四个位置设置完成后，就可以进行管道绘制了，在绘图区域需要绘制风管的位置，在起点单击一次，拖动鼠标，在终点再单击一次，一段风管即绘制完成。如果绘制结束，在键盘中单击两次 ESC 键即可退出绘制模式，如果还未绘制完成，我们还可以往任意方向拖动鼠标进行绘制，在终点处单击鼠标即可。绘制过程中会出现我们在该风管类型的【布管系统配置】窗口所选择的“弯头”等管件族，如图 4.5.2 所示。当我们需要改变风管的高度或者需要绘制立管时，可以保持风管绘制状态，直接在【选项栏】的“偏移量”处输入需要修改的高度，单击 Enter 键即可，之后继续绘制的风管即为新的高度，如图 4.5.3 所示。当我们需要绘制立管时，只需输入立管顶端或低端的偏移量，单击后面的【应用】选项即可自动形成立管，此处需要注意，在绘制立管前，需要将“水平对正”的值调整为“中心”，这样才能够自动生成弯头族，如图 4.5.4 所示。

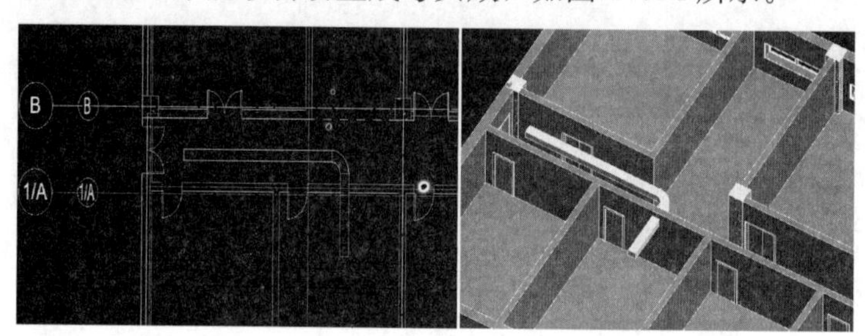

图 4.5.2

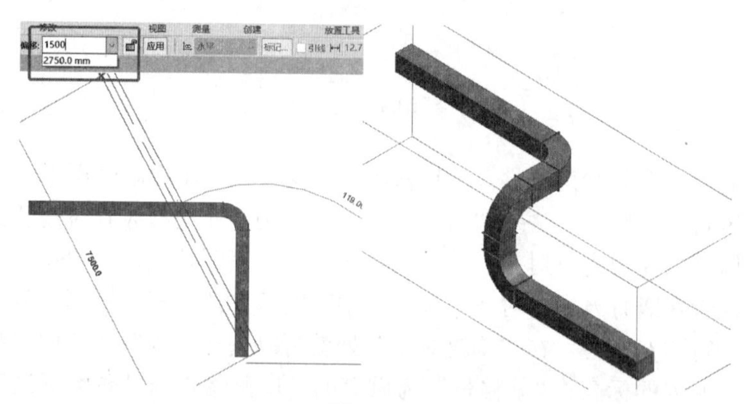

图 4.5.3

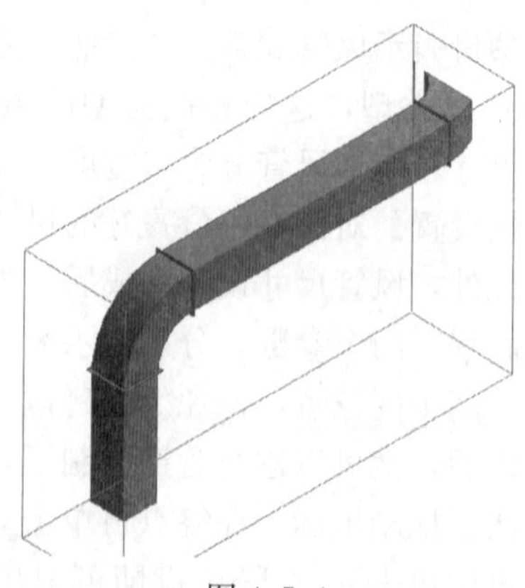

图 4.5.4

在【修改｜放置风管】选项卡，【放置工具】面板中，有“自动连接”“继承高程”“继承大小”三个命令，“自动连接”表示某一段风管管路在起点或终点处自动捕捉与之相交的风管，并添加风管管件进行连接。两段风管管路可以处于同一高度，也可以处于不同的高度，都可以完成自动连接，如图 4.5.5 所示。当取消选择自动连接时，如图 4.5.6 所示。

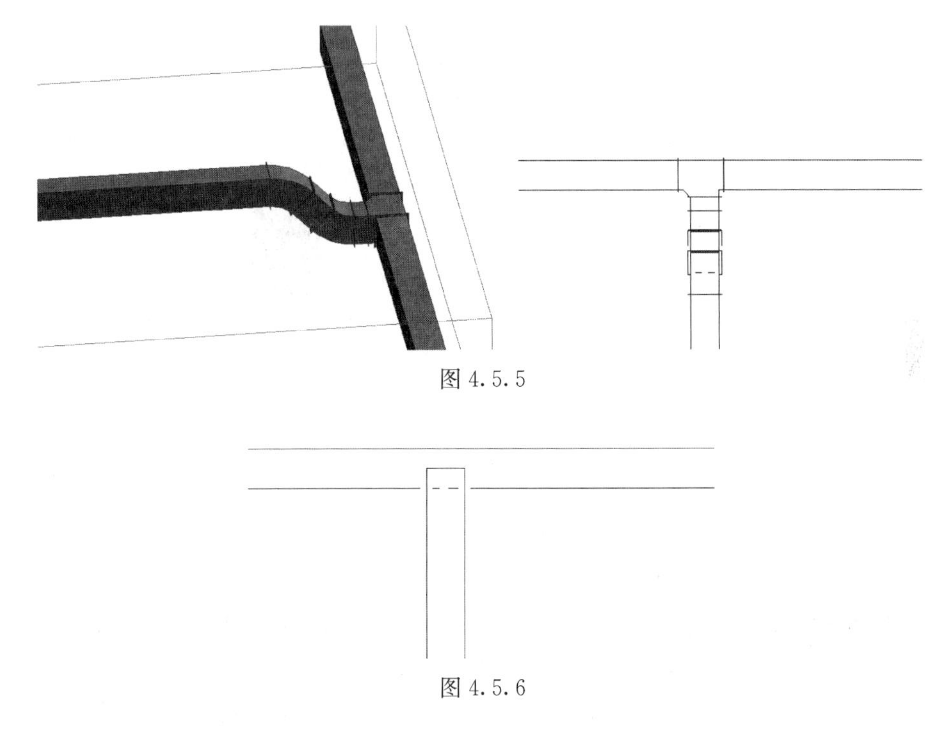

图 4.5.5

图 4.5.6

当“继承高程”被选中时，新绘制的风管将继承与其连接的风管或设备连接件的高程；当“继承大小”被选中时，新绘制的风管将继承与其连接的风管或设备连接件的尺寸。

当在绘制过程中风管与风管管件或风管与机械设备不能连接时，如图 4.5.7 所示，我们可以通过绘制剖面来进行准确的连接。单击【视图】选项卡，在【创建】面板中选择【剖面】命令，在该区域绘制剖面，并右键单击剖面符号，在弹出的列表中选择“转到视图”选项，进入剖面视图，如图 4.5.8 所示，如果风管为单线模式，可以将“详细程度”改为“精细”。

图 4.5.7

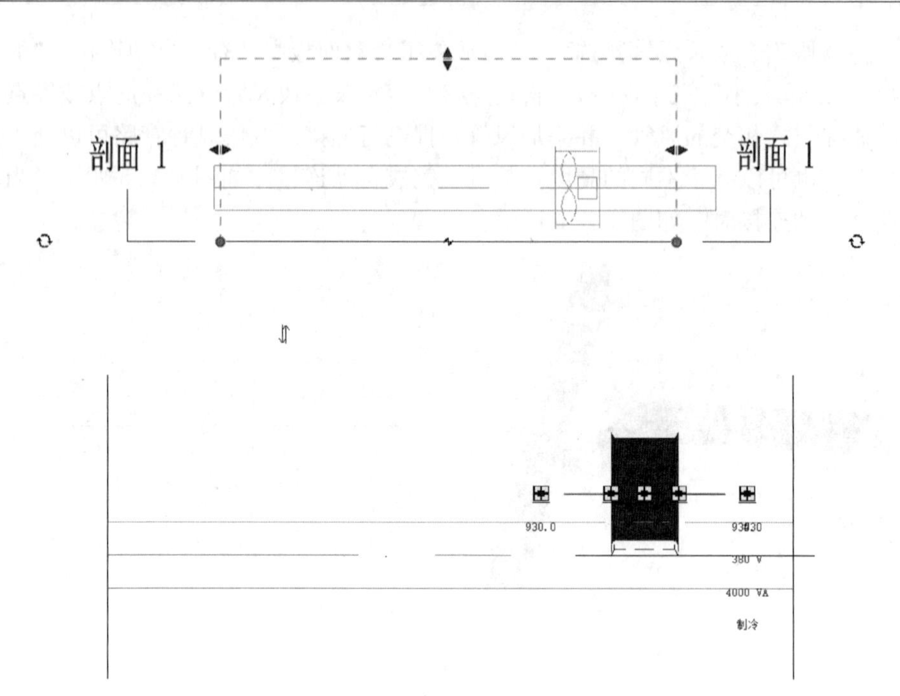

图 4.5.8

接下来将风机的中心与风管中心线进行对齐，单击【修改】选项卡，在【修改】面板中选择【拆分图元】命令，将风管进行拆分，拆分后，会在拆分位置自动生成“矩形活接头”。将拆分的风管一端拖动到风机接口处，当显示出时，风管与风机即可自动进行连接并生成过渡件，删除风管另一端的“矩形活接头”，并将风管拖动到风机另一端，出现时即可自动连接，如图 4.5.9 所示。

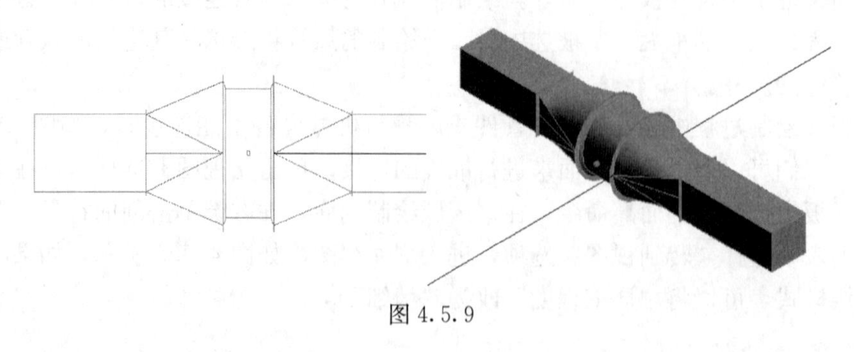

图 4.5.9

注意：在视图样式栏中，【详细程度】和【视图样式】控制着风管的显示样式。

注意：当一个风管系统的管道绘制完成后，我们需要在风管系统的末端添加管帽，单击【修改风管】选项卡中的【管帽开放端点】来添加管帽。

4.5.2　风管占位符

风管占位符使用单线形式来显示风管，不会生成管件，绘制方法和风管类似，此处不再赘述。单击绘制好的风管占位符，在【修改 | 风管占位符】选项卡的【编辑】面板中选择【转换占位符】命令，如图 4.5.10 所示，即可将风管占位符转化为风管。风管占位符还可用于碰撞检查功能。风管占位符一般用于初期的设计阶段，用来表示设计方案。

图 4.5.10

4.5.3　风管管件

风管绘制过程中需要大量的管件进行连接，包括弯头、T 形三通、四通，以及过渡件、天圆地方等，管件在绘制风管时可以自动生成，也可以手动添加以及修改。选中刚刚自动生成的弯头，会在上方和右侧出现两个加号，如图 4.5.11 所示。单击任意加号，即可将弯头变为 T 形三通，如图 4.5.12 所示，右键单击⊕，在弹出的列表中选择【绘制风管】命令，即可以此位置为起点继续绘制风管。T 形三通上侧双向箭头符号⇆是用来调整管件方向控件的。

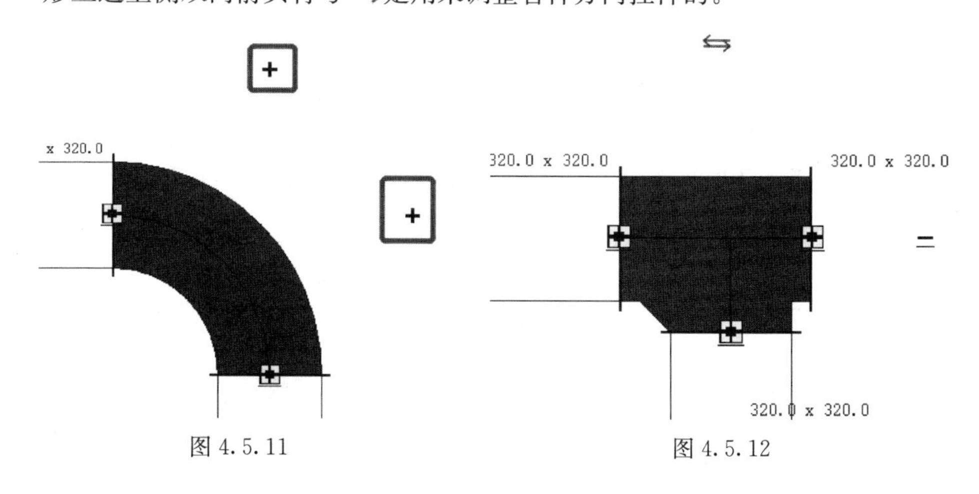

图 4.5.11　　图 4.5.12

4.5.4 风管附件

风管附件是一些风管上必要的阀门，以及过滤器、探测器等。可直接选中需要的风管附件，在风管中合适的位置单击布置即可。如果风管附件的尺寸不合适，可以选中该风管附件，在【类型属性】对话框中对其各项参数的尺寸进行编辑，如图 4.5.13 所示。如果样板中风管附件的族不能满足设计需求，可单击【插入】选项卡中的【载入族】，载入一些软件族库中的族。

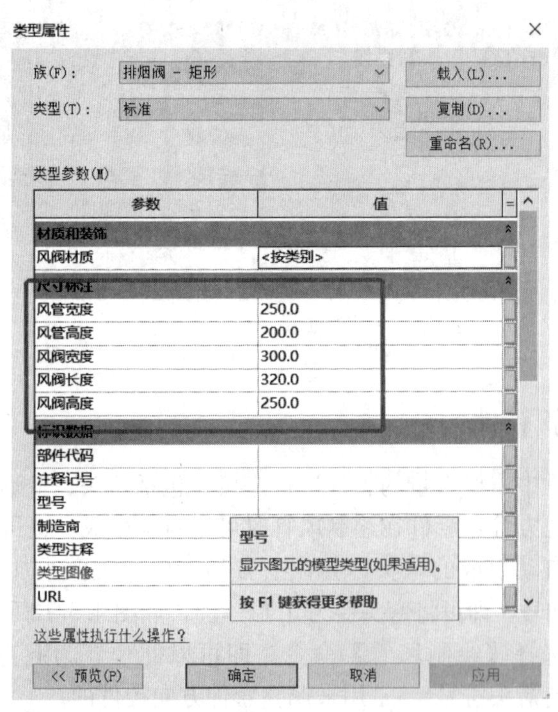

图 4.5.13

我们也可以直接放置风管附件或者风管管件，再绘制风管与其进行连接，如图 4.5.14 所示，当出现时，即表示风管可以与风管附件或管道进行连接。此处需要注意，手动放置管件需要先设置好管件的高度，以保证能够和需要连接的管道高度一致。

图 4.5.14

注意：可以先选中管件，右键单击，选择【绘制风管】命令绘制出一段风管，再与需要连接的风管进行高度以及中心线方向的对齐，最后删除这段风管即可，这样风管与需要连接的管件就能够快速对齐了。或者也可以采用上文提到的绘制剖面的方式来进行连接。

注意：通过中心文件建模的项目，如果有多人参与暖通模型的搭建，一定要复制并重命名后再对族的各项参数进行修改，否则整个中心文件中涉及该族的地方都会改变，影响他人设计成果。

4.5.5　风道末端

风道末端即为风口，将风管输送的风送入室内。样板中已经载入了多种类型的族，也可以通过【载入族】命令进行丰富。单击【属性】面板中的【编辑类型】，在【类型属性】对话框中可以对风口的尺寸进行修改。

设置好约束条件，在风管上单击即可添加风口。有些风口的族不能进行自动连接，我们可以先将风口与风管的中心线进行对齐，再选中风口，在【布局】面板中选择【连接到】命令，最后再单击风管即可进行连接。

注意：在【布局】面板中，单击【风管末端安装到风管上】，放置风口时软件会自动识别风管下表面，并将风口放置在此处。

4.5.6　风管隔热层和内衬

在设计过程中，风管的隔热层和内衬一般在设计说明中进行交代，此处进行添加是为了进行设计成果展示时查看。选中需要添加隔热层和内衬的管段，激活【风管隔热层】和【风管内衬】面板中的选项，如图 4.5.15 所示，单击【添加隔热层】命令，打开【添加风管隔热层】对话框，如图 4.5.16 所示。我们可以设置“隔热层类型”和“厚度”两个参数，单击【编辑类型】命令，进入【类型属性】对话框，我们可以在此编辑新的隔热层类型，或者修改已有隔热层类型的材质。最后单击【确定】即可添加风管隔热层，风管内衬的添加方式与此类似，此处不再赘述。选中已添加隔热层和风管内衬，我们可以进行编辑和删除。

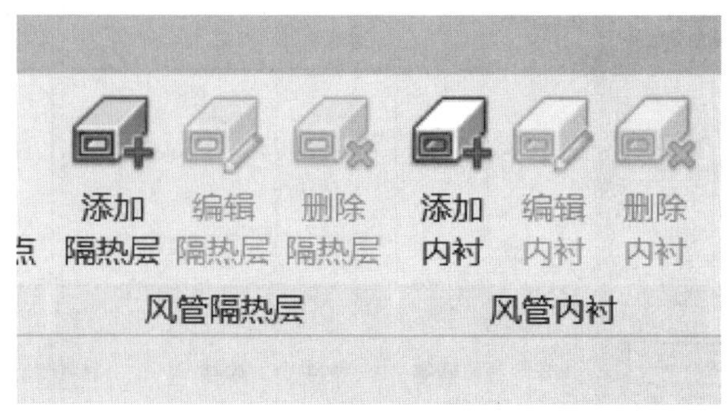

图 4.5.15

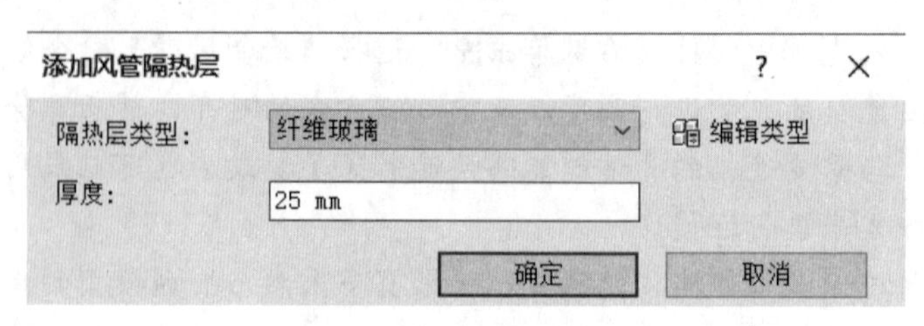

图 4.5.16

4.5.7 设备布置

下面将以该办公楼的一层为例讲解风系统及水系统的设计方法。使用的项目样板为鸿业软件自带的暖通专业项目样板。请读者打开鸿业 BIMSpace 2020 机电专业软件，下面的操作会涉及其中的命令。

办公楼的首层空调系统主要由风机盘管＋空气处理机组＋送风口组成。根据建筑布局，将新风风口和送风风口布置在室内，风机盘管布置在吊顶内，空气处理机组布置在空调机房。

打开首层平面视图，单击【系统】选项卡，选择【风道末端】，在【属性】面板的类型选择器中选择合适的风口类型，如图 4.5.17 所示，如果没有合适的，我们需要载入族。在【属性】面板中设置好风口的偏移量及风量等相关参数，单击【编辑类型】，打开【类型属性】对话框，对外形尺寸等相关参数进行修改。之后就可以在绘图区域中需要布置风口的位置单击放置风口了，我们在放置过程中可以利用复制、阵列、镜像等操作命令来加快我们的布置效率，布置结果如图 4.5.18所示。

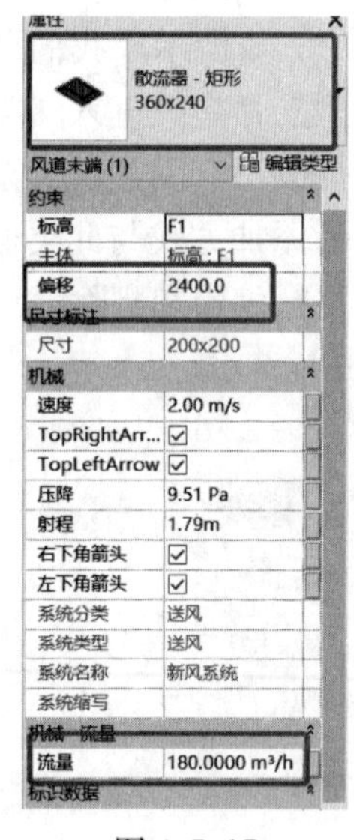

图 4.5.17

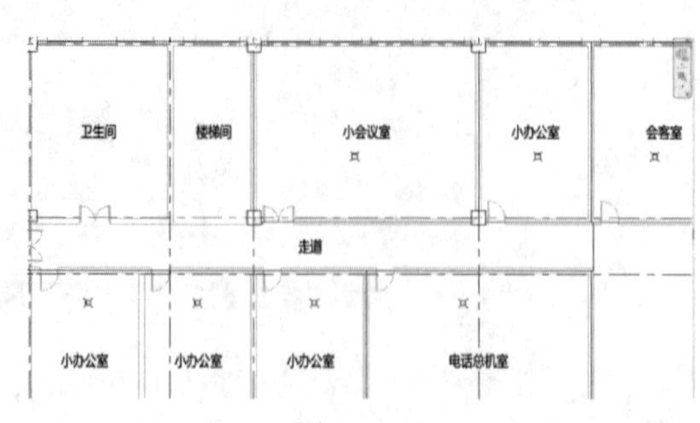

图 4.5.18

单击【机械设备】，在【属性】面板的类型选择器中选择合适的风机盘管，设定偏移量等相关参数，在【类型属性】对话框中设定外形尺寸等相关参数，在绘图区域进行布置即可。如图 4.5.19 所示。

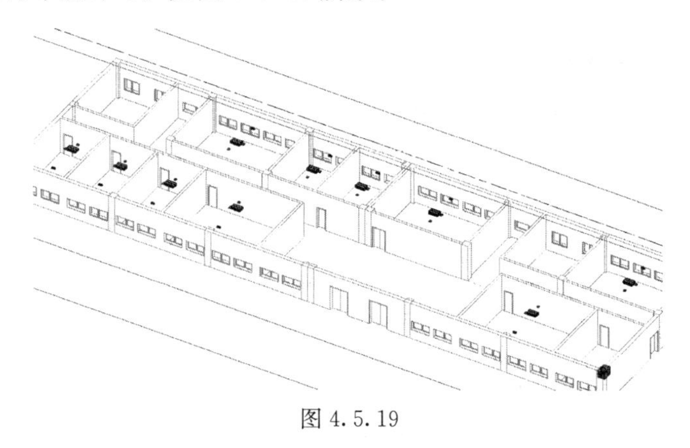

图 4.5.19

我们也可以使用 BIMSpace 布置风机盘管，单击【水系统】选项卡，在【布置】面板中选择【布置风盘】命令。打开【风机盘管布置】对话框，如图 4.5.20 所示，我们可以按照“设备厂商”“安装形式”等条件进行筛选，并可在下方列表中查看风机盘管的相关参数，在“参数设置”处我们可以设置风机盘管布置的高度以及标注内容。单击下方的【单个布置】或【区域布置】，在绘图区域中进行布置即可。

风机盘管布置

鸿业族　当前项目

设备厂商：全部　结构形式：全部

安装形式：全部　接管形式：全部

序号	规格名	风量(m^3/h)	制冷量(w)	制热量(w)
104	42CP002	340	1920	3260
105	42CP003	510	2790	4650
106	42CP004	680	3840	6400
107	42CP006	1020	5230	8720
108	42CP008	1360	7680	12790
109	42CP010	1700	8720	14530
110	42CP012	2040	10470	17450
111	42CP014	2550	11510	19190

参数设置

相对标高(m)：2.5

标注型号：42CP008

风机盘管风管设置

提示：双击可查看编辑设备的详细参数

单个布置　区域布置　取消

图 4.5.20

4.5.8　系统创建

Revit 通过逻辑连接和物理连接两方面实现空调系统的设计。逻辑连接是指 Revit 中所定义的设备与设备之间的从属关系，在 Revit 中，正确设置和使用逻辑关系对于系统的创建和分析起着至关重要的作用。创建逻辑系统需要从“子”级设备开始创建，如风口等，再将“父”级设备（如空调处理机组）通过系统编辑功能添加进去。

首先选中全部的新风风口，在【修改｜风道末端】选项卡下选择【创建系统】面板中的【风管】命令，打开【创建风管系统】对话框，如图4.5.21所示，选择“系统类型”并输入“系统名称”。单击【视图】选项卡，在【用户界面】的下拉列表中勾选【系统浏览器】，打开【系统浏览器】窗口，我们可以在此查看刚刚创建的系统，如图4.5.22所示。

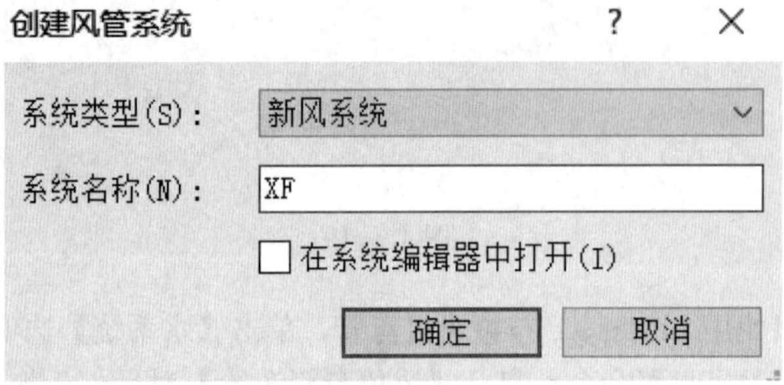

图4.5.21

图4.5.22

选中创建的系统，在【修改 | 风管系统】选项卡下单击【编辑系统】命令，弹出系统编辑功能区，如图 4.5.23 所示。

图 4.5.23

添加到系统：可以将属于该系统的图元添加到系统中，例如我们可以将“父”级设备添加到系统中，单击【添加到系统】命令，选中新风处理机组，并单击【完成编辑系统】，即可将新风处理机组添加到新风系统中。

从系统中删除：我们可以将已经添加到系统中的图元清除出该系统。需要注意的是，当系统中的图元完成了物理连接后，将无法直接删除图元，需要先将图元与系统的物理连接进行断开，再去删除图元。

选择设备：用来在系统中指定“父”级设备。

我们再选中所有的送风风口和风机盘管，并创建送风系统。

4.5.9　系统布管

系统完成逻辑连接后，就可以进行物理连接了。物理连接指的是完成设备之间风管或管道连接。只有逻辑连接和物理连接良好的系统才能被 Revit 识别为一个完整的系统，进而我们可以利用软件来对系统进行分析计算和统计功能。

完成物理连接有两种方式，一种是使用 Revit 的各项基本命令进行手动绘制，另一种方法是使用 Revit 提供的【生成布局】功能自动完成风管或管道的绘制。【生成布局】功能适用于项目初期或简单的风管或管道布局，可以提供多种布局路径供设计者选择及修改。当项目比较复杂、设备数量很多或当设计者需要按照实际施工的图集制图，精确计算风管或管道的长度、尺寸和管路损失时，使用【生成布局】可能无法满足设计要求，通常需要手动绘制风管或管道。下面讲述新风系统采用生成布局命令，送风系统采用手动绘制。

1. 生成布局

在【系统浏览器】中选择“XF”，单击【修改 | 风管系统】选项卡下的【生成布局】命令，绘图区域将显示软件提供的解决方案，如图 4.5.24 所示。

在功能区中，显示了各种编辑布局的命令，如图 4.5.25 所示。

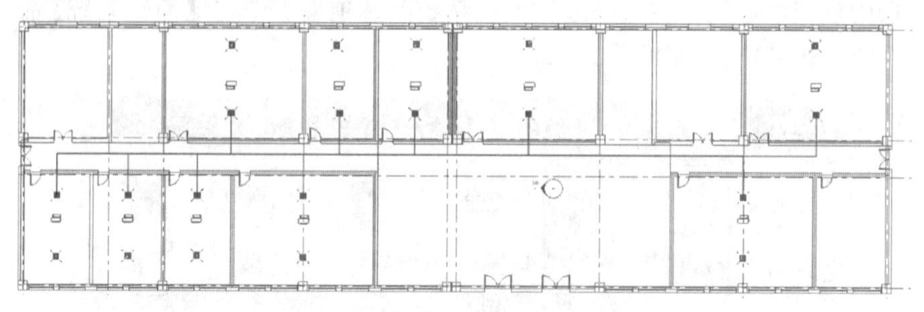

图 4.5.24

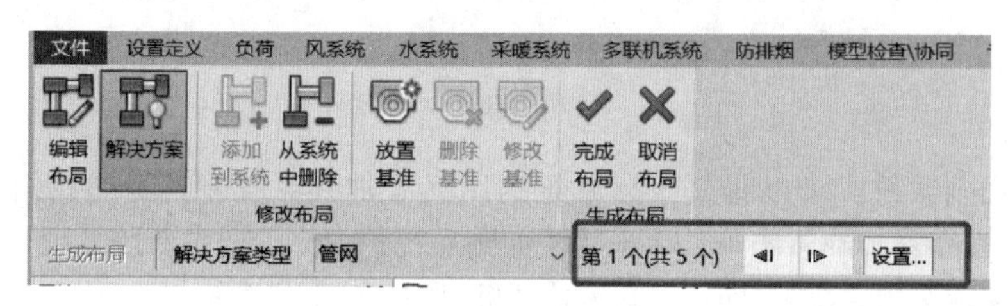

图 4.5.25

编辑布局：是用来对软件提供的解决方案进行局部调整的工具，单击该命令，用单击需要修改的部分，会在该区域出现移动符号，拖动该符号，可修改线的位置，如果修改干管，整段干管会跟随着发生移动，而支管可以单独调整。

解决方案：是软件自动设计提供的几种设计方案。“解决方案类型”参数包括“管网”“周长”“交点”和“自定义”。

管网：该解决方案围绕为风管系统选择的构件创建一个边界框，然后基于沿着边界框中心线的干管分段提出 6 个解决方案，其中支管与干管分段形成 90°角。

周长：该解决方案围绕为系统选定的构件创建一个边界框，并提出 5 个可能的布线解决方案。有 4 个解决方案以边界框 4 条边中的 3 条边为基础。第 5 个解决方案则以全部 4 条边为基础。

交点：该解决方案是基于从系统构件的各个连接件延伸出的一对虚拟线作为可能布线而创建的。垂直线从连接件延伸出。从构件延伸出的多条线的相交处是建议解决方案的可能接合处。沿着最短路径提出了 8 个解决方案。

右侧按键可以用来选择方案，分别代表“上一个解决方案”和“下一个解决方案”。单击最右侧的【设置】按钮，打开【风管转换设置】对话框，如图 4.5.26所示，可以设置干管和支管的“风管类型”和“偏移量”，软件会按照这一设置自动根据所选布局绘制风管。

放置基准：可以用来代表“父”级设备的位置，在“父”级设备的位置放置基准，软件将根据基准的位置自动调整布局，如图 4.5.27 所示。

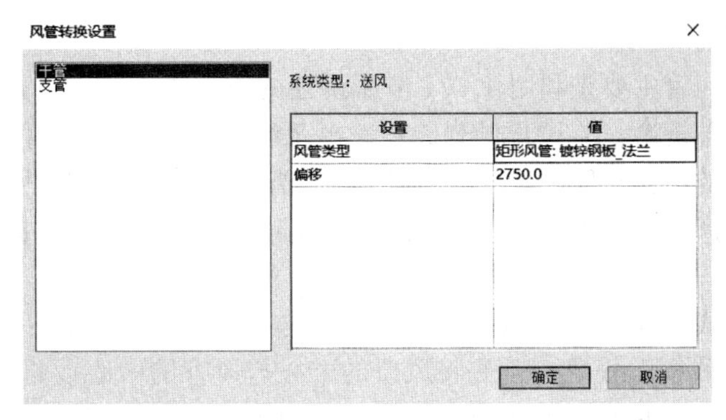

图 4.5.26

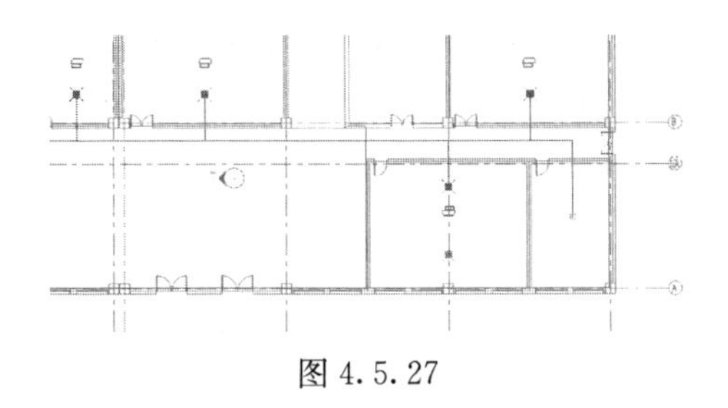

图 4.5.27

修改基准：放置基准后，会激活修改基准命令，可以对基准进行移动和旋转，以便查看基准的不同方向对解决方案的影响，选择最优方案。

上述各项设置完成后，单击【完成布局】即可，软件开始根据布局自动绘制风管。如图 4.5.28 所示。

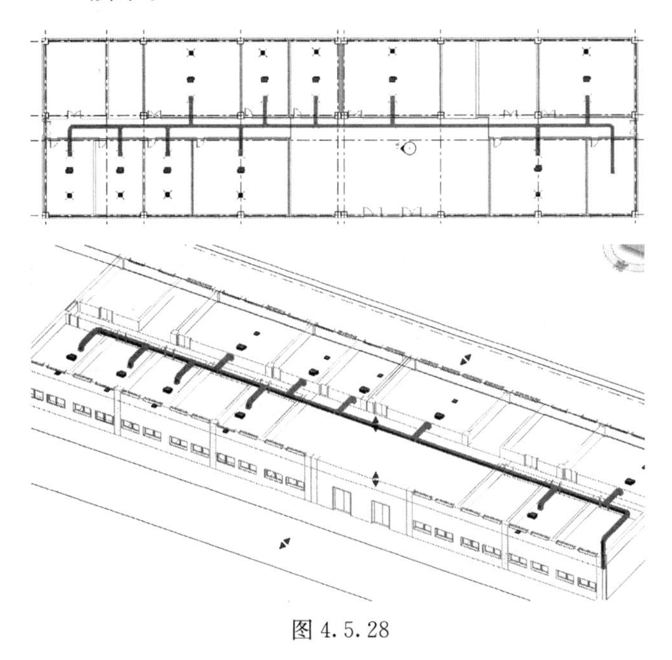

图 4.5.28

2. 手动绘制

手动绘制风管主要是利用 4.5.1 节所讲述的方法进行绘制。选中风机盘管，在出风口右键单击⊞，在弹出的列表中选择【绘制风管】，之后绘制一段风管即可。该段风管的尺寸与风机盘管的类型属性设置有关，我们可以根据设备厂商提供的风机盘管产品手册中的参数进行设置。接下来我们将风口连接到风管上，有两种方式。

第一种方式是利用 Revit 自带的功能进行连接，为了连接方便，我们将显示样式调整为“线框”模式。首先将风口的中心与风管的中心线进行对齐，直接拖动风口即可，当风口与风管对齐时，风管的中心线会高亮显示。利用这种方式进行连接，需要保证风口与风管之间有足够的距离，否则软件会因为距离不足而报错。距离调整合适后，选中风口，之后在【修改 | 风道末端】选项下选择【连接到】命令，最后再选择需要连接的主风管，即可完成风口与风管的连接，如图 4.5.29 所示。

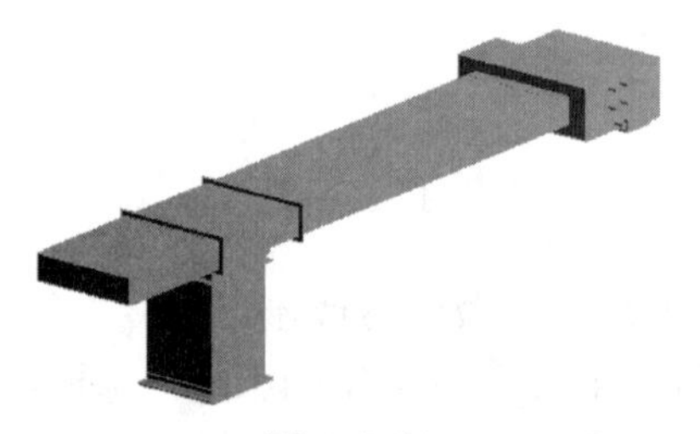

图 4.5.29

第二种方式是利用 BIMSpace 中的风管与风口的连接功能。首先同样需要风口与风管进行对齐，之后单击【风系统】选项卡下的【风管连风口】命令，在弹出的对话框中选择合适的连接方式，我们在此选择“直接连风口”或“贴管连风口”，之后选择风管，再选择需要连接上的风口，即可完成连接，如图 4.5.30 所示。这种连接方式的优势是风口与风管离得距离很近也可以完成连接而不会报错。如果相邻的多个位置的连接方式一致，也可以单击【批量连风口】命令来快速进行连接，同样在弹出的对话框中选择连接方式，我们在此选择“插管连接”或“贴管连接”，之后框选需要连接的风管与风口，即可批量进行连接。最后的物理连接结果如图 4.5.31 所示。

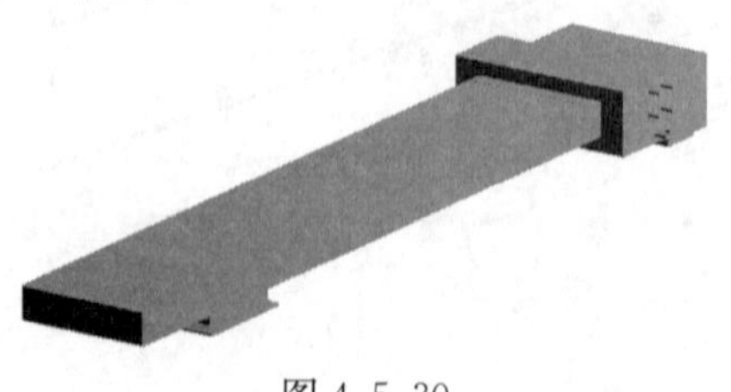

图 4.5.30

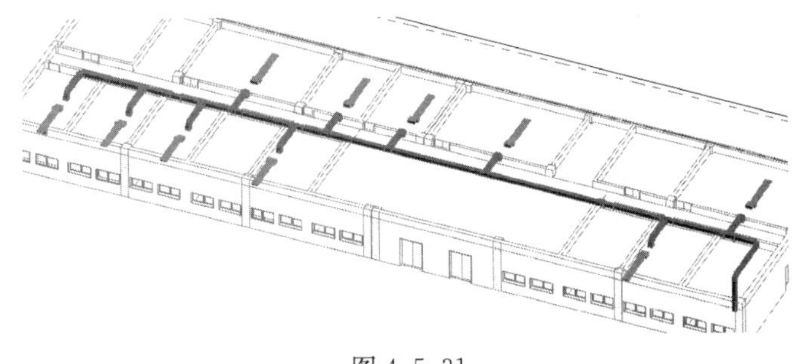

图 4.5.31

4.5.10　添加风阀

单击【风系统】选项卡，在【阀件】面板中选择【风管阀件】命令，打开【风管阀件】对话框，如图 4.5.32 所示，软件中提供了各种风管阀件，双击即可在风管上进行放置，可以根据设计需要进行添加。

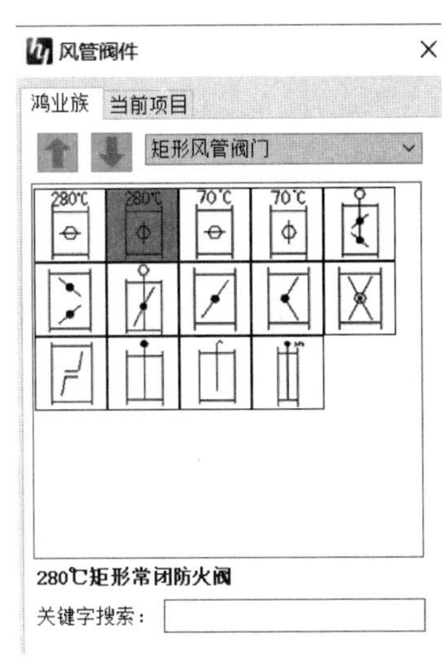

图 4.5.32

4.5.11　风管计算

1. 风管系统检查

在风管计算之前，我们需要对风管系统的连接进行检查，单击【分析】选项卡，在【检查系统】面板中我们选择【显示隔离开关】命令，打开【显示断开连接选项】对话框，勾选“风管”，如图 4.5.33 所示。软件将自动检测风管未密闭的位置，并进行标记显示，标记结果如图 4.5.34 所示。我们会发现有些位置可能未连接上，有些位置可能是风管管段的末端未添加管帽族。

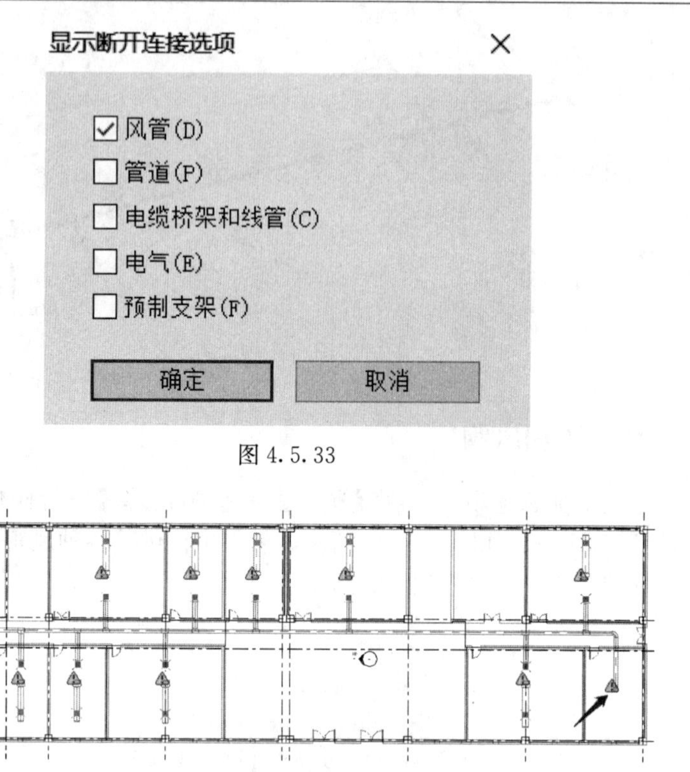

图 4.5.33

图 4.5.34

我们还需要对系统内流体的流向进行检查，选中系统内的一根风管，在【修改|风管】选项卡下，选择【系统检查器】命令，打开系统检查器窗口，如图 4.5.35 所示，单击【检查】，在绘图区域系统位置会显示流体流向，如图 4.5.36 所示，我们需要检查流向是否正确。检查完毕单击【完成】即可。

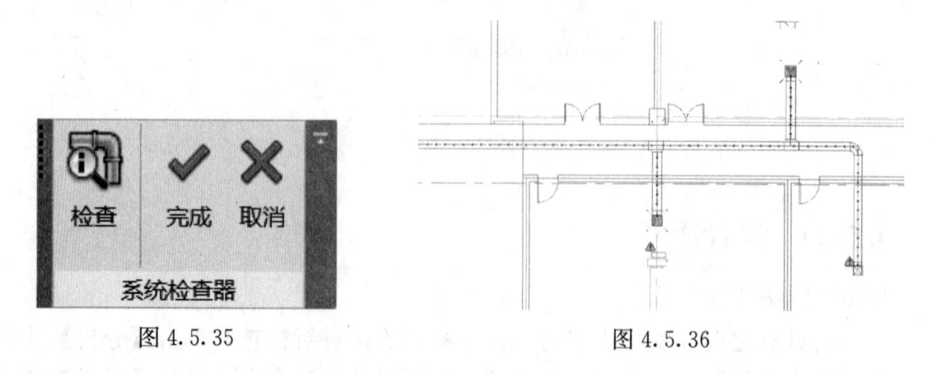

图 4.5.35　　图 4.5.36

2. 风管水力计算

风管水力计算也有两种方式，接下来分别进行介绍。

第一种方式是利用 Revit 软件自带的风管计算功能进行计算。选中新风系统中的风管（可以任意选中一段风管），然后连按几次键盘中的 Tab 键，直到整个系统中的风管被选中。在【修改｜选择多个】选项卡下单击【调整｜风管管道大小】命令，打开【调整风管大小】对话框，如图 4.5.37 所示，在“调整大小方法”的下拉列表中有“摩擦”“速度”“相等摩擦”“静态恢复”四个选项，我们通常选择“速度”，速度值在此设为“5.1m/s”。在“约束”中，“调整支管大小”的下拉列表中我们通常选择“连接件和计算值之间的较大者”。最后单击【确定】即可开始计算。管径会自动进行调整。

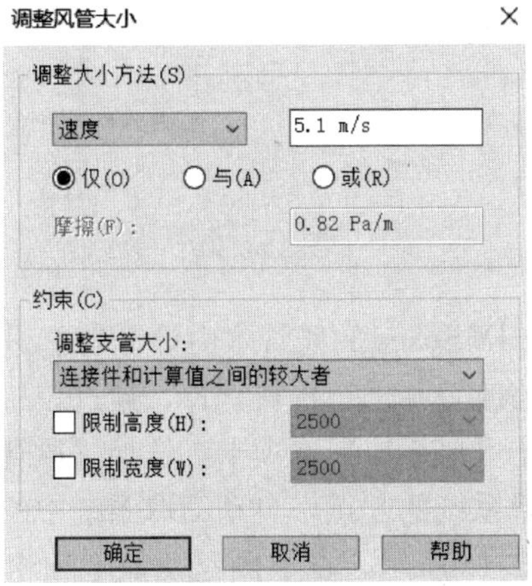

调整风管大小
调整大小方法(S)
速度
5.1 m/s
仅(O)　与(A)　或(R)
摩擦(F)：　0.82 Pa/m
约束(C)
调整支管大小：
连接件和计算值之间的较大者
限制高度(H)：　2500
限制宽度(W)：　2500
确定　取消　帮助

图 4.5.37

单击【分析】选项卡，在【报告和明细表】面板中选择【风管压力损失报告】，打开【风管压力损失报告-系统选择器】对话框，如图 4.5.38 所示，我们只选择“XF”，单击【确定】，又会弹出【风管压力损失报告设置】对话框，如图 4.5.39所示，在这里我们可以对报告中需要显示的内容进行设置。最后单击【生成】，保存为“.html”格式，计算机中的浏览器会自动打开该报告文件，如图 4.5.40 所示。

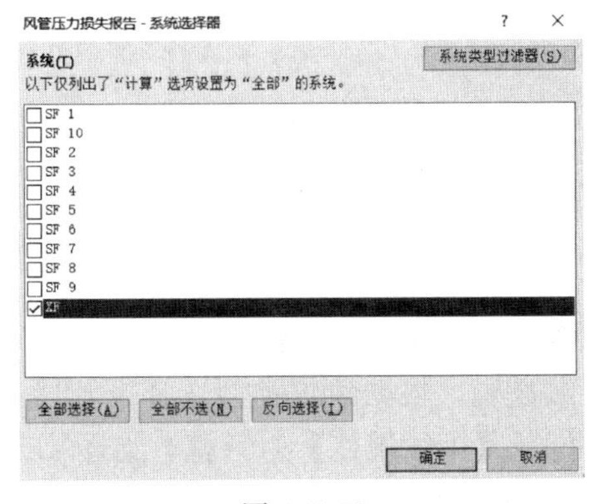

图 4.5.38

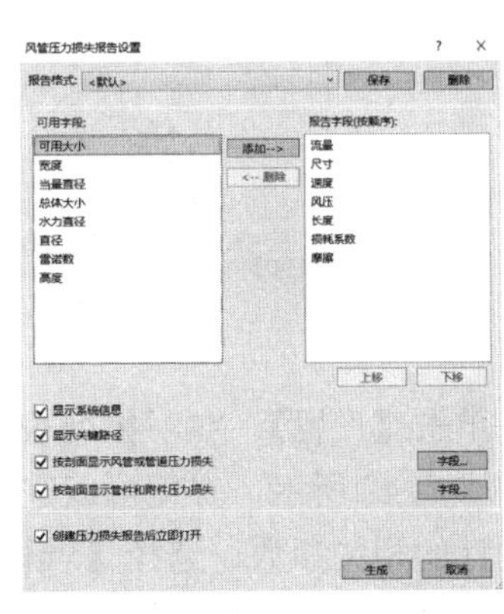

图 4.5.39

XF

系统信息	
系统分类	送风
系统类型	新风系统
系统名称	XF
缩写	XF

总压力损失(按截面)

截面	图元	流量	尺寸	速度	风压	长度	损耗系数	摩擦	总压力损失	截面压力损失
1	管件	180.0 m³/h	-	0.0 m/s	0.1 Pa	-	58.158821	-	5.8 Pa	6.6 Pa
	风道末端	180.0 m³/h	-	-	-	-	-	-	0.8 Pa	
2	风管	180.0 m³/h	120x120	3.5 m/s	-	7075	-	1.58 Pa/m	11.2 Pa	29.5 Pa
	管件	180.0 m³/h	-	3.5 m/s	7.2 Pa	-	2.58	-	18.3 Pa	
3	管件	360.0 m³/h	-	0.0 m/s	29.0 Pa	-	0.028484	-	0.8 Pa	0.8 Pa
4	风管	360.0 m³/h	160x120	5.2 m/s	-	4347	-	2.80 Pa/m	12.2 Pa	11.9 Pa
	管件	360.0 m³/h	-	5.2 m/s	16.3 Pa	-	-0.016667	-	-0.3 Pa	
5	管件	540.0 m³/h	-	0.0 m/s	36.7 Pa	-	0.028484	-	1.0 Pa	1.0 Pa
6	风管	540.0 m³/h	160x160	5.9 m/s	-	2016	-	2.86 Pa/m	5.8 Pa	9.5 Pa
	管件	540.0 m³/h	-	5.9 m/s	20.8 Pa	-	0.18	-	3.7 Pa	
7	管件	720.0 m³/h	-	0.0 m/s	36.7 Pa	-	0.022787	-	0.8 Pa	0.8 Pa
8	风管	720.0 m³/h	200x160	6.3 m/s	-	4496	-	2.83 Pa/m	12.7 Pa	15.5 Pa
	管件	720.0 m³/h	-	6.3 m/s	23.5 Pa	-	0.12	-	2.8 Pa	
9	管件	900.0 m³/h	-	0.0 m/s	36.7 Pa	-	0.022787	-	0.8 Pa	0.8 Pa
10	风管	900.0 m³/h	200x200	6.3 m/s	-	2105	-	2.44 Pa/m	5.1 Pa	7.5 Pa
	管件	900.0 m³/h	-	6.3 m/s	23.5 Pa	-	0.1	-	2.3 Pa	
11	管件	1080.0 m³/h	-	0.0 m/s	33.8 Pa	-	0.02301	-	0.8 Pa	0.8 Pa
12	风管	1080.0 m³/h	250x200	6.0 m/s	-	4667	-	1.98 Pa/m	9.3 Pa	11.1 Pa
	管件	1080.0 m³/h	-	6.0 m/s	21.6 Pa	-	0.085714	-	1.9 Pa	
13	管件	1260.0 m³/h	-	0.0 m/s	29.5 Pa	-	0.019824	-	0.6 Pa	0.6 Pa
14	风管	1260.0 m³/h	500x120	5.8 m/s	-	6985	-	2.24 Pa/m	15.6 Pa	17.2 Pa
	管件	1260.0 m³/h	-	5.8 m/s	20.5 Pa	-	0.075	-	1.5 Pa	
15	管件	1440.0 m³/h	-	0.0 m/s	26.7 Pa	-	0.028484	-	0.8 Pa	0.8 Pa
16	风管	1440.0 m³/h	500x160	5.0 m/s	-	13986	-	1.27 Pa/m	17.8 Pa	18.8 Pa
	管件	1440.0 m³/h	-	5.0 m/s	15.0 Pa	-	0.066667	-	1.0 Pa	

图 4.5.40

第二种方式是利用 BIMSpace 的风管水力计算功能进行计算，这种方式的优点是可以进行风管尺寸修改，并进行校核计算，通过校核风速和比摩阻值来判断是否符合设计要求。单击【风系统】选项卡，选择【风管水力计算】命令，进入风管选择界面，选择风管系统的起点，自动读取系统中的风管，进入【风管水力计算】对话框，如图 4.5.41 所示。在上侧是功能选项卡，在左侧是风管管段列表，选中某一管段，该段风管会在绘图区域进行闪烁。右侧是计算参数列表，我们可以对列表中的数据进行修改。

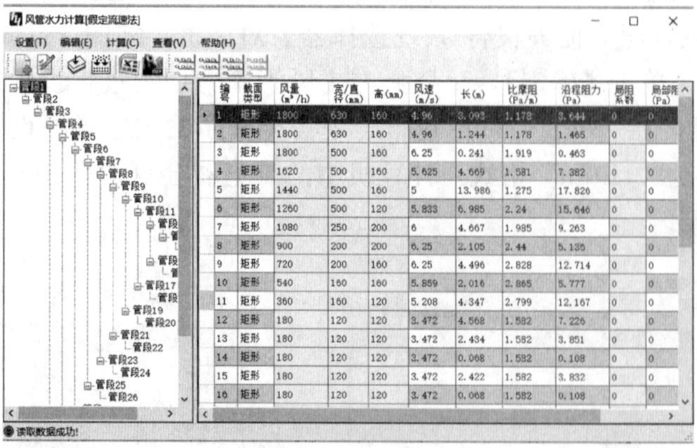

风管水力计算[假定流速法]

设置(T) 编辑(E) 计算(C) 查看(V) 帮助(H)

管段1 管段2 管段3 管段4 管段5 管段6 管段7 管段8 管段9 管段10 管段11 管段17 管段19 管段20 管段21 管段22 管段23 管段24 管段25 管段26

编号	截面类型	风量(m³/h)	宽/直径(mm)	高(mm)	风速(m/s)	长(m)	比摩阻(Pa/m)	沿程阻力(Pa)	局阻系数	局部阻(Pa)
1	矩形	1800	630	160	4.96	3.093	1.178	3.644	0	0
2	矩形	1800	630	160	4.96	1.244	1.178	1.465	0	0
3	矩形	1800	500	160	6.25	0.241	1.919	0.463	0	0
4	矩形	1620	500	160	5.625	4.669	1.581	7.382	0	0
5	矩形	1440	500	160	5	13.986	1.275	17.826	0	0
6	矩形	1260	500	120	5.833	6.985	2.24	15.646	0	0
7	矩形	1080	250	200	6	4.667	1.985	9.263	0	0
8	矩形	900	200	200	6.25	2.105	2.44	5.136	0	0
9	矩形	720	200	160	6.25	4.496	2.828	12.714	0	0
10	矩形	540	160	160	5.859	2.016	2.865	5.777	0	0
11	矩形	360	160	120	5.208	4.347	2.799	12.167	0	0
12	矩形	180	120	120	3.472	4.568	1.582	7.226	0	0
13	矩形	180	120	120	3.472	2.434	1.582	3.851	0	0
14	矩形	180	120	120	3.472	0.068	1.582	0.108	0	0
15	矩形	180	120	120	3.472	2.422	1.582	3.832	0	0
16	矩形	180	120	120	3.472	0.068	1.582	0.108	0	0

读取数据成功!

图 4.5.41

单击【设置】，在下拉列表中选择【参数设置】，打开【参数设置】对话框，如图 4.5.42 所示，在此可以进行流体参数设置，根据建筑类型选择推荐风速以及设计的相关参数；选择【风管规格】，打开【风管规格】对话框，如图 4.5.43 所示，可以修改圆形风管和矩形风管的尺寸参数。

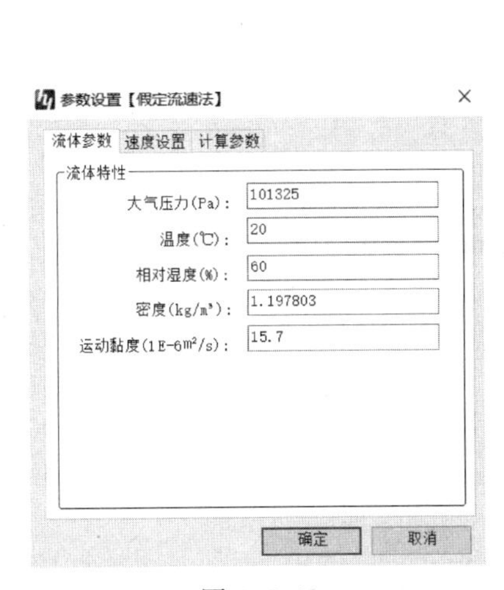

图 4.5.42

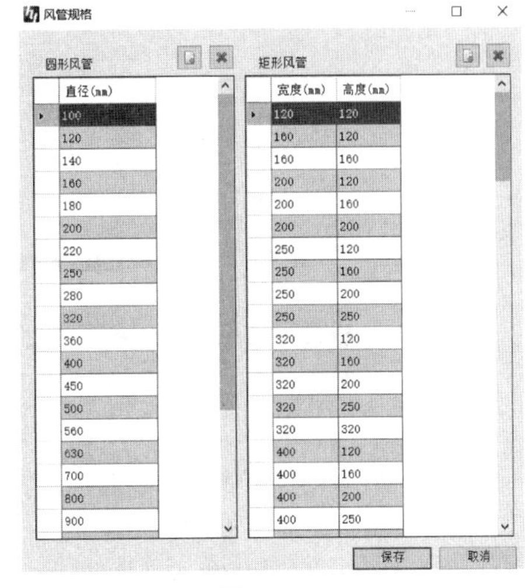

图 4.5.43

设置完成后，单击【计算】下拉列表中的【设计计算】，也可在快捷命令栏中单击，软件开始对系统中的风管进行计算，可以在右侧查看计算结果，并对不符合要求的位置进行修改，同时单击【校核计算】，即可根据修改的参数重新进行计算。可多次进行修改，直到计算结果符合设计要求为止。单击【赋回图面】，即可回到绘图区域，并且绘图区域中的风管尺寸已根据计算结果进行了修改。如果发生报错，可以先单击【接受】，再回到绘图区域对模型进行手动调整。报错的原因大多是管件族不能变径等。

单击【EXCEL 计算书】，可以直接导出风管水力计算书，用于审核需要。计算结果如图 4.5.44 所示。

鸿业风系统水力计算书

一、计算依据

假定流速法：假定流速法是以风道内空气流速作为控制指标，计算出风道的断面尺寸和压力损失，再按各分支间的压损差值进行调整，

二、计算公式

a.管段压力损失 = 沿程阻力损失 + 局部阻力损失 即：ΔP = ΔPm + ΔPj。

b.沿程阻力损失 ΔPm = Δpm×L。

c.局部阻力损失 ΔPj =0.5×ζ×ρ×V^2。

d.摩擦阻力系数采用柯列勃洛克-怀特公式计算。

三、计算结果

1、XF(假定流速法)

a.XF水力计算表

XF

编号	截面类型	风量(m³/h	宽/直径(mm	高(mm)	风速(m/s)	长(m)	比摩阻(Pa/m	沿程阻力(Pa)	局阻系数	局部阻力(Pa)	总阻力(Pa)
1	矩形	1800.00	630.00	160.00	4.96	3.09	1.18	3.64	0.00	0.00	3.64
2	矩形	1800.00	630.00	160.00	4.96	1.24	1.18	1.47	0.00	0.00	1.47
3	矩形	1800.00	500.00	160.00	6.25	0.24	1.92	0.46	0.00	0.00	0.46
4	矩形	1620.00	500.00	160.00	5.63	4.67	1.58	7.38	0.00	0.00	7.38
5	矩形	1440.00	500.00	160.00	5.00	13.99	1.27	17.83	0.00	0.00	17.83
6	矩形	1260.00	500.00	120.00	5.83	6.99	2.24	15.65	0.00	0.00	15.65
7	矩形	1080.00	250.00	200.00	6.00	4.67	1.98	9.26	0.00	0.00	9.26
8	矩形	900.00	200.00	200.00	6.25	2.10	2.44	5.14	0.00	0.00	5.14
9	矩形	720.00	200.00	160.00	6.25	4.50	2.83	12.71	0.00	0.00	12.71

图 4.5.44

除上述外，单击【查看】，我们还可以查看“最不利分支”“最不平衡分支”，如图 4.5.45 所示。

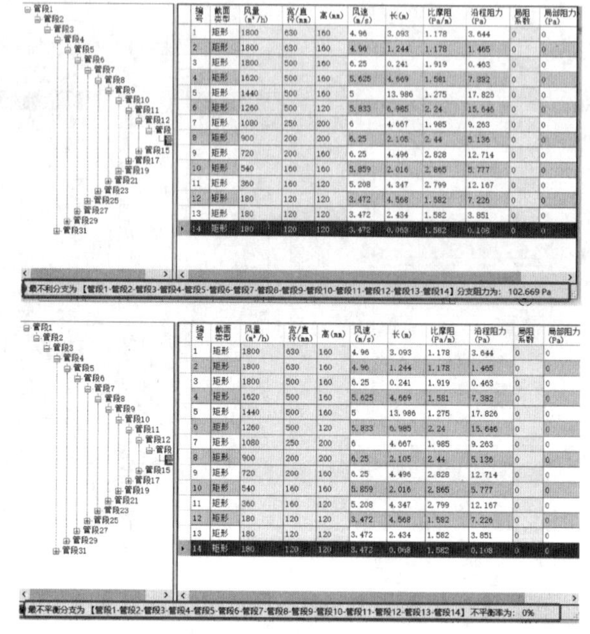

图 4.5.45

4.6 水系统设计

4.6.1 基本绘制方法

单击【系统】选项卡，单击【管道】命令，进入管道绘制界面，如图 4.6.1 所示。管道的绘制方式与风管的绘制方式类似，绘制管道之前，我们也有几个需要注意的地方。首先是要在【属性】面板的类型选择器中选择要绘制的管道类型，其次需要设置管道的约束条件。进行管道绘制时，“水平对正”和“垂直对正”两个参数一般设置为“中心”。其他参数根据设计需要进行设置。接下来需要选择管道系统类型，管道系统相对较多，需要正确选择。之后我们需要在选项栏设置好管道的直径，此处的直径和风管尺寸不一样，不能直接输入下拉列表中没有的管径。该管径列表被两个位置所约束，第一个地方是被管道类型约束，在【布管系统配置】对话框中的“最大尺寸”和“最小尺寸”两个参数约束；第二个地方是被管段类型所约束，在 4.6.2 节有提到，管段类型和尺寸目录是一一对应的，当该管段所对应的尺寸目录没有所需要的尺寸时，在绘制管道界面也不能进行选择。所以当绘制管道时，没有我们所需要的管径时，需要单击【管理】选项卡，选择【MEP 设置】下拉列表中的【机械设置】，打开【机械设置】对话框，如图 4.6.2 所示。首先单击“管段和尺寸”，进入尺寸编辑界面，然后选择我们需要编辑的管段，最后单击【新建尺寸】，来新建我们所需要的管径，单击【确定】即可返回管道绘制界面，选择所需管径进行管道绘制。

图 4.6.1

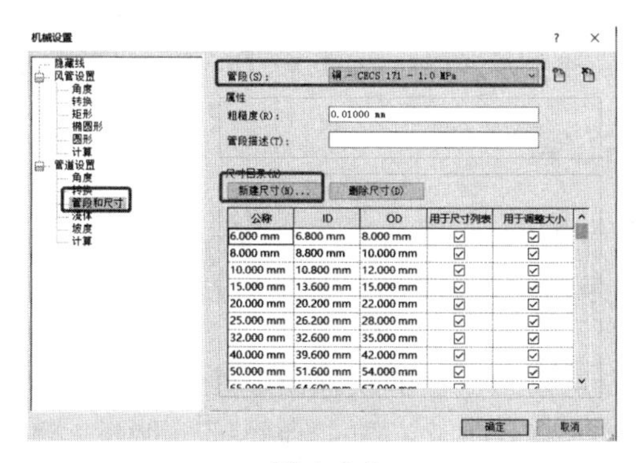

图 4.6.2

当我们绘制冷凝管时，需要为管道添加坡度。在【修改 | 放置管道】选项卡下，【带坡度管道】面板中提供了三种命令，分别为“禁用坡度”“向上坡度”和“向下坡度”。单击“向上坡度”，“坡度值”处变为可选择状态，在下拉列表中选择我们所需要的坡度即可，“向下坡度”也是如此。当我们所需要的坡度值列表中没有时，我们同样需要打开【机械设置】对话框，单击【坡度】，如图 4.6.3 所示，我们可以在此新建我们所需要的坡度值。

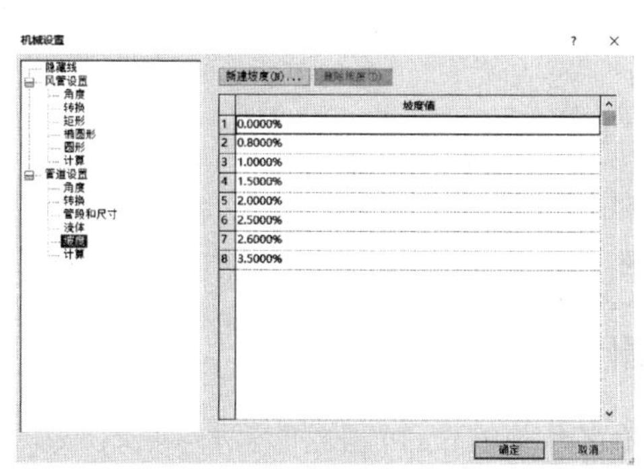

图 4.6.3

当坡度值选择完成后，直接在绘图区域绘制的管道就带有坡度了，如图4.6.4所示。

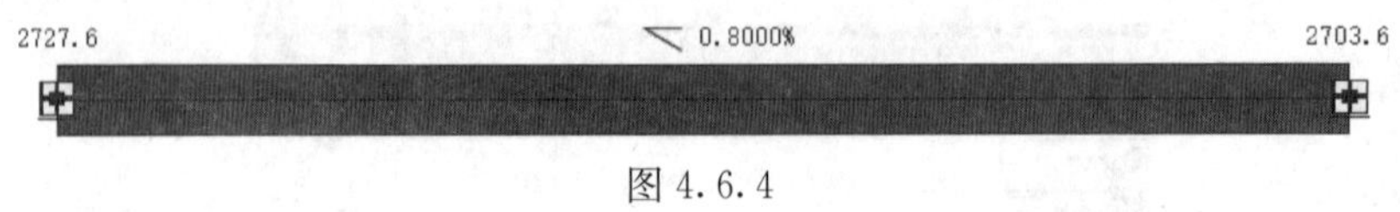

图4.6.4

当上述所有的设置完成后，就可以绘制管道了，和风管绘制类似，单击管道起点，再单击管道终点，单击两次键盘中的Esc键，退出绘制模式，一段管道就绘制完成了。当我们需要改变管道高度或者绘制立管时，保持绘制模式，在选项栏的“偏移量”处输入需要修改的高度，单位为毫米，单击键盘中的Enter键即可继续在新的高度上绘制管道。当需要绘制立管时，在“偏移量”处输入立管的“顶高度”或“底高度”后单击后边的“应用”即可生成一段立管。

注意：在视图样式栏中，【详细程度】和【视图样式】控制着管道的显示样式。

4.6.2 管道占位符

管道占位符和风管占位符类似，此处不再赘述。

4.6.3 平行管道

【平行管道】命令可以帮助我们快速绘制相同参数的管道，在【平行管道】面板中可以设置平面和竖直方向所需要的复制的管道数量，也可以指定所复制管道之间的距离。参数设置完成后，单击需要复制的源管道即可，如图4.6.5所示。

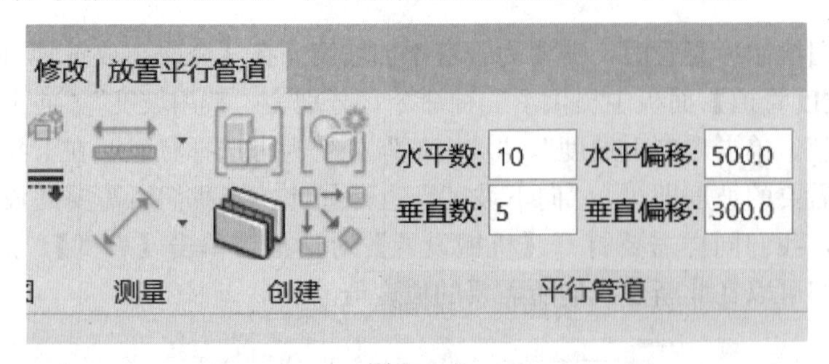

图4.6.5

4.6.4 管件及管路附件

水管管件和管路附件的设置方法与风管类似，此处不再赘述。

4.6.5 系统创建

在Revit中，空调水系统的设计流程和方法与空气系统的设计流程和方法大致相同。这里主要以风机盘管冷冻水供、回水系统为例，介绍空调水系统逻辑系统创建和物理连接的设计要点。

通过负荷计算确定空气处理设备的冷量和风量，根据确定的空气处理设备查找样本确定冷冻水量，再根据冷冻水量选择冷水机组及所需要的供、回水设备，布置相应的设备后，根据“父子”关系的逻辑原则创建系统。这里重点介绍一级冷冻水系统，即冷冻水直接供给风机盘管。

首先选中所有风机盘管，在【修改｜机械设备】选项卡的【创建系统】面板中选择【管道】命令，打开【创建管道系统】对话框，系统类型选择“空调冷供水”，系统名称输入“LG”，即可创建冷冻水供水系统。之后会弹出【选择连接件】对话框，我们需要对每个风机盘管选择流入冷冻水的接口，如图 4.6.6 所示，需要根据风机盘管族的具体情况进行选择。之后会进入编辑管道系统界面，与编辑风管系统类似，此处不再赘述。

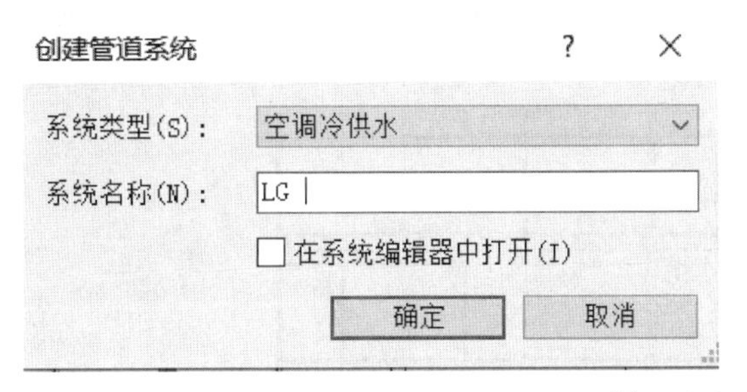

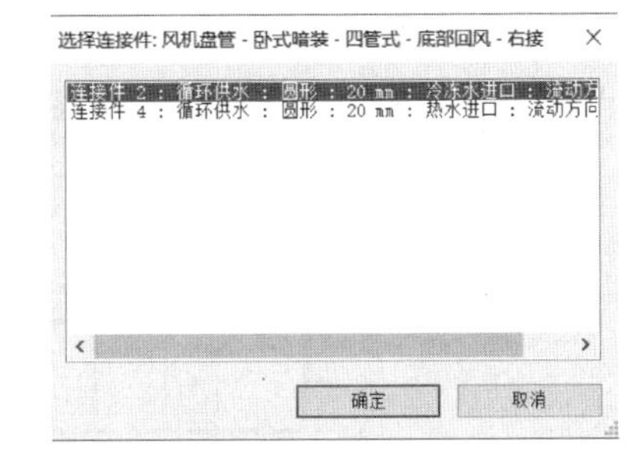

图 4.6.6

4.6.6　系统布管

在系统浏览器中选中“LG”，在【修改｜管道系统】选项卡下单击【生成布局】命令，该界面的操作命令在前文已介绍，此处不再赘述。将坡度值改为“0.0000%”，并单击【放置基准】，在制冷机房放置。最后单击【完成布局】即可。可通过调整详细程度为“精细”，来显示管道的真实样式，如图 4.6.7 所示。对于软件生成的管道发生错误的位置，我们可以手动进行修改。对于比较复杂或者要求比较高的管道系统，我们也可以按照前文讲到的方式进行手动绘制。

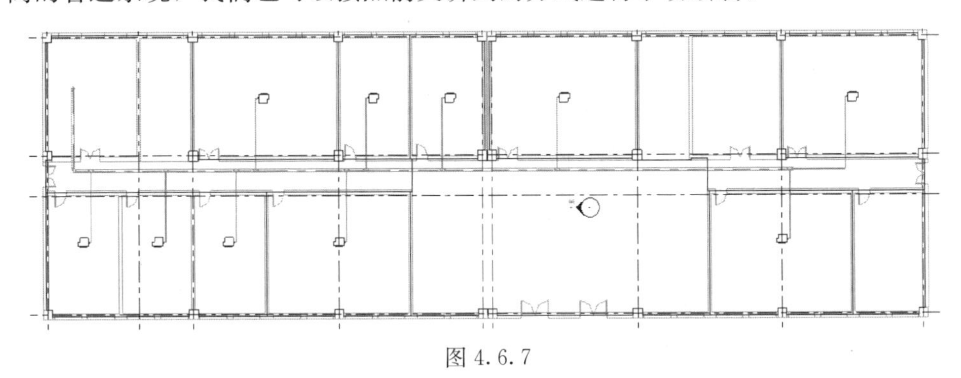

图 4.6.7

接下来我们需要对系统进行检查，打开【显示隔离开关】，查看管道连接情况，并打开系统检查器，查看流体流向是否正确。

冷冻水回水管和冷凝水管的布置方式与上述类似，其中冷凝水管要注意添加坡度。

注意：下面介绍一种快速布置空调水管的方法。BIMSpace 提供了根据干管路由自动绘制风管的功能。首先我们用详图线在绘图区域绘制一段干管路由，如图 4.6.8 所示，之后单击【水系统】选项卡，单击【连接风盘】命令，打开【风机盘管连接】对话框，在此可以设置风机盘管接管长度，以及阀门的设置。单击下方【路由连接】，打开【路由连风盘设置】，如图 4.6.9 所示，在此可以对供水管、回水管及冷凝水管进行各种参数设置，这里的参数设置很重要，将影响软件自动绘制模型的结果。设置完成后单击【连接】按钮，回到绘图区域，框选所有路由路径上的风机盘管，然后选择用详图线绘制的路由起点，软件将自动根据路由布置各种管道。连接结果如图 4.6.10 所示。

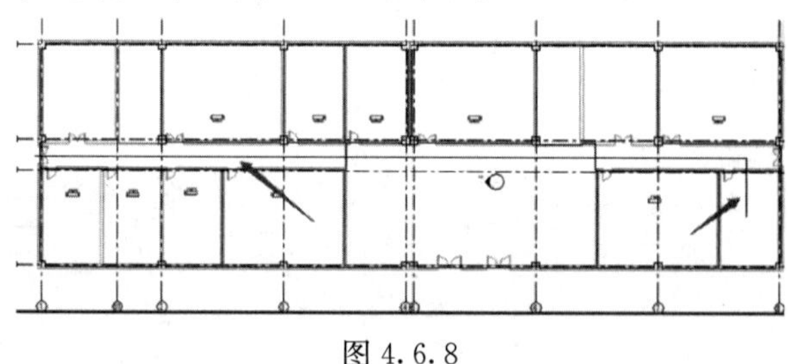

图 4.6.8

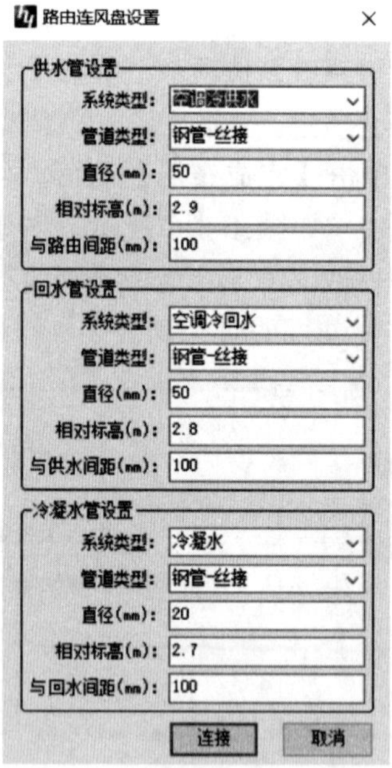

路由连风盘设置

供水管设置

系统类型：[illegible]
管道类型：钢管-丝接
直径(mm)：50
相对标高(m)：2.9
与路由间距(mm)：100

回水管设置

系统类型：空调冷回水
管道类型：钢管-丝接
直径(mm)：50
相对标高(m)：2.8
与供水间距(mm)：100

冷凝水管设置

系统类型：冷凝水
管道类型：钢管-丝接
直径(mm)：20
相对标高(m)：2.7
与回水间距(mm)：100

连接　取消

图 4.6.9

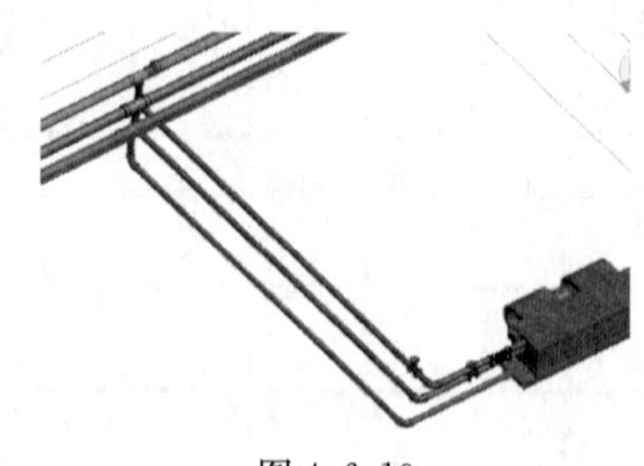

图 4.6.10

4.6.7　水管阀件和水管附件

管道绘制完成后，需要添加水管阀件和水管附件。单击【水系统】选项卡，在【阀件】面板中单击【水管阀件】命令，打开【水阀布置】对话框，如图 4.6.11 所示，软件提供了“普通阀门”“电动阀门”“附件”“仪表”等阀件族。双击选择需要的阀件，在管道上绘制即可。单击【水管附件】命令，打开【管道附件布置】对话框，如图 4.6.12 所示，软件提供了丰富的管道附件，我们可以根据设计需要选择管道附件进行布置。

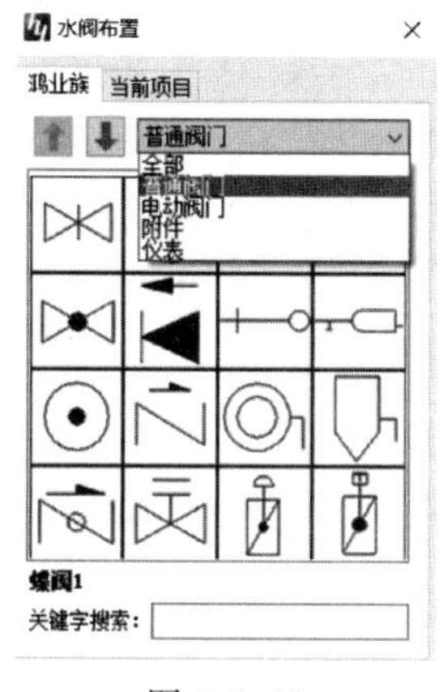

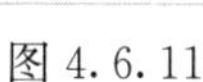

图 4.6.11

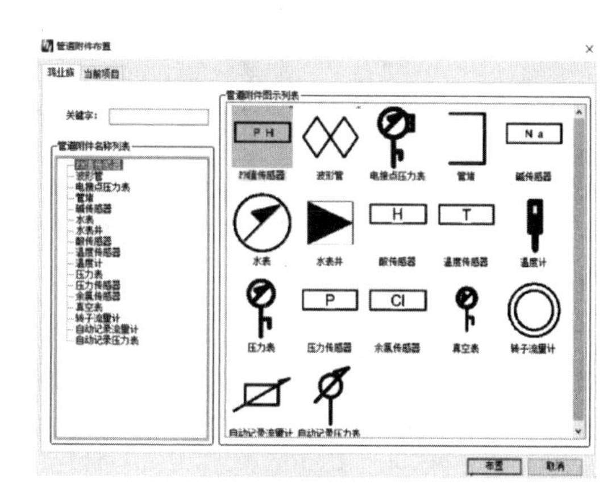

图 4.6.12

4.6.8　管道计算

管道计算同样有两种方式。

第一种方式是利用 Revit 自带的计算功能进行计算。选中冷冻水供水系统中的所有管道，选择【调整风管/管道大小】命令，打开【调整管道大小】对话框，如图 4.6.13 所示，“调整大小方法”选择“速度”，并输入速度值，“约束”处要选择“连接件和计算值之间的较大者”。单击【确定】即可自动进行计算。

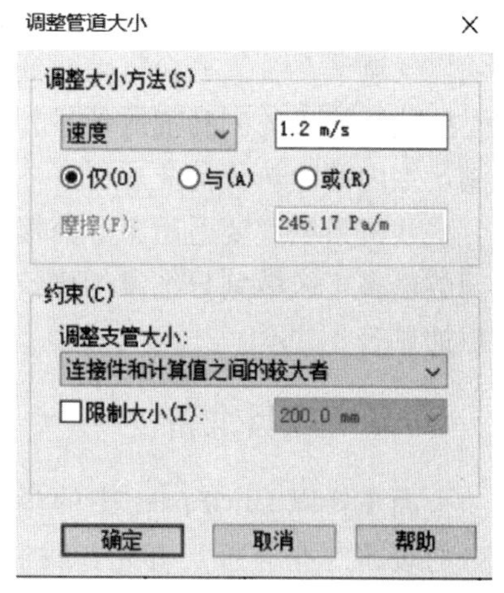

图 4.6.13

第二种方式是利用 BIMSpace 的水管水力计算功能。单击【水系统】选项卡，在【计算】面板中选择【水管水力计算】命令。鼠标选中系统的起点，软件会自动提取系统中的管道，如图 4.6.14 所示。操作界面与风管水力计算的类似，单击【设计计算】会自动进行水管水力计算，计算结束后，会用绿色笑脸和红脸来表示计算结果是否符合要求，绿色笑脸表示计算结果符合管径规格控制数据范围，红脸表示计算结果超出控制范围。我们可以通过调整各项参数来使设计符合要求。

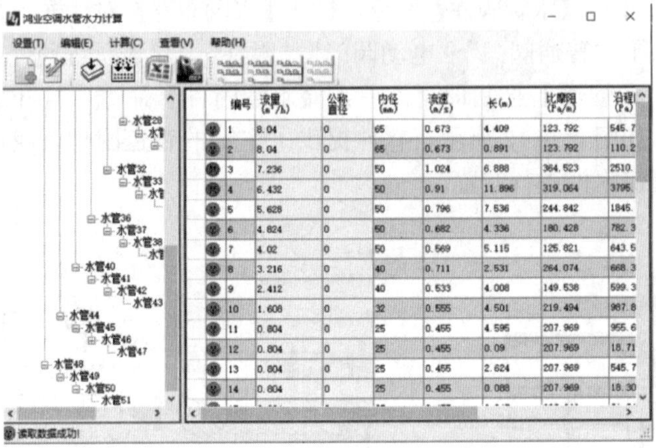

编号	流量 (m³/h)	公称直径	内径 (mm)	流速 (m/s)	长(m)	比摩阻 (Pa/m)	沿程 (Pa)
1	8.04	0	65	0.673	4.409	123.792	545.7
2	8.04	0	65	0.673	0.891	123.792	110.2
3	7.236	0	50	1.024	6.888	364.523	2510.
4	6.432	0	50	0.91	11.896	319.064	3795.
5	5.628	0	50	0.796	7.536	244.842	1845.
6	4.824	0	50	0.682	4.336	180.428	782.3
7	4.02	0	50	0.569	5.115	125.821	643.5
8	3.216	0	40	0.711	2.531	264.074	668.3
9	2.412	0	40	0.533	4.008	149.538	599.3
10	1.608	0	32	0.555	4.501	219.494	987.8
11	0.804	0	25	0.455	4.595	207.969	955.6
12	0.804	0	25	0.455	0.09	207.969	18.71
13	0.804	0	25	0.455	2.624	207.969	545.7
14	0.804	0	25	0.455	0.088	207.969	18.30

图 4.6.14

注意： 在计算前需要选中风机盘管，在【属性】面板中查看【水流量】参数是否设置。软件是根据该参数进行水力计算的。

4.7 多联机系统设计

4.7.1 多联机系统简介

多联机是变制冷剂流量多联分体式空调的简称，是指一台室外空气源制冷或热泵机组配置多台室内机，通过改变制冷剂流量能适应各房间负荷变化的直接膨胀式空气调节系统。一台室外机通过管路能够向若干台室内机输送制冷剂液体，通过控制压缩机的制冷剂循环量和进入室内各个换热器的制冷剂流量，可以适时地满足室内的冷热负荷要求。

多联机系统主要适用于办公楼、饭店、学校、高档住宅等建筑，特别适用于房间数量多，区域划分细致的建筑。对于同时使用率比较低的建筑来说，其节能性更加显著。

4.7.2 项目准备

下面主要以 BIMSpace 中的多联机模块进行讲解，项目样板使用 BIMSpace 自带的暖通专业样板。首先，我们需要新建项目，并导入建筑模型进行负荷计算，并将负荷计算结果导入模型中，前文已经介绍过，此处不再赘述。

4.7.3　设备布置

单击【多联机系统】选项卡，单击【布置室内机】命令，打开【布置室内机】对话框，如图 4.7.1 所示，我们可以通过“生产厂家”“产品大类”“设备型式”对室内机进行筛选，筛选结果显示在下方产品列表中，显示了室内机的“设备型号”“制冷量”，“制热量”“风量”以及“需要台数”等参数。根据负荷计算结果，我们可以参考“制冷量”参数来选择室内机，在上方【承担冷负荷】处输入具体的房间冷负荷值，软件可以自动计算需要的室内机台数，并在下方“需要台数”处进行显示。同时我们还可以查看各种型号室内机的详细参数，以及制定室内机的布置高度等。设备选择完成后，单击【布置】，并在绘图区域布置即可，布置过程中可以使用复制、镜像等基本命令来快速布置。布置结果如图 4.7.2 所示。

图 4.7.1

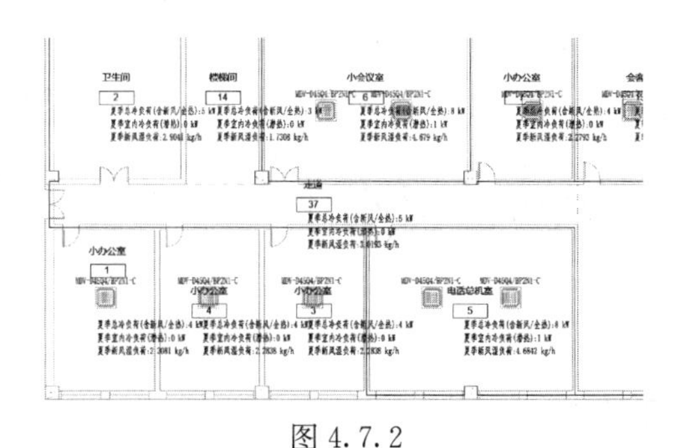

图 4.7.2

我们可以对布置完的室内机进行系统划分，便于后期对于室内机的管理和室外机的选型。单击【多联机系统】选项卡，在【计算】面板中选择【系统划分】命令，打开【系统划分】对话框，如图 4.7.3 所示。单击【新建】按钮，在弹出的窗口中输入合适的分区名称。在左下角单击【选择设备】，并回到绘图区域对需要添加到该分区中的室内机进行框选，框选完成后，在选项栏处，即绘图区域左上角单击【完成】命令，在设备列表中即可显示该分区中的室内机。我们还可以对列表中的室内机进行编辑。另外，当【系统名称】处选择“全部”时，在设备列表会显示出笑脸，黄色笑脸代表未分区，绿色笑脸代表已分区，方便我们对漏选设备进行检查。

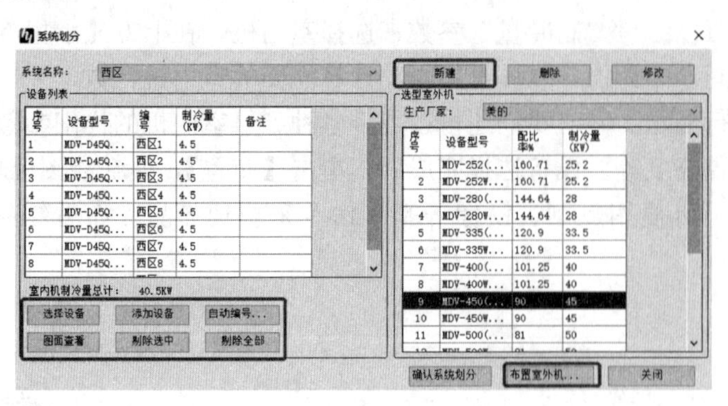

图 4.7.3

分区完成后，在【系统划分】对话框中，右侧区域会根据分区结果自动匹配选择室外机，单击【布置室外机】按钮，打开【布置室内机】对话框，如图 4.7.4 所示，该对话框中显示了室外机的各项参数，选择合适的室外机型号，单击【布置】，并在绘图区域布置即可。

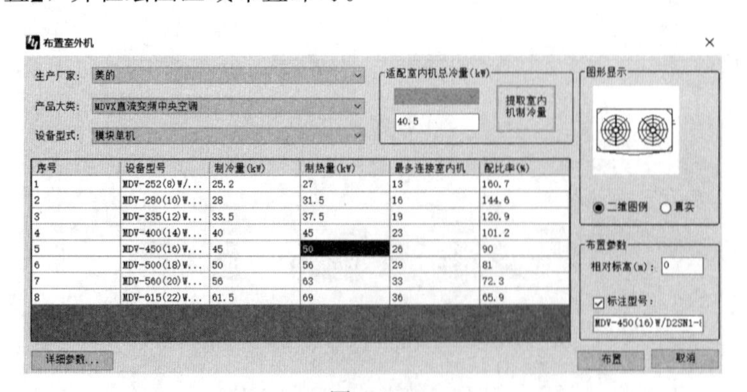

图 4.7.4

4.7.4 系统布管

设备布置完成后，开始布置管道。单击【多联机系统】选项卡，单击【绘制冷媒管】命令，打开【冷媒横管】对话框，如图 4.7.5 所示。我们可以选择“气液一体”绘制一根冷媒管，也可以选择“气液分开”，气管和液管单独进行绘制。设定好“管径”“标高”“水平偏移”等参数即可在绘图区域进行绘制，如图 4.7.6 所示。

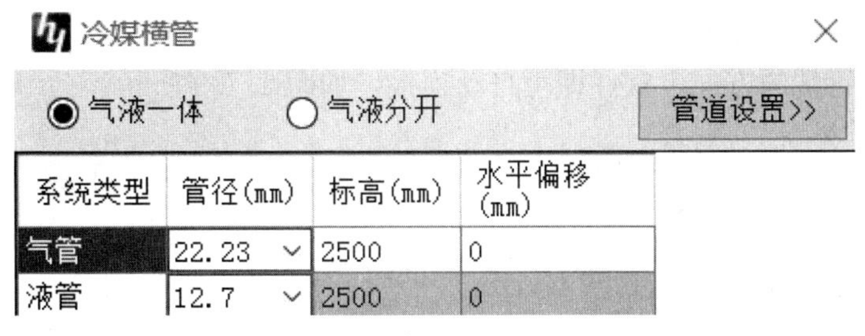

图 4.7.5

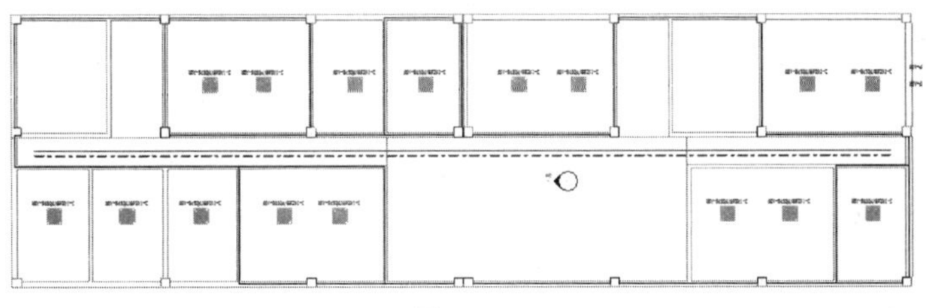

图 4.7.6

单击【绘制冷媒立管】命令，打开【冷媒立管】对话框，如图 4.7.7 所示，我们可以在此设置立管的相关参数及设置立管标注，在绘图区域放置立管即可。我们也可以使用常规绘制立管的方式进行绘制。

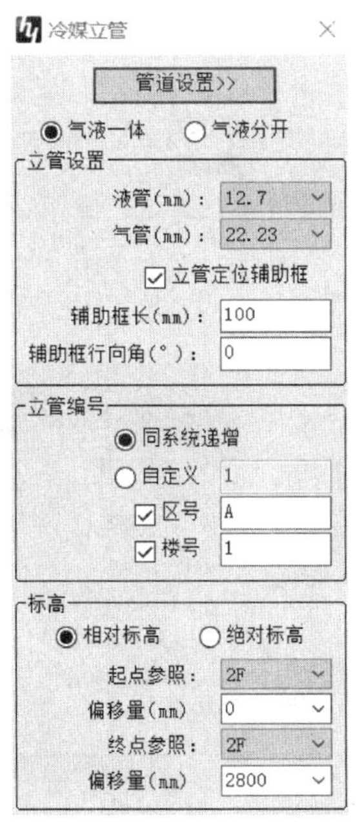

图 4.7.7

管道布置完成后连接设备，单击【连接设备】命令，打开【连接多联机】对话框，如图4.7.8所示，勾选“末端分支带分歧管”和“冷媒管变气、液管”，并在绘图区域框选需要连接的管道和设备，最后单击左上角的【完成】即可，用鼠标选择主管端的方向，软件即可自动连接，如图4.7.9所示。

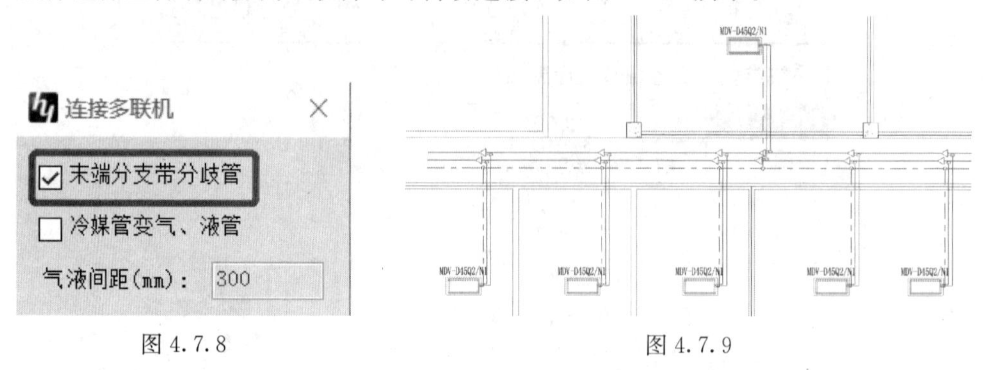

图4.7.8　　　　图4.7.9

4.7.5　系统计算

管道绘制完成后，我们需要进行系统计算，单击【系统计算】命令，并用鼠标选中管道，打开【系统计算】对话框，如图4.7.10所示，这里显示了软件提取到的管道列表。单击【计算规则】按钮，打开【计算规则】对话框，如图4.7.11所示，我们可以在这里对计算规则及各项参数进行详细的设置。最后单击【自动计算】，即可完成管径调整，并赋回图面中去。

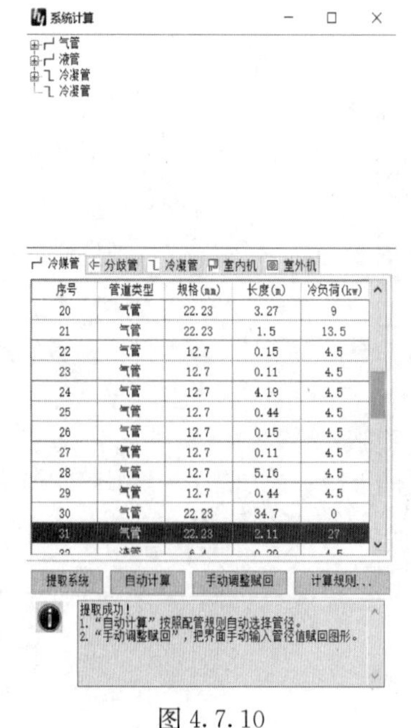

图4.7.10

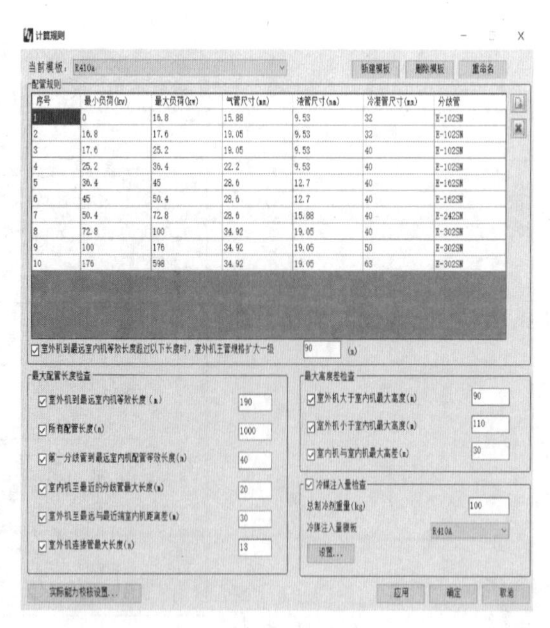

图4.7.11

4.8　碰撞检查

风系统和水系统设计完成后，需要进行管线综合，找出管线之间的碰撞，管线与设备之间的碰撞，以及管线与梁等图元的碰撞。同目前在二维图纸上进行管线综合相比，使用 Revit 进行管线综合，不仅具有直观的三维显示，而且能快速准确地找到并修改碰撞的图元，从而极大提高管线综合的效率和正确性，使项目的设计和施工质量得到保证。

单击【协作】选项卡，在【坐标】面板选择【碰撞检查】，在下拉菜单中选择【运行碰撞检查】，弹出【碰撞检查】对话框，如图 4.8.1 所示。我们先进行风管与水管之间的碰撞检查，在左侧勾选风管、风管管件、风管附件、风道末端、机械设备，在右侧勾选管道、管件、管道附件。最后单击【确定】，软件自动进行碰撞检查，检查完成后，会自动显示冲突报告，如图 4.8.2 所示。

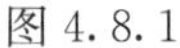

图 4.8.1

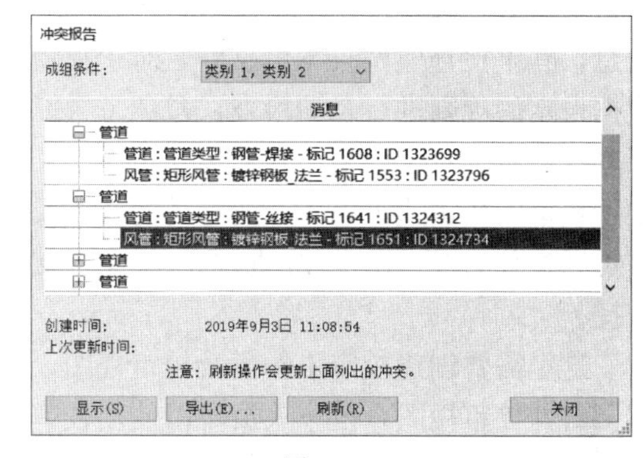

图 4.8.2

选中发生碰撞的图元之一，单击左下角的【显示】按钮，软件将自动定位到碰撞所在位置，如图 4.8.3 所示。此时在三维或者平面视图中按照管线综合的原则修改即可。

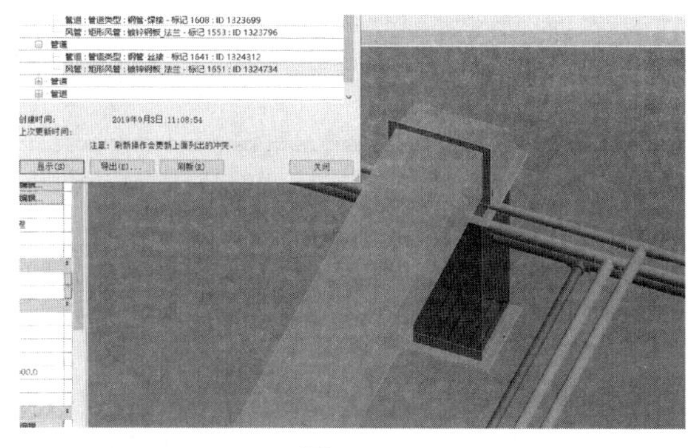

图 4.8.3

如需再次查看冲突报告，单击【协作】选项卡，在【坐标】面板中选择【碰撞检查】，单击【显示上一个报告】即可再次查看。此处需要注意，需要单击下侧【刷新】按钮才能在报告去除刚刚修改过的冲突位置。

4.9 设计校审

校审工作是整个设计过程中不可或缺的重要环节，是减少设计失误的最重要一环。设计人员设计完成后，可以将三维模型和二维图纸等设计成果送交校审人员，三维校审在传统二维校审的基础上，利用 BIM 模型的可视化和参数化优势，能检查设计中的错漏碰缺等二维图纸中不易发现的问题，同时也方便查看设备材料参数。

利用 BIM 软件强大的参数化功能，将设备的制冷量、能效等重要参数附着到设备族文件中，并且将模型中各种管道赋予材质，这样能简化校审工作，让校审人员不必查看设计说明、设备材料等图纸就能更加迅速、直观地掌握设备材料信息。除了检查模型自身信息外，对于模型中是否存在图元之间的碰撞，也可以根据设定的规则进行自动检查，避免了人工检查面临的工作量大，出现疏漏或者误判等情况。对于模型中管道复杂的节点，将各专业的图元集合到同一文件中，便于校审人员迅速了解各专业管道的位置及走向。针对节点出现的问题，校审人员可通过保存视图、三维批注的方式直接在三维模型中批注意见，更为直观快捷。

这里需要创建校审工作集及校审视图，前文已经提到类似操作，此处不再赘述。打开校审视图，校审人员可以使用校审专用的注释族在视图中进行标注，如图 4.9.1 所示。注释族的制作我们会在后文中讲到。标注完成后，与中心文件同步，待设计人员同步中心文件后能立刻看到校审意见。在此过程中，校审人员仅能获取校审工作集的权限，不会对模型进行误修改。

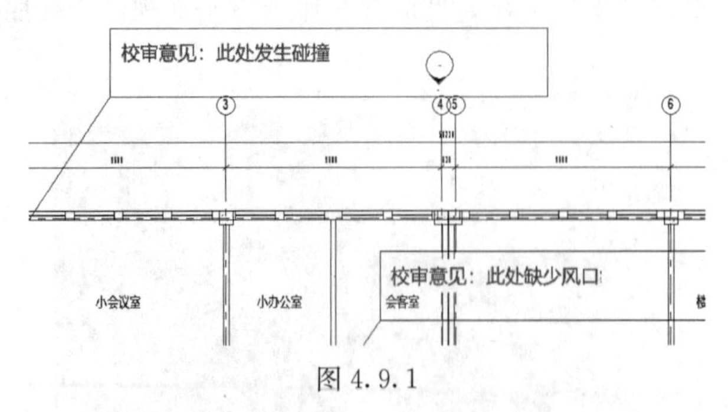

图 4.9.1

BIM 校审具有可追溯性，因为设计人员也不能修改校审人员的校审意见，但可以按照校审意见对自己工作集中的模型进行修改，同时我们也可以将校审意见导出进行留存。单击【视图】选项卡，在【创建】面板中选择【明细表】下拉列表中的【注释块】，打开【新建注释块】对话框，如图 4.9.2 所示，选择“校审意见”，并设定注释块名称为“校审意见”，单击【确定】即可，形成如图 4.9.3 所示的明细表，我们还可以对该明细表进行编辑，以便符合我们的设计要求。

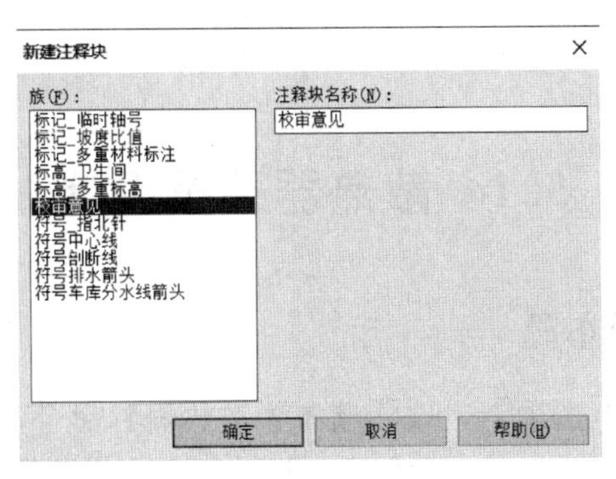

图 4.9.2

<校审意见>

A	B	C
图号	图名	校审人意见
J02	未命名	此处缺少风口
J02	未命名	此处发生碰撞
		此处发生碰撞

图 4.9.3

第 5 章　采暖系统

5.1　散热器采暖设计

5.1.1　散热器布置

单击【采暖系统】选项卡，选择【布置散热器】命令，打开【散热器布置】对话框，如图 5.1.1 所示，首先我们根据设计要求选择散热器进出水口，散热器可以自动布置，也可以手动布置。单击【选择空间】后的按钮，在绘图区域中拾取需要布置散热器的空间，并设置好“相对标高”和“距墙距离”两个参数，最后单击【确定】，软件会自动在窗口下布置散热器，如图 5.1.2 所示。在“调整类型”参数下，单击【选择散热器】后面的按钮，打开【选择散热器】对话框，如图 5.1.3 所示，选择所需要的散热器类型，并单击【自由布置】，直接在绘图区域放置即可。

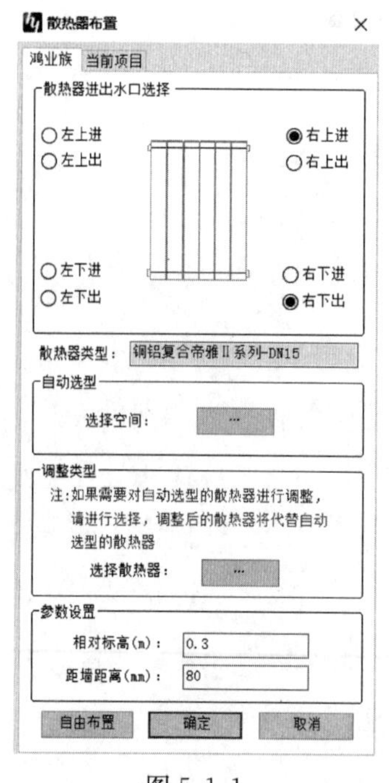

图 5.1.1

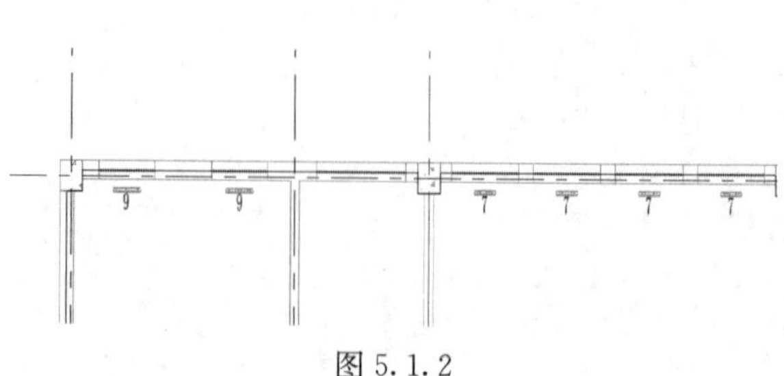

图 5.1.2

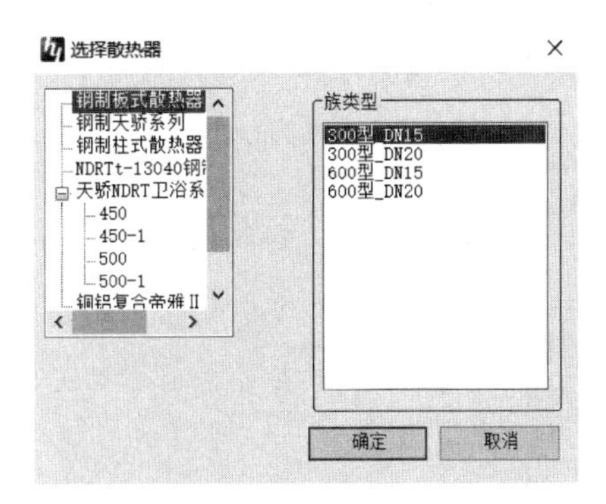

图 5.1.3

5.1.2 布置管道

单击【采暖系统】，单击【绘制暖管】，打开【绘制暖管】对话框，如图 5.1.4 所示，选择“采暖热供水”，并在下方设置好管道的相关参数，在绘图区域进行绘制即可。采暖回水管也一样，绘制结果如图 5.1.5 所示。

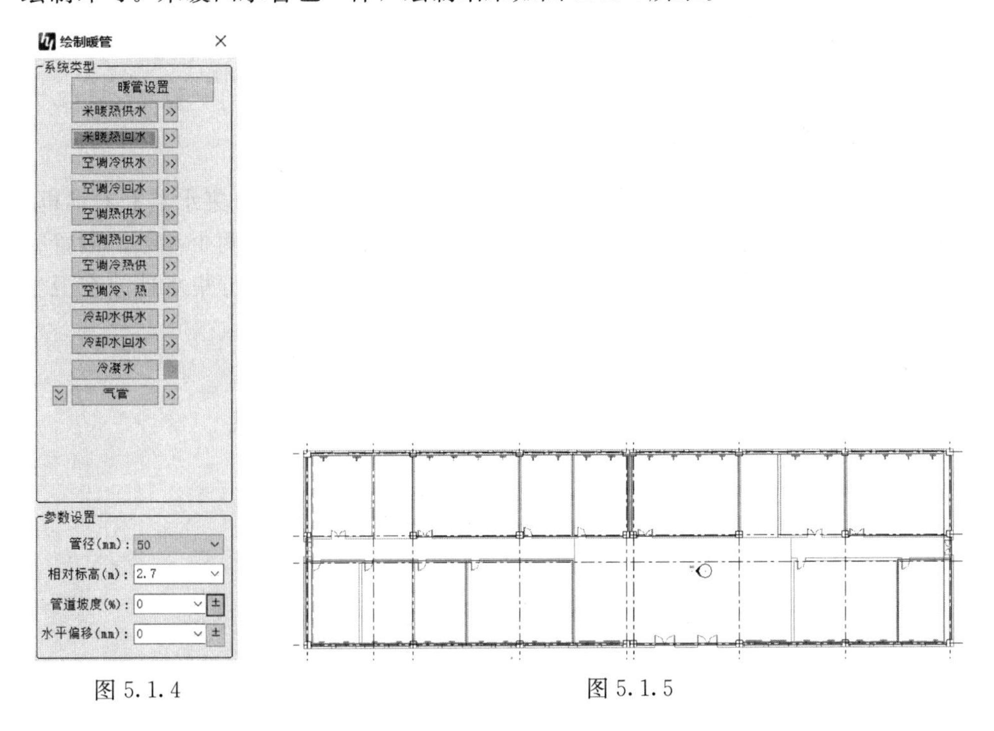

图 5.1.4　　图 5.1.5

管道绘制完成后，我们需要将散热器与管道进行连接，单击【连接散热器】命令，打开【散热器连接】对话框，如图 5.1.6 所示，在该对话框中可以设置“连接形式”“散热器接管长度”以及“散热器阀门”。设置完成后单击【连接】，并在绘图区域框选散热器和管道，软件即可自动进行连接；如果框选全部会连接错误，可分成几个部分进行多次连接。连接结果如图 5.1.7 所示。

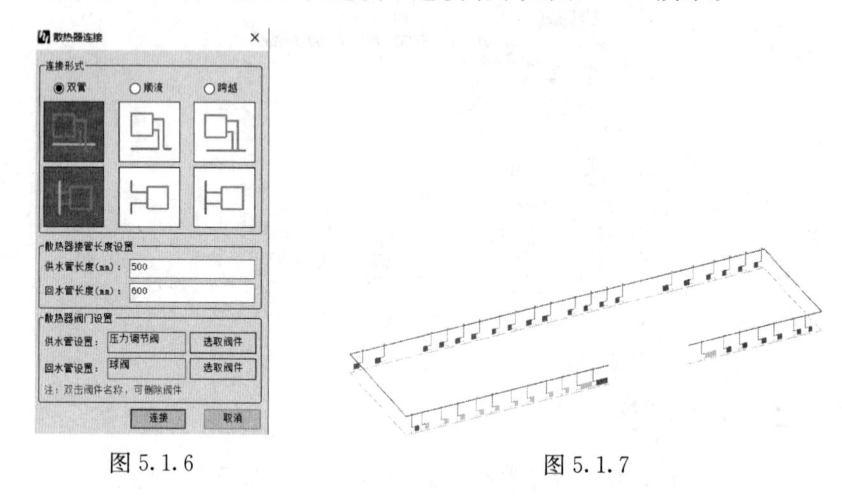

图 5.1.6　　　　图 5.1.7

5.2　地热盘管采暖设计

本节将以一个别墅项目为例，进行地热盘管采暖系统的设计。

5.2.1　分集水器布置

单击【采暖系统】，选择【分集水器】命令，打开【布置分集水器】对话框，如图 5.2.1 所示，在此可以设置“出管对数”和“相对标高”两个参数，设置完成后在绘图区域放置即可；为了防止漏水等情况，我们一般把分集水器放在卫生间，如图 5.2.2 所示。

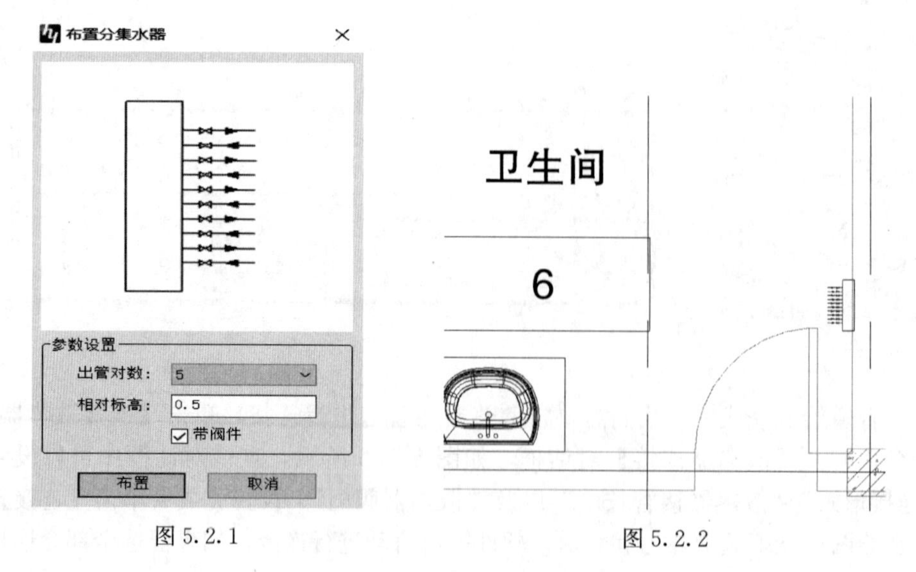

图 5.2.1　　　　图 5.2.2

5.2.2　盘管计算及布置

单击【地盘散热量计算】，打开【地热盘管散热量-间距计算】对话框，如图 5.2.3所示，软件中提供了两种计算方式可供选择，分别为“计算散热量”和“计算间距”。“计算散热量”选项需要输入“加热管间距”及其他计算参数，可以计算出“总散热量”，我们需要根据负荷计算结果查看“总散热量”是否满足负荷要求。同时在右侧计算结果中，会显示“地表平均温度”，并显示当前地表温度是否正常。“计算间距”选项需要输入“总散热量”，即房间热负荷及其他参数，可以计算出所需要的“加热管间距”。

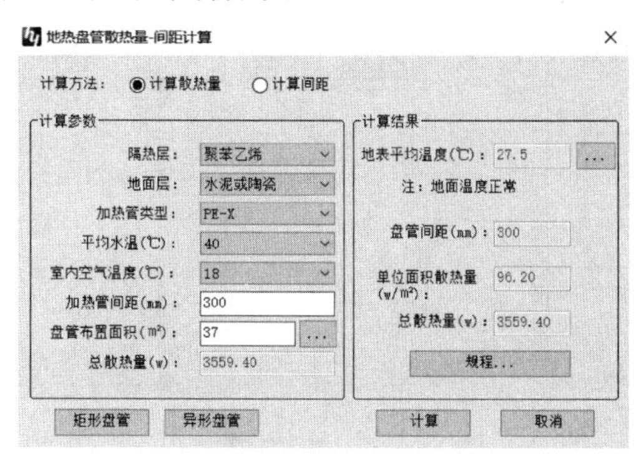

图 5.2.3

计算完成后，单击【矩形盘管】或【异形盘管】，即可直接设置盘管参数进行盘管布置。单击【矩形盘管】，打开【矩形盘管】对话框，如图 5.2.4 所示，在左侧可以选择“盘管形式”，软件提供了“回转”“直列”“往复”“跨越”“单回转”几种盘管形式，我们可以根据设计需要进行选择。在右侧可以设置盘管的相关距离参数以及管材、管径等。在下方，勾选“标注”及“房间绘制”，即可自动拾取房间进行盘管布置。因房间中有柱子影响，所以不是严格的矩形房间或空间，一般常用“异形盘管”来绘制。

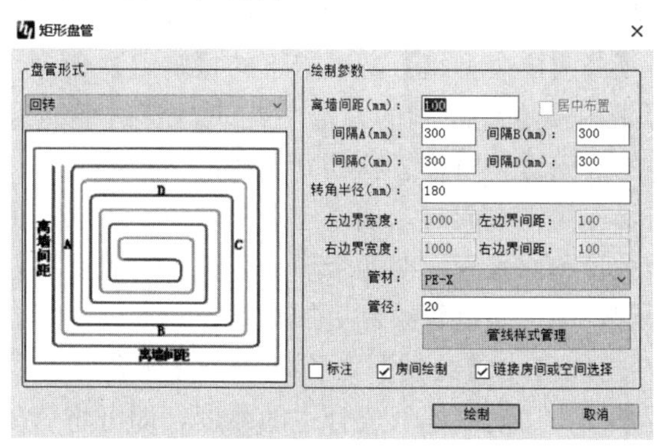

图 5.2.4

在【地热盘管散热量-间距计算】对话框中，单击【异形盘管】按钮，打开【异形盘管】对话框，如图 5.2.5 所示，在该对话框中我们可以设置“盘管参数”“盘管类型”“绘制选项”等参数，我们一般选择“双线盘管”，设置完成后，单击【绘制】，在绘图区域首先单击房间，再单击引出管道连接分集水器需要经过的门即可绘制盘管，绘制结果如图 5.2.6 所示。

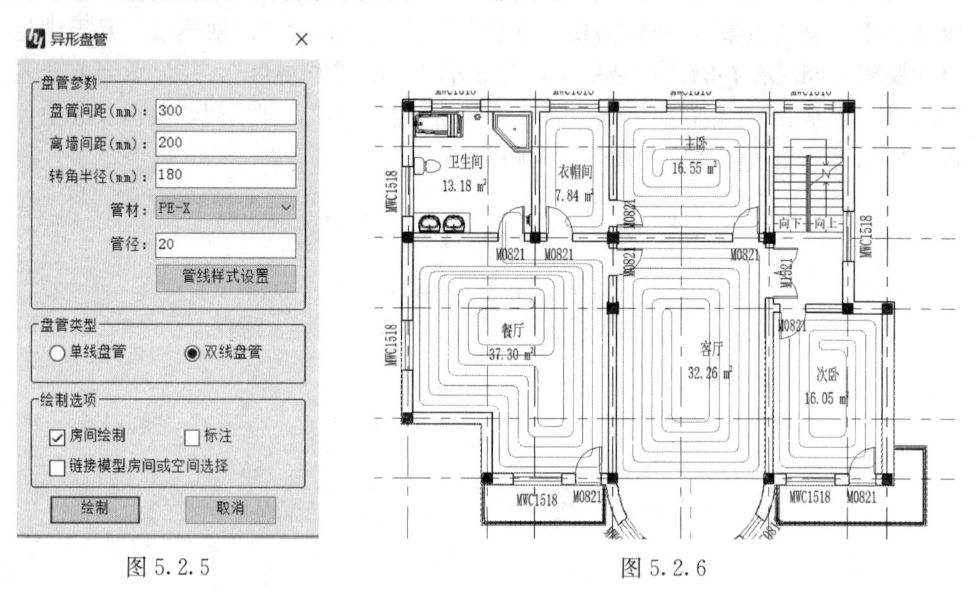

图 5.2.5　　　　图 5.2.6

注意：如果回到绘制区域不能拾取到房间，可以返回对话框，取消勾选“链接模型房间或空间选择”，再回到绘制区域绘制即可。

绘制完成后，需要与分集水器进行连接。单击【连接盘管】命令，在弹出的对话框中单击【直接连接】，然后回到绘图区域先选择分集水器，再选择盘管模型组，即可进行连接，如图 5.2.7 所示。从图中可以看出软件自动连接的管线位置不合适，需要进行适当的修改。此处需要注意，在修改前需要将楼层平面【属性】面板中的【规程】改为【协调】，以便于地热盘管模型组能被选中。选中盘管模型组，并单击【修改 | 模型组】选项卡下的【解组】命令，再次单击地热盘管，可以看到盘管是用模型线绘制的，选中代表盘管的模型线，并选择移动命令，或者按键盘中的方向键，将盘管移动到合适的位置即可。

当两组盘管需要连接在一起时，如该建筑中的主卧和衣帽间，需要重新定义盘管，重新指定供水管和回水管。对两个模型组进行解组，将两组盘管连接在一起，如图 5.2.8 所示，为了使盘管绘制更加标准，我们单击【建筑】选项卡下的【模型线】命令，在功能区中【绘制】面板，单击【圆角弧】命令，并单击管线中直角位置的两条线，移动鼠标形成合适的弧度，即可将管线中直角的位置转换为圆弧。对模型线修改完成后，单击【采暖系统】选项卡下的【定义盘管】命令，并选中修改过的盘管（可以框选，也可以对单条管线进行点选），单击左上角选项栏中的【完成】，最后再通过单击盘管的供水管与回水管重新定义盘管即可，先单击管道软件会默认为供水管，后单击的为回水管，之后会弹出【盘管参数设置】对话框，如图 5.2.9 所示。设置相关参数，单击【成组】即可。利用上述方式对每组盘管进行修改，最后绘制结果如图 5.2.10 所示。

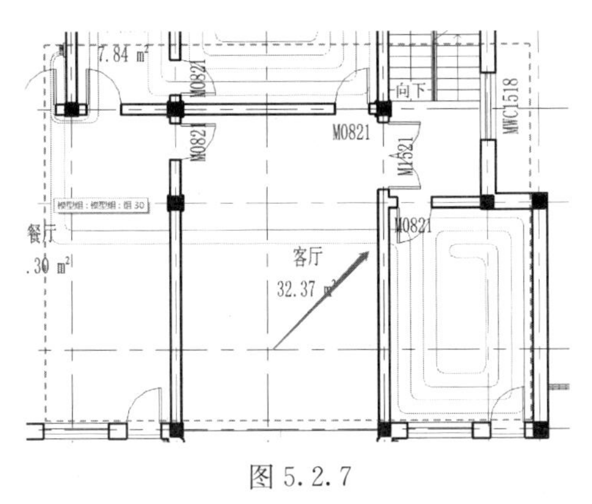

图 5.2.7

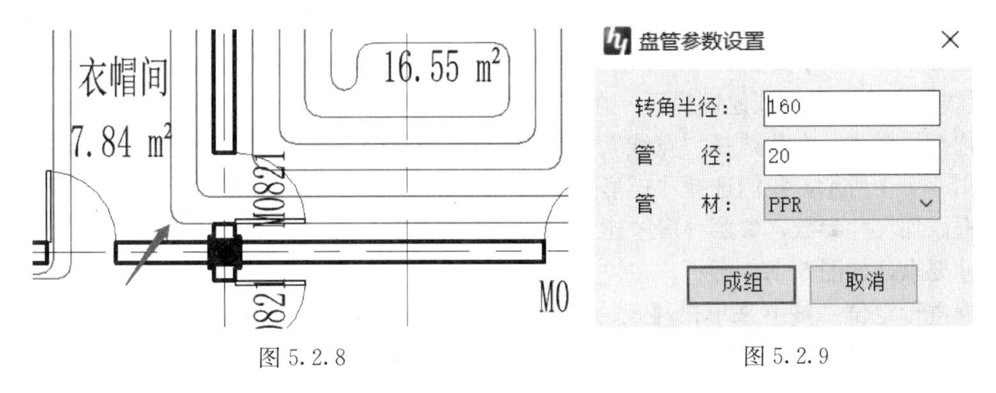

图 5.2.8　　图 5.2.9

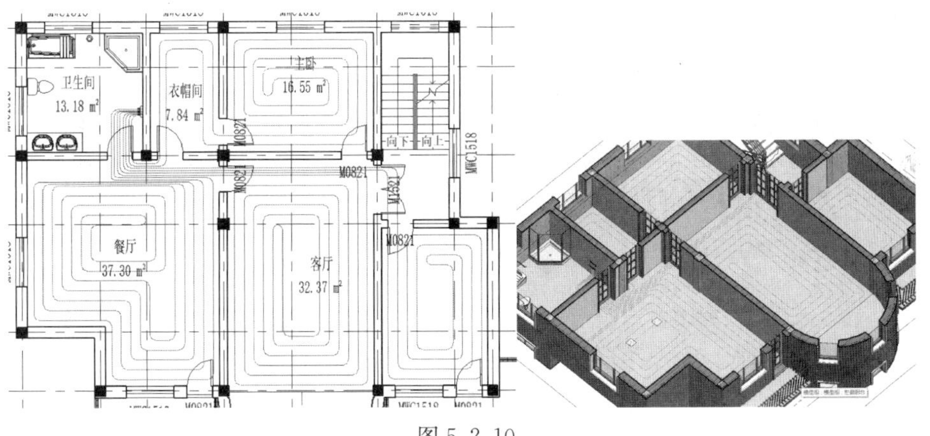

图 5.2.10

第 6 章　图纸设计

6.1　图框族制作

6.1.1　图框

Revit 中自带了图框族，但不能满足我们平时的设计要求，所以我们需要自己制作符合设计要求的图框族。

单击【文件】选项卡，在【新建】菜单中选择【标题栏】，软件中提供了不同图幅的样板文件，可根据需要进行选择。以制作“A1”图框为例进行讲解。选中“A1 公制”，单击【打开】按钮，进入标题栏编辑界面，在绘图区域已经预设好了 A1 尺寸图框的外框部分，接下来绘制内框。单击【创建】选项卡，单击【线】命令，进入线绘制界面，在【修改｜放置线】选项卡下【子类别】面板中，选择线样式，在此选择“宽线”。在【绘制】面板中，提供了多种绘制命令，如图 6.1.1 所示，我们选择“矩形”，在外框内部绘制一个矩形即可。接下来为图框添加尺寸参数，参照《房屋建筑制图统一标准》（GB/T 50001—2017）中的尺寸要求，如图 6.1.2 所示，在快速访问工具栏中单击【对齐尺寸标注】，对内框进行定位。接下来单击【尺寸标注】，为其添加参数，在【修改｜尺寸标注】选项卡下【标签尺寸标注】面板中，可以直接从标签的下拉列表中选择参数，也可以单击【创建参数】命令，打开【参数属性】对话框新建参数，在“名称”处输入参数名称，其他选项默认即可，如图 6.1.3 所示。

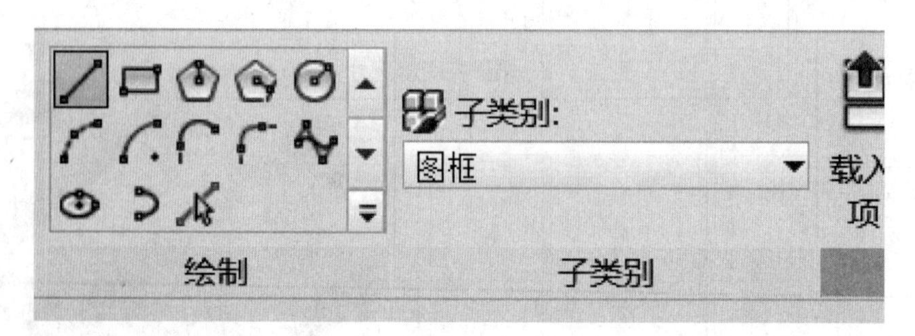

图 6.1.1

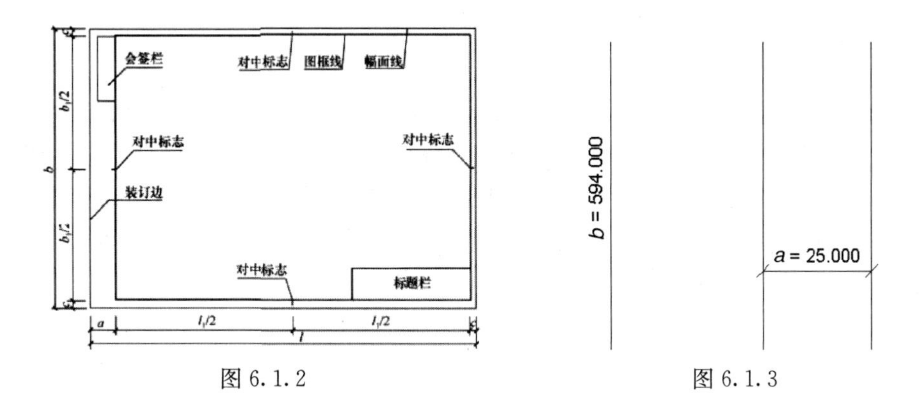

图 6.1.2　　　　图 6.1.3

参数设置完成后，单击【族类型】，打开【族类型】对话框，如图 6.1.4 所示，在该对话框中我们可以对各参数的值按照《房屋建筑制图统一标准》(GB/T 50001—2017) 进行修改，如图 6.1.5 所示，设置完成后，我们需要对“*a*”“*b*”“*c*”三个参数进行锁定。

图 6.1.4

表 3.1.1　幅面及图框尺寸 (mm)

幅面代号 / 尺寸代号	A0	A1	A2	A3	A4
$b \times l$	841×1189	594×841	420×594	297×420	210×297
c	10			5	
a	25				

图 6.1.5

6.1.2 标题栏和会签栏

标题栏和会签栏可以使用【线】命令进行直接绘制，下面参照某设计院的图框进行绘制，标题栏宽度一般为40～70mm，绘制结果如图6.1.6所示。绘制完成后，分别将标题栏与会签栏成组。框选绘制的标题栏，在【修改｜线】选项卡下【创建】面板中选择【创建组】命令，打开【创建详图组】对话框，输入名称为“标题栏”即可。会签栏采用同样的方式成组。

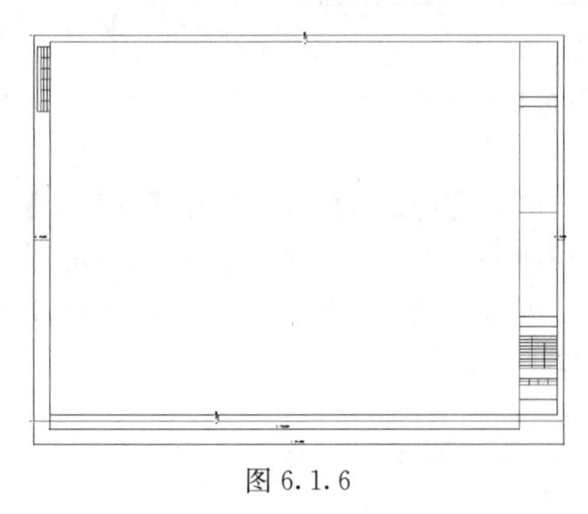

图6.1.6

注意：

1. 可以单独在空白位置进行绘制，绘制完成后，将绘制内容成组，再移动到图框中。

2. 绘制过程中可以使用尺寸标注来对绘制的线的距离进行均分，以便使标签栏更加美观。首先对距离需要均分的线进行尺寸标注，标注完成后单击“EQ”即可，如图6.1.7所示，也可以使用阵列等命令进行快速绘制。

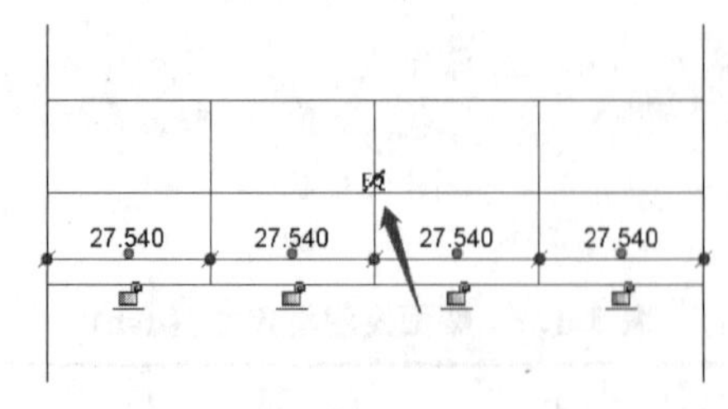

图6.1.7

下面将标题栏和会签栏与图框进行绑定，以便于修改图框尺寸时能够一同进行移动。选中会签栏，单击【编辑组】命令，将内框的左边线加入到组中。这样就可以对图框按照制图标准进行加长，制作新类型的图框，如图6.1.8所示。单击【族类型】按钮，打开【族类型】对话框，单击“类型名称”后的【新建】，输入新的类型名称，并修改参数“l”的值，如图6.1.9所示。

幅面代号	长边尺寸	长边加长后的尺寸
A1	841	1051 (A1+1/4l)　1261 (A1+1/2l)　1471 (A1+3/4l)　1682 (A1+l)　1892 (A1+5/4l)　2102 (A1+3/2l)

图 6.1.8

接下来需要在标题栏和会签栏中添加文字，单击【创建】选项卡，选择【文字】命令，在【属性】面板中的类型选择器中列出了系统自带的文字类型，在国内制图标准中规定用长仿宋字体，所以需要新建文字类型。单击【编辑类型】按钮，打开【类型属性】对话框，如图 6.1.10 所示，单击【复制】，类型名称用“字体＋字体大小”的格式命名，在此输入“长仿宋体 2.5mm”。在下方的各项参数中，“背景”一般设置为“透明”，以免遮挡图框中的线，“文字字体”选择“长仿宋体”，“文字大小”设置为“2.5mm”。设置完成后，在标题栏和会签栏输入相应内容即可，如图 6.1.11 所示。

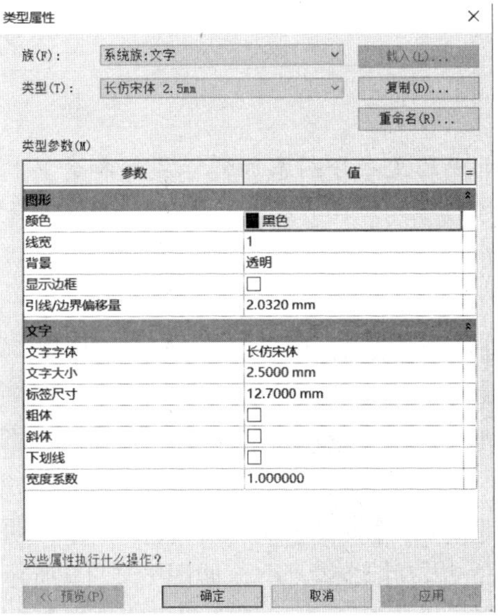

图 6.1.9

图 6.1.10

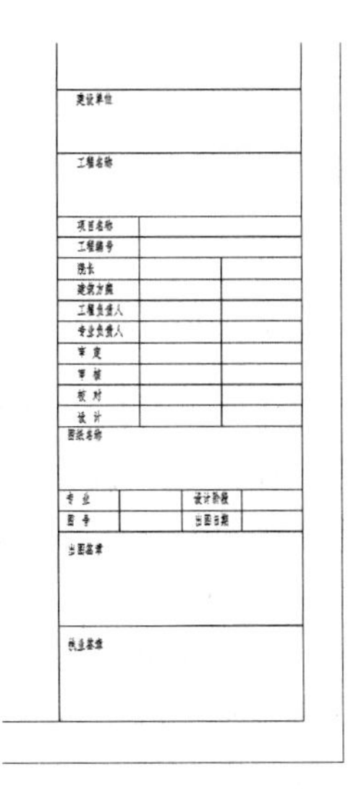

图 6.1.11

注意：如果计算机中未安装长仿宋字体，也可以用仿宋字体代替，在【类型属性】对话框中，将文字大小调整小一些，宽度系数修改为“0.7”即可。

接下来设置图签，图签是图框中反映项目信息的标签，在项目中只需要输入相应图签的值，就可以填入图纸的对应位置。单击【创建】选项卡，单击【文字】面板中的【标签】命令，和文字类似，可以在【属性】面板中设置标签的相关参数。在图框中需要放置标签位置单击，弹出【编辑标签】对话框，在类别参数列表中已经列举出很多参数，我们可以选择对应参数，并单击【添加】，最后单击【确定】，即可将该标签添加到图框中。如果在类别参数列表中没有我们需要的参数，可以单击【新建】，打开【参数属性】对话框，在该对话框中单击【选择】按钮，打开【共享参数】对话框，如图 6.1.12 所示。我们也可以新建共享参数，可参考 3.3.4 节所讲内容，此处不再赘述。

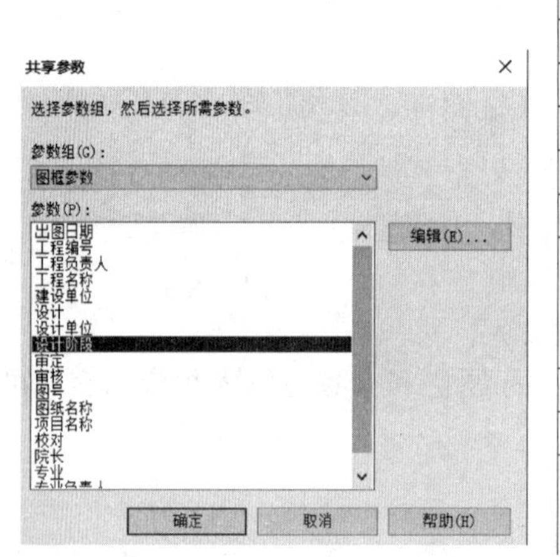

图 6.1.12

注意：输入完成后，需要将图框中的文字分别添加到标题栏和会签栏所在的详图组中。

6.1.3 修订明细表

我们需要在图框中绘制修订明细表来记录修订信息。单击【视图】选项卡，在【创建】面板中选择【修订明细表】命令，打开【修订属性】对话框，如图 6.1.13 所示，在该对话框中可对修订明细表进行相关设置，最后单击【确定】即可，如图 6.1.14 所示。

回到绘图区域，在【项目浏览器】的【视图】列表下选择“修订明细表”，并将其拖动到图框中，放置在对应位置，并调整大小，如图 6.1.15 所示。最后单击标题栏所在的详图组，并单击【编辑组】命令，将修订明细表添加到组中。

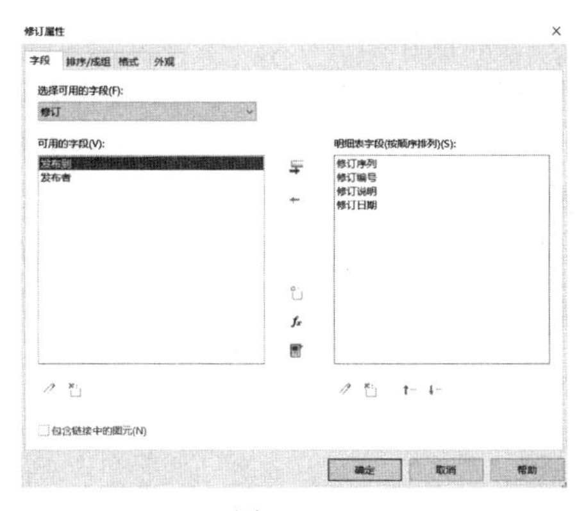

图 6.1.13

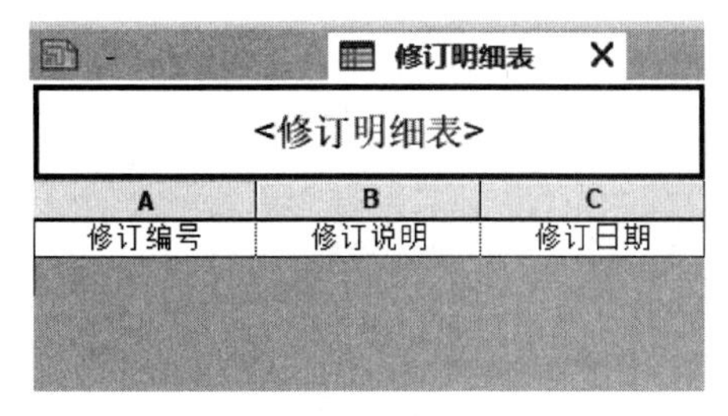

图 6.1.14

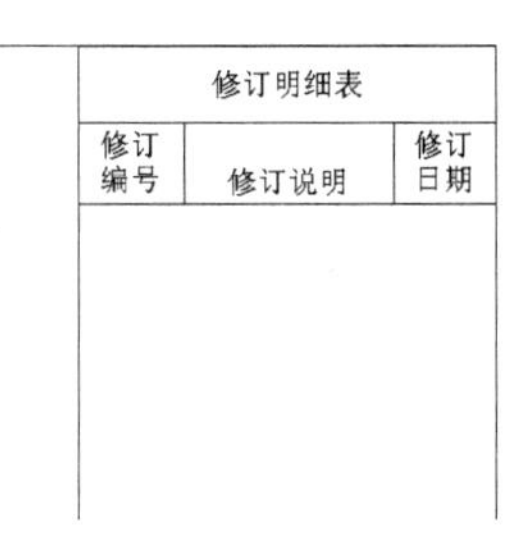

图 6.1.15

6.1.4　图框族的使用

新建项目文件，单击【视图】选项卡下【图纸组合】面板中的【图纸】命令，打开【新建图纸】对话框，单击【载入】，选择刚刚做好的图框族，如图 6.1.16 所示，将不同类型的图框均载入到项目中，单击【确定】即可新建图纸。

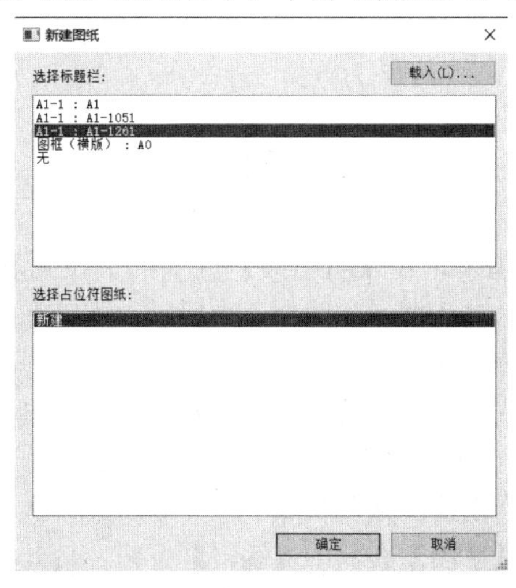

图 6.1.16

图框族载入后，还需要将制作图框族过程中新建的共享参数添加到项目中。单击【管理】选项卡，单击【项目参数】，打开【参数属性】对话框，如图 6.1.17 所示。在“参数类型”中选择“共享参数”，单击【选择】按钮，选择图框中的相应参数，在“参数分组方式”中选择“文字”，在“类别”中选择“图纸”。该参数就添加到项目中了，输入相应信息即可，如图 6.1.18 所示。图框族的其他参数的添加方式与此相同。也可以在“类别”处勾选项目信息，这样能够在项目信息中进行统一设置。

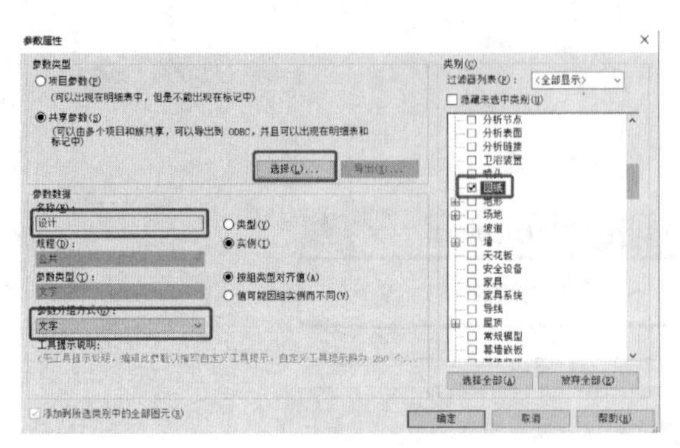

图 6.1.17

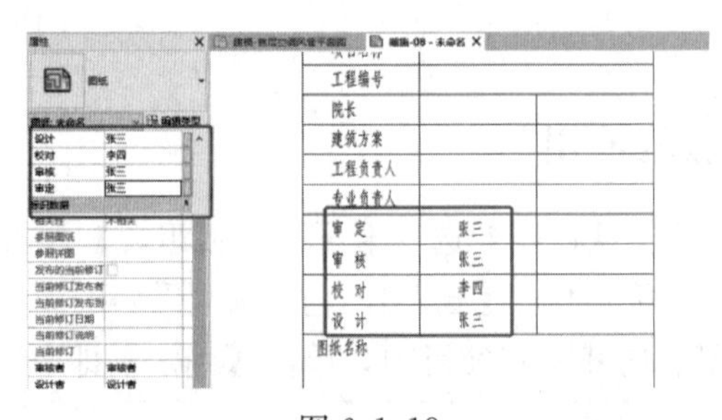

图 6.1.18

6.2 图纸目录

单击【视图】选项卡，在【明细表】选项的下拉列表中选择【图纸列表】，打开【图纸列表属性】对话框，如图 6.2.1 所示，可以在字段列表中选择我们所需要的字段添加到右侧，而“序号”“图幅”等参数在字段列表中没有，需要新建。单击【新建】按钮，打开【参数属性】对话框，输入参数名称为“序号”，参数类型选择“文字”，最后单击【确定】，即可创建新的参数。生成的图纸明细表如图 6.2.2 所示。当创建图纸明细表后，如果需要再次编辑明细表字段，可以单击【属性】面板中【字段】右侧的【编辑】按钮，打开【图纸列表属性】对话框进行选择。

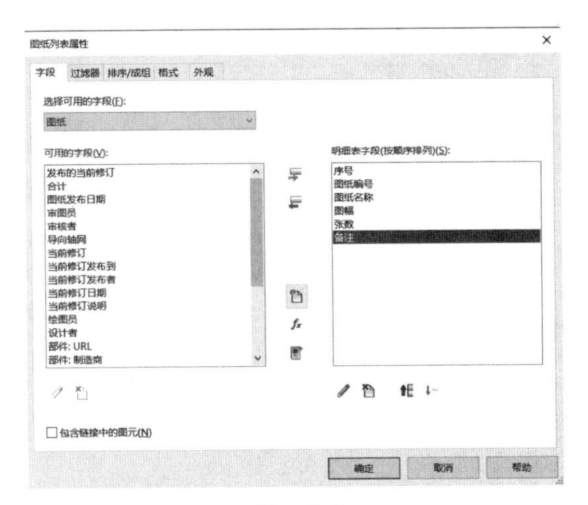

图 6.2.1

<图纸列表 2>

A	B	C	D	E	F
序号	图纸编号	图纸名称	图幅	张数	备注
	暖施-0A	封面			
	暖施-0B	图纸目录			
	暖施-05	首层空调水管平面图			
	暖施-04	首层防排烟平面图			
	暖施-03	首层采暖平面图			
	暖施-02	首层空调风管平面图			
	暖施-01	设计说明			

图 6.2.2

利用上方功能区中的命令可以对图纸目录进行编辑，在【列】面板中单击【插入】，可以在列表中添加新的字段，也可以单击【删除】或【调整】等对已有字段进行编辑；将鼠标光标放在标题处，【行】面板中的【插入】被激活，单击【插入】，可以在标题处插入行；将鼠标光标放在下方数据行，单击【行】面板中的【插入数据行】，可以在数据列表中插入行。也可以对不同的单元格进行合并等操作，读者可根据自己的设计要求对图纸目录进行编辑。

图纸目录创建完成后，需要新建图纸，并添加适合图纸目录的图框，添加完成后，单击【图纸组合】面板中的【视图】命令，打开【视图】对话框，选择刚刚创建的图纸目录，单击【在图纸中添加视图】按钮，将图纸目录放入图框中。

还可以在图框中对图纸目录进行编辑，如图 6.2.3 所示，单击移动✣符号，可以移动图纸目录的位置；单击▼符号，可以移动单元格的长度；单击 Z 型截断控制⫞符号，可以将图纸目录拆分为两段，继续在拆分出的列表中单击 Z 型截断控制符号，可继续进行拆分，如果需要对拆分的图纸目录进行还原，利用移动命令再将两段进行对齐即可，如图 6.2.4 所示；单击下方的原点—●—符号，可以调整分段明细表的分段位置。

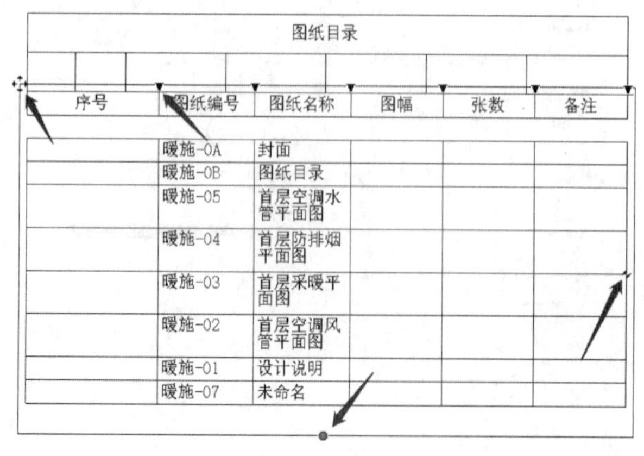

图纸目录					
序号	图纸编号	图纸名称	图幅	张数	备注
	暖施-0A	封面			
	暖施-0B	图纸目录			
	暖施-05	首层空调水管平面图			
	暖施-04	首层防排烟平面图			
	暖施-03	首层采暖平面图			
	暖施-02	首层空调风管平面图			
	暖施-01	设计说明			
	暖施-07	未命名			

图 6.2.3

图纸目录					
序号	图纸编号	图纸名称	图幅	张数	备注
	暖施-0A	封面			
	暖施-0B	图纸目录			
	暖施-05	首层空调水管平面图			
	暖施-04	首层防排烟平面图			
	暖施-03	首层采暖平面图			
	暖施-02	首层空调风管平面图			
	暖施-01	设计说明			
	暖施-07	未命名			

图纸目录					
序号	图纸编号	图纸名称	图幅	张数	备注
	暖施-08	未命名			
	暖施-09	未命名			

图 6.2.4

6.3 设计说明

单击【视图】选项卡，在【创建】面板中选择【绘图视图】命令，打开【新绘图视图】对话框，如图 6.3.1 所示，输入“名称”，并设置好“比例”。在【属性】面板中设置视图分类，设置完成后，打开视图，首先在视图中用【详图线】命令绘制一个矩形，矩形的尺寸和图框中的内框一致即可。单击【注释】选项卡，单击【文字】面板中的【文字】命令，在【属性】面板中设置好文字类型，在绘图区域所绘制的框中编辑文字即可。也可以将 Word 中编辑好的设计说明复制粘贴过来，如图 6.3.2 所示。

新绘图视图
名称：设计说明
比例：1 : 100
比例值 1：100
确定 取消

图 6.3.1

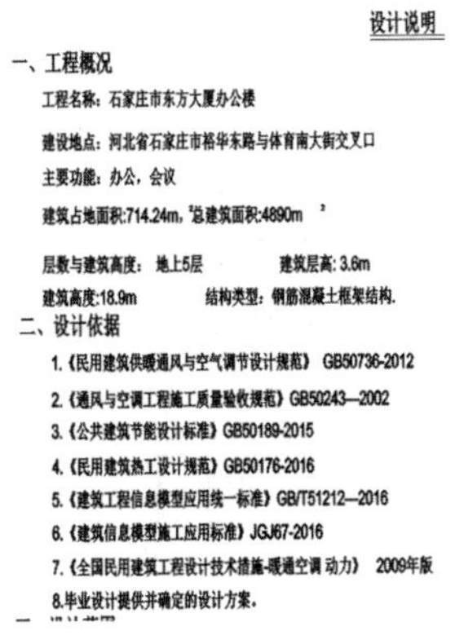
设计说明

一、工程概况

工程名称：石家庄市东方大厦办公楼

建设地点：河北省石家庄市裕华东路与体育南大街交叉口

主要功能：办公，会议

建筑占地面积:714.24m，²总建筑面积:4890m²

层数与建筑高度：地上5层　　　建筑层高: 3.6m

建筑高度:18.9m　　　结构类型：钢筋混凝土框架结构.

二、设计依据

1.《民用建筑供暖通风与空气调节设计规范》 GB50736-2012

2.《通风与空调工程施工质量验收规范》GB50243—2002

3.《公共建筑节能设计标准》GB50189-2015

4.《民用建筑热工设计规范》GB50176-2016

5.《建筑工程信息模型应用统一标准》GB/T51212—2016

6.《建筑信息模型施工应用标准》JGJ67-2016

7.《全国民用建筑工程设计技术措施-暖通空调 动力》 2009年版

8.毕业设计提供并确定的设计方案。

图 6.3.2

编辑完成后，单击【视图】选项卡，选择【图纸】命令创建一张图纸，设置图纸名称、图纸编号等相关参数，设置完成后，可以将“设计说明”视图直接从项目浏览器拖动到图纸中，也可以单击【图纸组合】面板中的【视图】命令，打开【视图】对话框，如图 6.3.3 所示，选择需要添加到图纸中的视图。

视图放置在图纸上，称为视口。视口与窗口类似，通过视口可以看到相应的视图；每添加一个视图，将自动为该视图添加一个视图标题，视图标题显示视图名称、缩放比例以及编号信息。单击视口，在【属性】面板中可以定义视口相关属性，例如视图名称、视图标题等。单击【编辑类型】，在【类型属性】对话框中，可以设置标题类型，是否需要显示标题等，如图 6.3.4 所示。

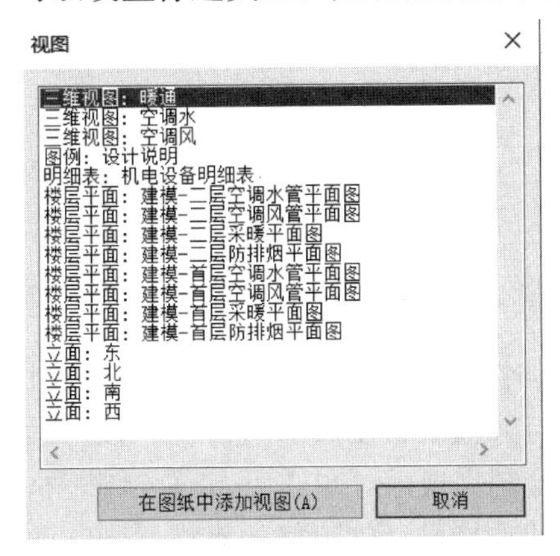

图 6.3.3

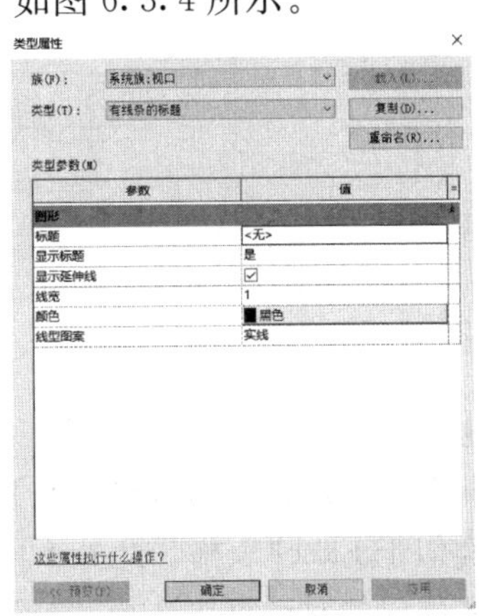

图 6.3.4

6.4　图例

单击【视图】选项卡，单击【图例】，在下拉列表中选择【图例】，弹出【新图例视图】对话框，如图 6.4.1 所示，输入视图名称，并设置视图比例，最后单击【确定】即可。

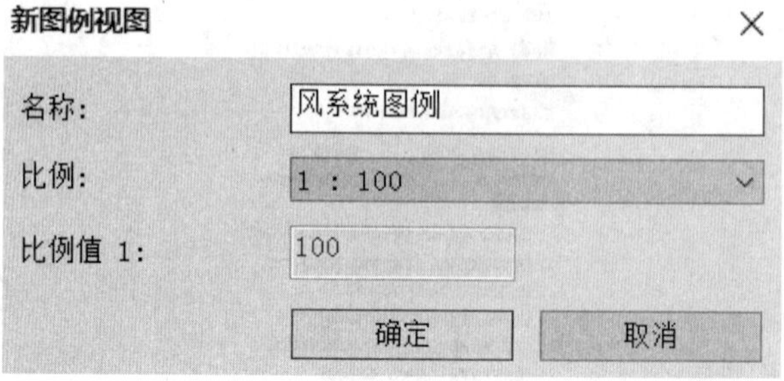

新图例视图

名称：风系统图例

比例：1 : 100

比例值 1：100

确定　取消

图 6.4.1

接下来需要绘制表格，单击【注释】选项卡，在【详图】面板中选择【详图线】命令，进入绘制界面，利用【绘制】面板中的直线命令和矩形命令绘制一个表格，单击【文字】命令，在【属性】面板中设置好文字的类型和文字大小等参数，在表格中添加即可，如图 6.4.2 所示。

图　例			
送风系统			
回风系统			
新风系统			
蝶阀			
防火阀			

图 6.4.2

也可以使用BIMSpace中的表格工具更加快速标准地绘制表格。单击【出图/后处理】选项卡，选择【表格工具】命令，打开【表格工具】对话框，该对话框的操作类似于Excel表格，此处不再赘述。绘制完成后，单击下方【绘制表格】按钮，在弹出的对话框中选择“新建视图”或选择已经创建好的表格视图。注意视图名称必须包含“表格工具”几字，单击【确定】即可。将表格放置在新的绘图视图中，框选整个表格，在键盘中按住Ctrl+c键进行复制，并打开之前建立的图例视图，在该视图中按住Ctrl+v键进行表格的粘贴，之后在表格中输入文字即可。

表格设置完成后，需要添加图例符号。在项目浏览器中，找到风管附件，将具体风管阀件拖动到表格的对应位置即可，如图 6.4.3 所示。对于风管系统等不能找到图例符号的，可以使用【详图线】和【文字】命令进行绘制，如图 6.4.4 所示。

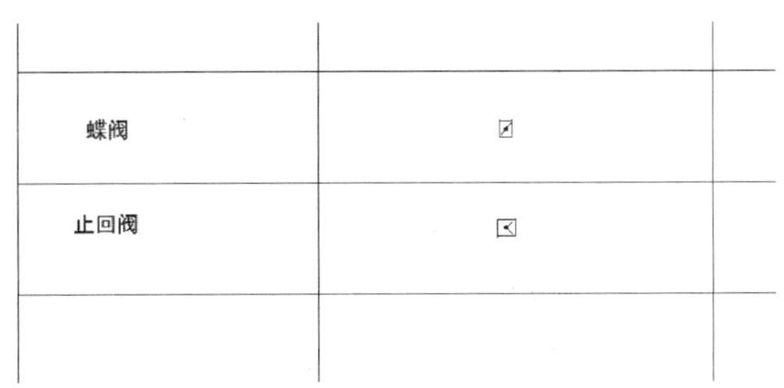

图 6.4.3

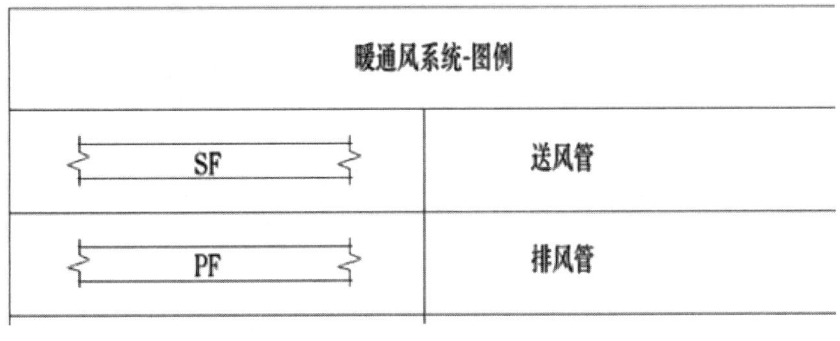

图 6.4.4

6.5　设备表

单击【视图】选项卡，在【明细表】选项的下拉列表中选择【明细表/数量】，打开【新建明细表】对话框，在类别列表中选择“机械设备”，在【明细表属性】对话框中设置相应的字段，单击【确定】即可创建完成，如图 6.5.1 所示。我们可以对创建的明细表进行编辑，编辑方式类似于图纸目录，此处不再赘述。

<机电设备明细表 2>

A	B	C	D	E	F
编号	型号	单位	数量	备注	名称

图 6.5.1

6.6 风系统图纸

6.6.1 视图整理

打开项目文件，在项目浏览器中查看是否建立专门用来出图的平面视图，出图平面视图在项目样板中应该提前建立好。如果未建立，可以选择建模时所用视图，右键单击，选择“复制视图”列表中的“带细节复制”，并将视图重命名为“出图+图纸名称”，在【属性】面板中将该视图归类到“出图”分类下，此部分在前文已讲述，此处不再赘述。

出图平面视图复制完成后，需要在【属性】面板中查看“视图比例”是否正确，“详细程度”一般设置为“中等”，“规程”调整为“协调”，以便于建筑模型能够在图纸中更加清晰，可能还需要调整“视图范围”，以便于风管能够全部显示出来，并将“视觉样式”设置为“线框”，以便于风管中心线能够显示。

接下来需要对绘图区域进行调整，在绘图区域需要隐藏多余的轴网，一般隐藏链接模型中的轴网，保留本项目中复制于链接模型中的轴网。单击【视图】选项卡，单击【可见性】命令，打开【可见性】对话框，单击【Revit 链接】，再单击【显示设置】下的“按链接视图”，打开【Revit 链接显示设置】对话框，在【基本】模块下，选择“自定义”，确定所修改的“链接视图”是否正确，如图 6.6.1 所示。之后单击【注释类别】模块，在下方的“注释类别”处选择“自定义”，并在下方取消勾选“轴网”和“立面”，最后单击【确定】即可，如图 6.6.2 所示。

接下来需要对视图中的管道进行处理，如果前期项目样板中已经通过可见性设置取消了与管道相关图元的显示，此部分可以跳过。如果视图中没有设置好管道的可见性，视图中还显示管道等构件，需要单击【视图】选项卡，单击【可见性】命令，打开【可见性】对话框，在模型类别中取消勾选与管道有关的图元类别，如图 6.6.3 所示。

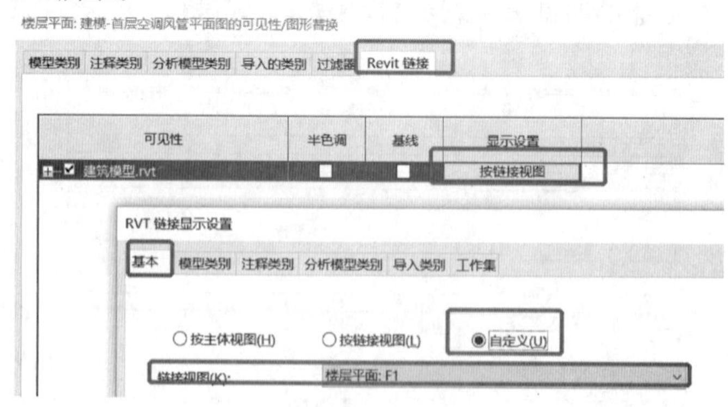

图 6.6.1

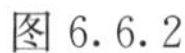

图 6.6.2

图 6.6.3

这样，风系统视图基本形成，但我们可能会发现视图中还存在水泵等水系统中的机械设备，所以还需要对控制视图显示的过滤器进行调整，同样在【可见性】对话框中选择【过滤器】模块，在过滤器列表中取消与管道系统相关的过滤器的可见性。也可以根据需要建立新的过滤器，过滤器的建立方式在前文已经讲过，此处不再赘述。如图 6.6.4 所示。

楼层平面: 建模-首层空调风管平面图的可见性/图形替换

模型类别　注释类别　分析模型类别　导入的类别　过滤器　Revit 链接

名称	可见性	投影/表面	
		线	填充图案
排风兼排烟系统阀件	☐		
采暖热水供水系统	☐		
采暖热水供水系统阀件	☐		
采暖热水回水系统	☐		
采暖热水回水系统阀件	☐		
空调冷水供水系统	☐		
空调冷水供水系统阀件	☐		
空调冷水回水系统	☐		
空调冷水回水系统阀件	☐		
冷凝水系统	☐		
冷凝水系统阀件	☐		
冷却水供水系统	☐		
冷却水供水系统阀件	☐		
冷却水回水系统	☐		
冷却水回水系统阀件	☐		
空调热水供水系统	☐		
空调热水供水系统阀件	☐		
空调热水回水系统	☐		
空调热水回水系统阀件	☐		
空调冷、热水供水系统	☐		

图 6.6.4

还可以对风管的线形及线宽进行设置，在【可见性】对话框中【模型类别】模块下单击风管，可以对风管的中心线的样式进行修改，但需要注意的是，在这里进行修改只能对该平面视图有效，不影响其他视图。如果需要对整个项目进行修改，需要单击下方的【对象样式】按钮，在对象样式中对风管中心线的线形和线宽进行修改，其他图元的线形和线宽也可以在【可见性】和【对象样式】对话框中进行修改，此处不再赘述。

注意：修改线宽前，需要在快速访问工具栏中取消【细线】命令的选择，才能在绘图区域显示真实的线宽。

注意：可以将上述修改好的视图保存为视图样板，并将该视图样板应用于其他风系统平面图中，可以大大提高我们的设计效率。我们也可以将上述修改作为积累，在项目前期制作项目样板文件时，提前设置这些选项，可以为后期出图减少很多工作量。

6.6.2 视图标注

1. 平面视图

首先需要使用【对齐尺寸标注】命令对图中的轴网进行尺寸标注，关于尺寸标注的设置在前文已经讲过，此处不再赘述。然后需要对风管及风口的位置进行标注，如图 6.6.5 所示。

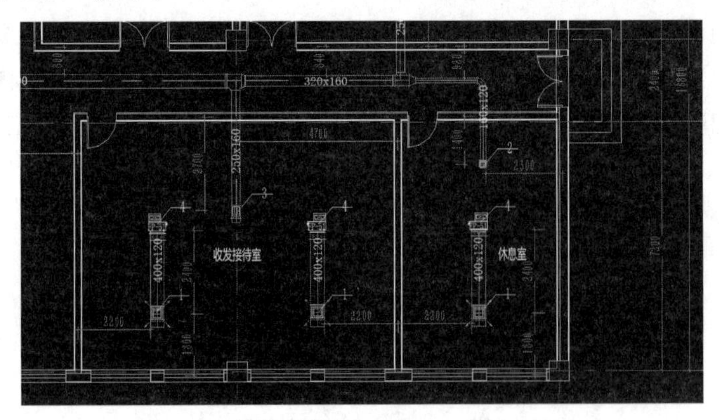

图 6.6.5

注意：为方便施工，风管及风口与墙或轴网的距离尽量取整数，如图 6.6.5 所示。

风管定位完成后，需要对风管尺寸及标高进行标注，此处使用 BIMSpace 中的命令进行标注。单击【专业标注】选项卡，单击【风系统标注】面板中的【风管标注】，打开【风管标注】对话框，如图 6.6.6 所示。在此处可以设置“标注内容”“标注样式”等，设置完成后，在绘图区域框选风管即可完成标注。

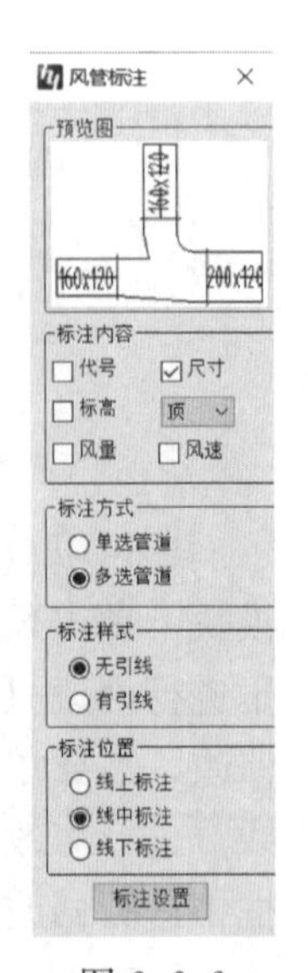

图 6.6.6

接下来需要标注风口，可以使用详图线和文字命令进行标注，首先使用【详图线】命令绘制引线，之后再使用【文字】命令添加风口的相关信息，一般需要标注风口的名称、尺寸、风量，以及风口数量等信息，如图 6.6.7 所示。也可以使用 BIMSpace 中的【风口标注】命令来进行标注，单击【专业标注】选项卡，选择【风口标注】命令，打开【风口标注】对话框，在此可以对标注内容进行设置，如图 6.6.8 所示。首先框选需要标注的风口，再单击风口，即可显示标注内容，放置在合适位置即可，如图 6.6.9 所示。单击标注的具体内容，可以在【属性】面板中进行修改。

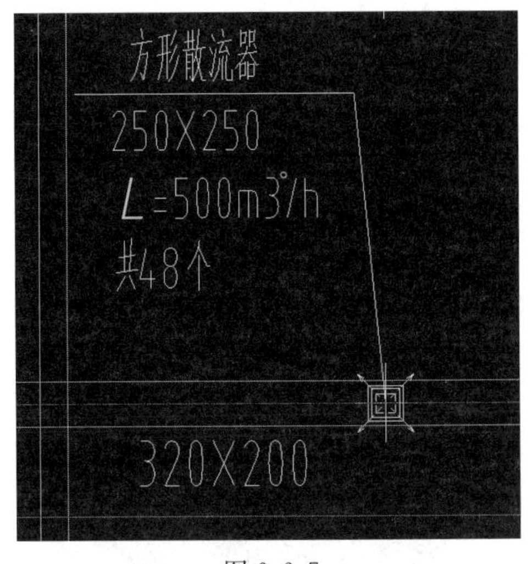

图 6.6.7

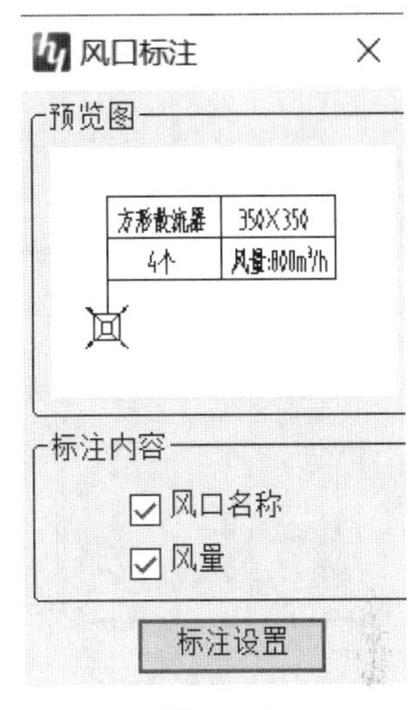

图 6.6.8

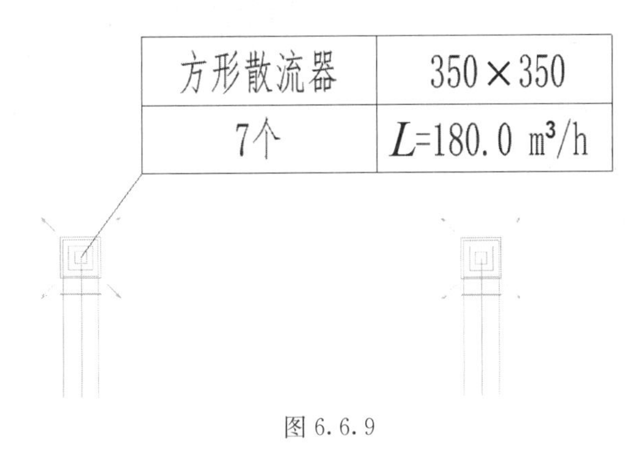

图 6.6.9

除上述标注内容以外，我们也需要对设备进行标注，主要是使用【详图线】及【文字】命令，读者可自行尝试。

2. 剖面图

单击【视图】选项卡，选择【剖面】命令，在绘图区域需要绘制剖面的位置绘制剖面符号即可，如图 6.6.10 所示。单击⇆可以翻转剖面，单击♦可以调整剖面的显示范围，在显示范围内的图元在剖面视图中均会显示出来。选中剖面线，在功能区中选择【拆分线段】，在绘图区域中单击需要拆分的位置，并拖动拆分出来的剖面线，可以精确地显示剖面中的内容。

右键单击剖面线，在弹出的列表中可以进行“翻转剖面”和“转到视图”，单击“转到视图”，可以快速打开该剖面视图，也可以在项目浏览器中找到该剖面并打开剖面视图。如图 6.6.11 所示，我们可以利用编辑平面视图的方式整理剖面视图。

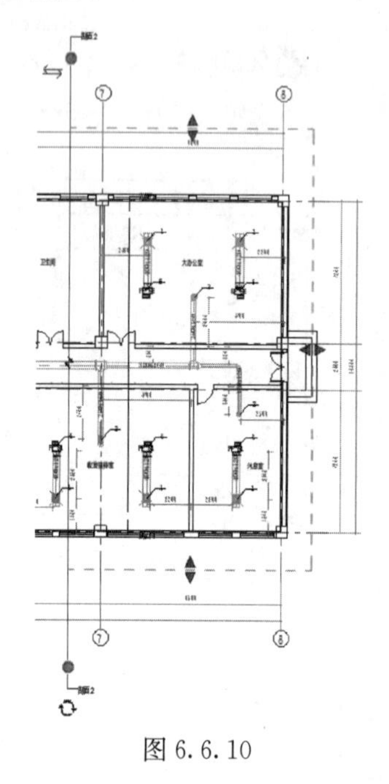

图 6.6.10

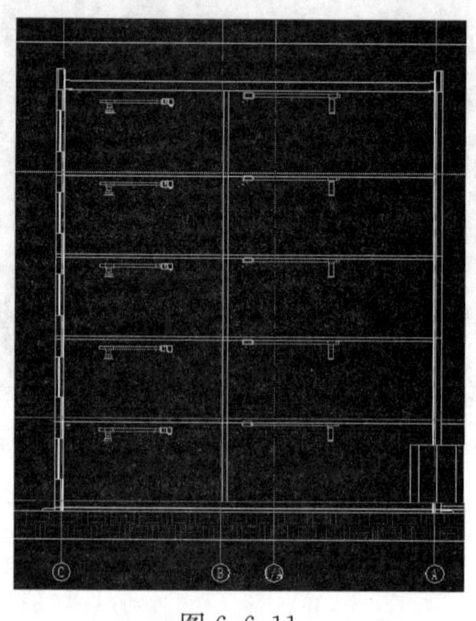

图 6.6.11

6.6.3 图纸布置

视图处理完成后，单击【视图】选项卡，选择【图纸】命令创建新的图纸，并在【属性】面板中输入图纸的相关信息，设置完成后，单击【视图】命令，选择需要添加到图框中的视图，或者直接从项目浏览器中将视图拖动到图框中。将视图拖动到图框后，我们需要检查图框是否合适，如果图框过小，可以在【属性】面板的类型选择器中选择其他大小的图框，也可以调整视图的比例。

当项目较大时，可以将某一视图分割为多个部分，布置于多张图纸上。下面以“首层空调通风平面图”为例进行拆分，首先在项目浏览器中选中需要拆分的视图，右键选择“复制视图”下拉列表中的“复制作为相关”，复制出两张新的视图，将其重命名为“首层空调通风平面图-左”，另一张视图命名为“首层空调通风平面图-右”，打开其中一张视图，在【图纸组合】面板中选择【拼接线】命令，进入拼接线绘制模式，在需要拆分的位置绘制即可，绘制完成后单击✔。在【属性】面板中勾选“裁剪视图”和“裁剪区域可见”，在绘图区域中拖动裁剪框的左边或右边到拼接线处，如图 6.6.12 所示。

单击【视图】选项卡，选择【图纸】命令，创建两张新的图纸，并修改图纸名称，将新创建的两张视图添加到图纸中，如图 6.6.13 所示。

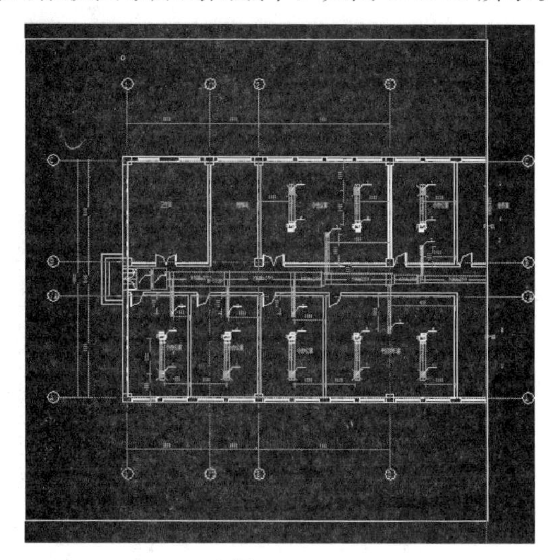

图 6.6.12

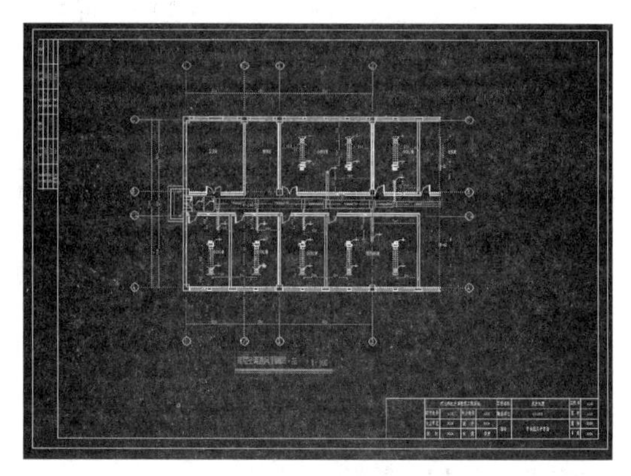

图 6.6.13

注意：若裁剪框随视图一同导入图纸中，可在原视图中选中裁剪框，右键单击裁剪框，选择“在视图中隐藏”，在展开列表中选择“图元”。

6.7　水系统图纸

6.7.1　视图整理

水系统视图的整理方式与风系统视图类似，需要复制水系统平面视图，创建出图视图，通过【可见性】对话框的相关设置，关闭链接模型轴网、风管及其他图元的可见性，使图面中只保留水系统管道及相关设备。将视图的详细程度调整为“中等”，并在快速访问工具栏中将细线模式关掉，使图纸中显示出水管的真实宽度。我们可以在对象样式中调整整个项目中管道的显示宽度，也可以在项目浏览器中按照管道系统调整宽度，或者可以在【可见性】对话框中单独调整该视图中的管道宽度。上述操作在上文中已经讲到，此处不再赘述。

此外，我们可以根据设计要求设置管道的上升与下降符号，在项目浏览器中找到需要修改的管道系统，右键单击，在列表中选择【类型属性】，打开【类型属性】对话框，如图 6.7.1 所示，单击▤，在弹出的【选择符号】对话框中选择合适的符号即可。

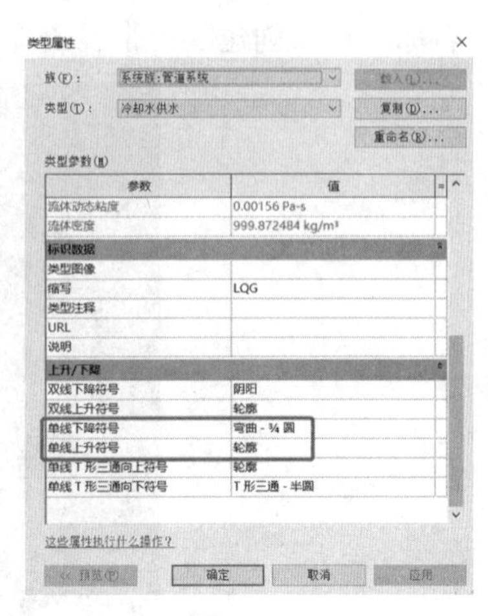

图 6.7.1

6.7.2 视图标注

视图整理完成后，我们需要对视图中图元进行标注，首先需要标注轴网，之后在水系统视图中，主要标注设备型号、管径、管道标高、立管编号以及管道坡度，如图 6.7.2 所示。我们可以用详图线和文字进行手动标注，也可以使用 BIMSpace 中的命令，单击【专业标注】选项卡，在【水系统标注】面板中提供了各种水系统标注命令，读者可自行进行尝试。对于比较简单的视图，我们也可以单击【一键标注】面板中的【水系统一键标注】命令，打开【水系统平面图】对话框，如图 6.7.3 所示，在此处可以设置“标注样式”“设备标注”等。设置完成后，单击【确定】，软件将自动对视图中的管道及设备进行标注，标注结果如图 6.7.4 所示。

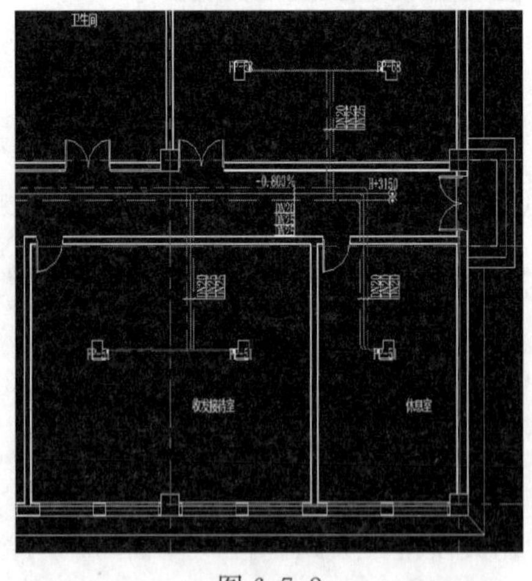

图 6.7.2

图 6.7.3

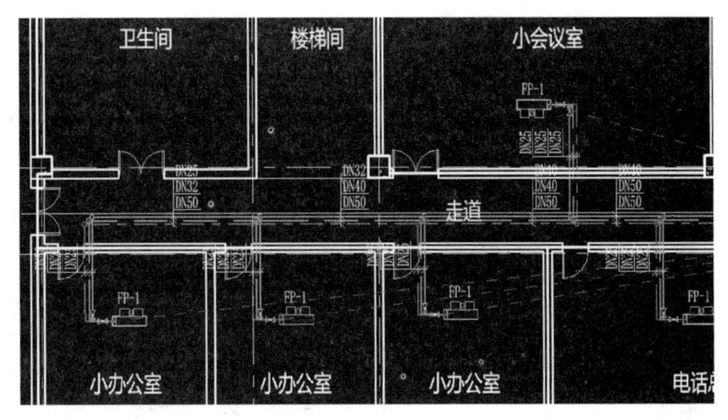

图6.7.4

6.7.3 原理图

单击【视图】选项卡，单击【图例】，在下拉列表中选择【图例】，创建一张新的图例视图，将其命名为“水系统原理图”。视图创建完成后，我们需要用【详图线】命令绘制一个矩形，以便于限制原理图绘制的范围，绘制完成后，可以将其拖动到创建的图纸中查看限制范围与图框是否合适。矩形绘制完成后，回到图例视图中，在项目浏览器中将设备族拖动到图中的对应位置，接下来用【详图线】命令来绘制原理图，将所有设备进行连接，并添加文字做相应的注释，如图6.7.5所示。

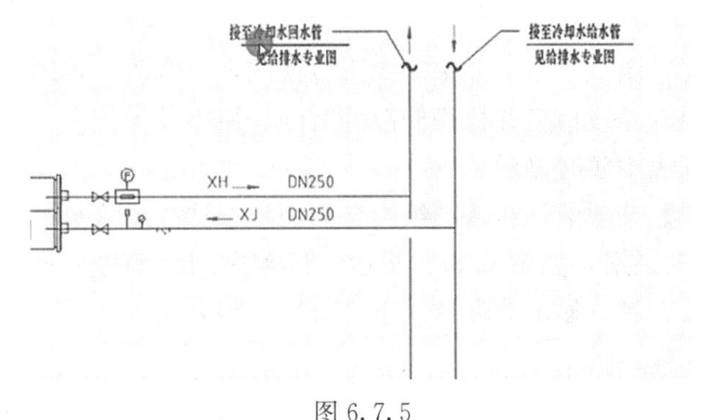

图6.7.5

6.7.4 系统图

打开三维视图，并右键单击ViewCube，在“确定方向”的下拉列表中选择“西南等角图”，将三维视图调整到合适的角度，如图6.7.6所示，单击下方【锁定三维视图】，选择“保存方向并锁定视图”，在弹出的对话框中输入名称即可。单击【注释】选项卡，单击【按类别标记】，并选中管道进行标记即可，如图6.7.7所示。

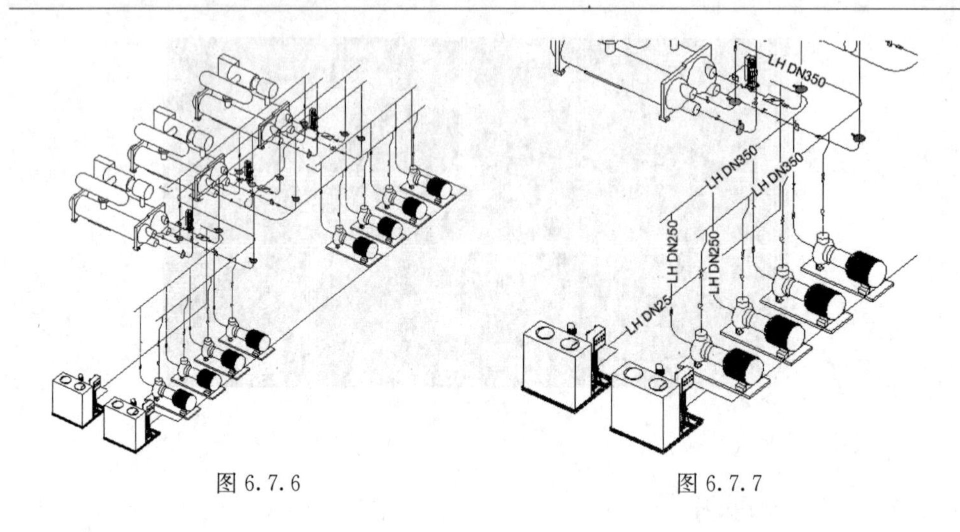

图 6.7.6　　　　图 6.7.7

6.7.5　图纸布置

与风系统图纸基本一致，此处不再赘述。

6.8　图纸变更

6.8.1　图纸修订

当视图放置在图纸中后，如果需要进行视图设计修改，这时可以使用修订功能，在图纸上追踪修改信息并检查修改的时间、原因及操作者。修订信息将在图框中的修订明细表中实时显示。

单击【视图】选项卡，在【图纸组合】面板中选择【修订】命令，打开【图纸发布/修订】对话框，如图 6.8.1 所示。包含序列、编号、日期、说明、已发布、发布到、发布者、显示等参数，下面分别进行介绍。

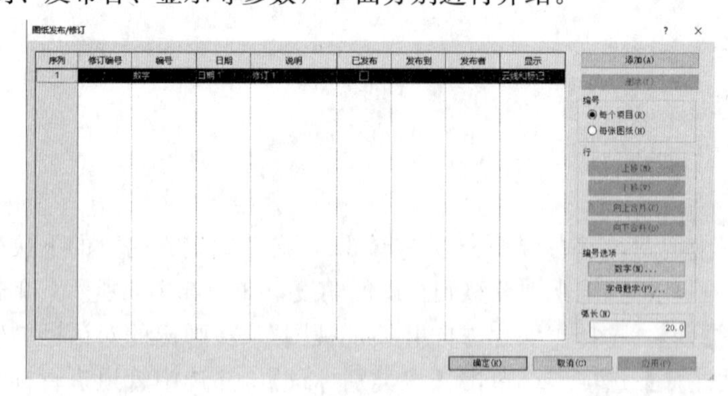

图 6.8.1

序列：单击对话框中的【添加】按钮，就会自动增加一个新的序列，修订根据序列号进行排序。

编号：包含三种编号选项："数字""字母数字""无"。"数字"表示指定到该修订的云线将使用数字进行标记；"字母数字"表示指定到该修订的云线将使用字母进行标记；"无"表示指定到该修订的云线的标记为空。

说明：可输入修订的关键内容，方便检查。

已发布/发布到/发布者：可输入接收者和发布者的信息，启用【已发布】选项后，无法对修订信息做进一步修改。如果在发布修订之后必须修改修订信息，则需要禁用该选项，再进行修改。

显示：包含三种显示方式，"无"表示不显示云线批注和修订标记；"标记"表示显示修订标记但不显示云线；"云线和标记"表示显示云线批注和修订标记。

在【图纸发布/修订】对话框中，还提供了两种不同的编号方式："每个项目"和"每张图纸"。在项目中输入具体信息前，需要先明确使用何种编号方式，否则后期修改时，会修改所有云线批注的修订编号。选择"每个项目"时，会根据序列信息为添加的云线编号；选择"每张图纸"时，添加的云线将根据该图纸上其他云线的序列进行编号。

另外，我们还可以将修订信息进行合并，通过修订合并可以删除被合并的修订信息，单击【上移】、【下移】还可以调整修订顺序。

6.8.2　云线批注

我们可以在视图中发生修改的区域添加云线批注，并为云线批注指定修订信息。单击【注释】选项卡，在【详图】面板中选择【云线批注】命令，进入云线批注绘制界面。在【绘制】面板中选择合适的绘制工具，在绘图区域需要标注的区域绘制云线即可。在左侧【属性】面板中，我们可以选择修订序列信息，将云线批注进行归类，在"标记"和"注释"处可以输入修改信息等内容。设定完成后，单击【完成】✔即可。需要注意的是，在建模视图中添加云线批注，该建模视图所对应的图纸视图会自动显示该批注，但如果在图纸视图中添加云线批注，在对应的建模视图中将不会显示该批注。

我们还可以添加云线批注，单击【注释】选项卡，在【标记】面板中选择【按类别标记】命令，单击需要标记的云线批注即可。如果样板中没有载入云线批注标记，我们需要提前载入标记族，如图 6.8.2 所示。

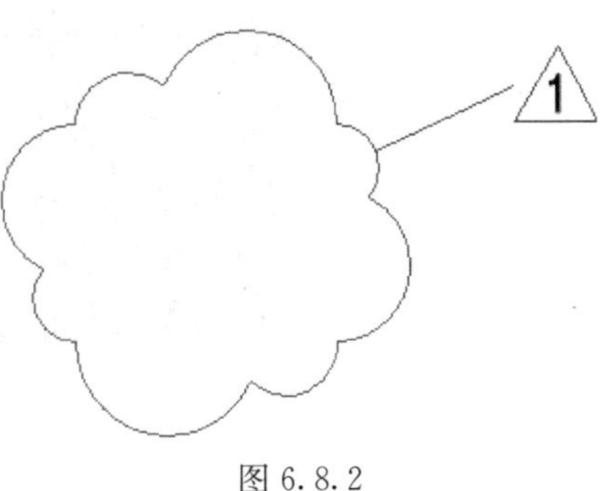

图 6.8.2

我们可以定义云线批注和云线批注标记的外观，单击【管理】选项卡，单击【对象样式】命令，打开【对象样式】对话框，如

图 6.8.3 所示，在此处可以编辑线宽、线颜色、线型图案等参数。

图 6.8.3

6.9 导出图纸

单击【文件】选项卡，在导出列表的 CAD 格式中选择 DWG 格式，打开【DWG 导出】对话框，在“导出”处选择“任务中的视图/图纸集”，在“按列表显示”处选择“模型中的图纸”，如图 6.9.1 所示。

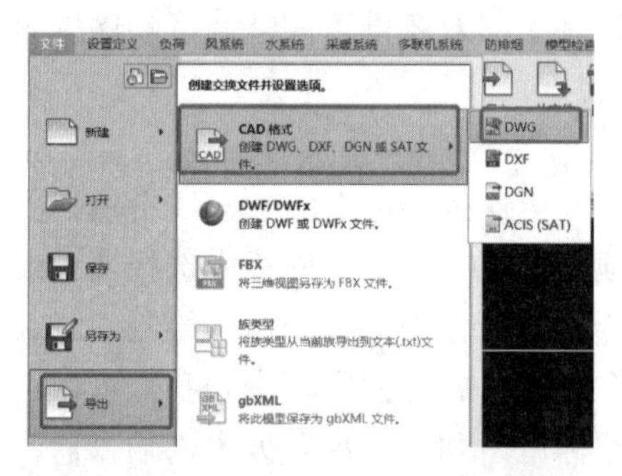

图 6.9.1

我们也可以单击【新建】，新建一个图纸集，方便图纸管理。将其命名为“暖通图纸集”，在“导出”处选择“暖通图纸集”，“按列表显示”处首先选择“模型中的图纸”，再单击【选择全部】或【根据需要逐一进行选择】，之后将“按列表显示”处修改为“集中的图纸”，即可将刚刚选中的图纸归类到“暖通图纸集”中。

单击【选择导出设置】旁边的，打开【修改 DWG/DXF 导出设置】对话框，如图 6.9.2 所示，软件中提供了根据国外标准设定的涂层，我们也可以自定义涂层。单击最下方“从以下文件加载设置”，打开【载入导出图层文件】对话框，如图 6.9.3 所示，选择我们自己定义的格式为“.txt”的图层文件打开即可。在【修改 DWG/DXF 导出设置】对话框中，我们可以对定义的图层设置进行修改。“线”“填充图案”等设置可以根据设置要求进行修改。设置完成后单击【确定】即可，在【DWG 导出】对话框中选择【下一步】，选择位置保存即可。注意我们需要取消勾选“将视图上的图纸和链接作为外部参照导出”。

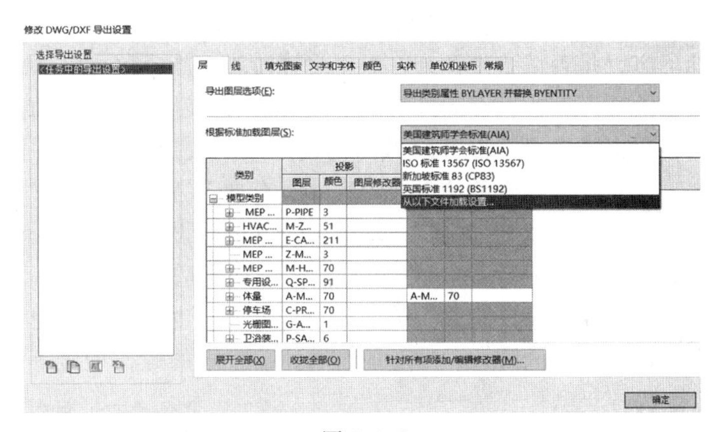

图 6.9.2

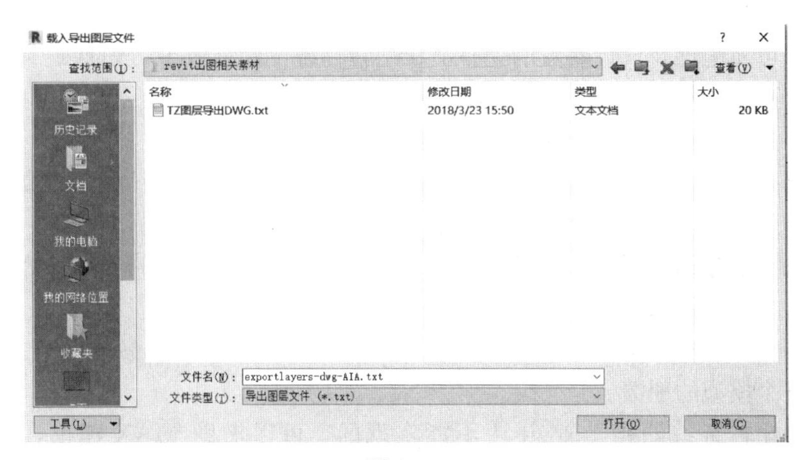

图 6.9.3

第7章　族

7.1　族的基本知识

族是具有相同类型属性的构件的集合。Revit模型由各种族组合而成，除常见的管道、管件阀门等，轴网、注释、文字、详图索引、标记等也都是族。族是Revit模型的基本元素，族的完善和质量决定所建立模型的品质，族也是企业标示的载体。

族是信息的载体，外形尺寸、性能参数、电气参数、材质等都是必要的信息。

族的好坏不应以是否精致来评判，对于设计阶段，族应该承载大量的设计信息，有典型特征的外形，普适性的外形尺寸，关键且灵活的参数驱动。BIM模型是建造流程的信息集合平台，设计院做出的模型质量决定整个BIM流程中的信息流转的效率，而且具有良好的信息兼容性才具有向下游传递的意义。因此有必要对族的信息定制适当的规则，规定必填参数，并删除设计过程中无用且易产生歧义的参数（如风口最大流量等），对其所含信息进行适当的筛分，这样做不仅提高了设计速度，强化了设计阶段所关注信息的注入，也使得平台更易于向下游传递。例如散流器、百叶的叶片、喷头的细节、法兰上的螺栓型号等，这些信息都可以忽略。

上述观点目前在行业内还存在争议，但BIM作为全行业的信息载体，有必要按行业内的分工，分阶段分别注入信息，设计阶段应将大部分精力集中在系统的合理、可实施性及设计参数的完整上；把在传统设计领域中习惯性缺失的信息补齐，提高设计的完成度，而不是制作管线效果图。BIM不是一个环节的工作，而是整个建筑产业链共同的成果。

适当减少、简化族的类型和外形，也可以降低模型的复杂程度，提高运行速度。例如丝接管道和焊接管道，在外形上相差不多，可以使用标准管件，通过修改名称来实现分类，同时减少了一半的管件载入；使用简化后的喷头，大量减少三维模型中顶点的个数。

在网上能找到很多的外建族，在使用时要小心，不恰当的参数约束及关联，会导致整个模型的崩溃。

造型比较奇特的族，Revit中不能实现的，可以借助MAX建模，再导入Revit中设置连接件来实现，但是不能实现参数驱动。

7.2 族的创建与编辑

7.2.1 族的样板文件

创建项目文件时有“建筑样板”“机械样板”或者自己创建的样板文件，选择样板文件即可创建新项目。在创建族时也是一样的，在 Revit 的欢迎界面中，单击【族】模块下的【新建】，打开【新族-选择样板文件】对话框，如图 7.2.1 所示，软件中提供了丰富的族样板，下面对常用的族样板进行介绍。

公制常规模型：该样板最常用，用它创建的族可以放置在项目的任何位置，不用依附于任何一个工作平面和实体表面。

基于面的公制常规模型：用该样板创建的族可以依附于任何的工作平面和实体表面，但是它不能独立地放置到项目的绘图区域，必须依附于其他的实体。

基于墙、天花板、楼板和屋顶的公制常规模型：这些样板统称为基于实体的族样板。用它们创建的族一定要依附在某一个实体的表面上。例如用基于墙的公制常规模型样板创建的族，在项目中它只能依附在墙这个实体上，不能腾空放置，也不能放在天花板、楼板和屋顶的平面上。

公制轮廓-主体：该样板用于画轮廓，轮廓被广泛应用于族的建模中，如放样命令。

公制常规注释：该样板用于创建注释族，如阀门、插座等族在粗略模式中的显示样式。和轮廓族一样，注释族也是二维族，在三维视图中是不可见的。

上述介绍的都是各专业可以通用的族样板，还有一些各专业独有的样板文件，例如“公制机械设备样板”就只可以用来创建暖通专业中所使用的各种设备。

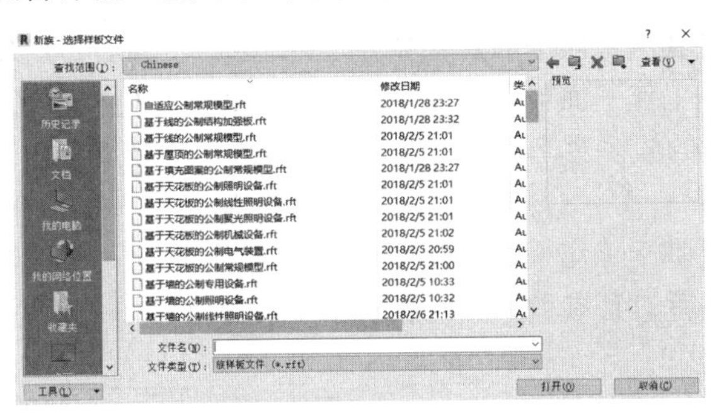

图 7.2.1

7.2.2 族的编辑界面

选择“公制常规模型”样板，进入族编辑界面，如图 7.2.2 所示，该界面与项目界面基本类似，只是在功能区的选项卡有所区别。下面我们分别进行介绍。

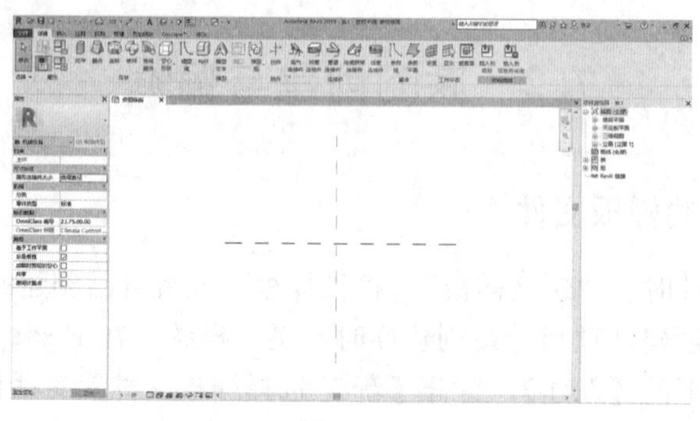

图 7.2.2

7.2.3 族类别和族参数

虽然在创建族文件时，会根据不同类型的族选择族样板，但这只是第一步。同一类型的族文件中还包括不同的设备，所以就需要在族文件中再次设置族类别与族参数，这样在项目文件中才能够正确使用它们。

在绘制族图元前，首先需要设置族类别和族参数。单击【创建】选项卡，在【属性】面板中选择【族类别和族参数】命令，打开【族类别和族参数】对话框，如图 7.2.3 所示。

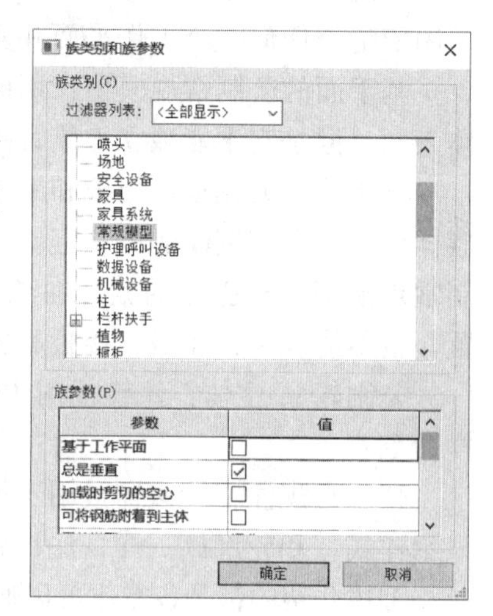

图 7.2.3

不同的族类别对应不同的族参数。族参数介绍如下：

（1）基于工作平面

如果启用了【基于工作平面】参数，即使选用“公制常规模型.rft”样板创建的族也只能放在工作平面或是实体表面上，类似于选用“基于面的公制常规模型.rft”样板创建的族。对于机电专业的族，通常禁用该选项。

（2）总是垂直

对于启用了【基于工作平面】参数的族和基于面的公制常规模型创建的族，如果启用了【总是垂直】参数，族将相对水平面竖直；如果禁用该参数，族将垂直于某个工作平面。

（3）加载时剪切的空心

如果启用【加载时剪切的空心】参数，且族内有空心实体，则该族载入到项目中后，族中的空心实体可以剪切墙、楼板、天花板、屋顶、柱、梁、地基等实体。

（4）可将钢筋附着到主体

当启用了【可将钢筋附着到主体】参数，并将族载入到项目中后，该族内部是可以供 Revit 放置钢筋的，否则则不能。

(5) 共享

如果启用【共享】参数的族作为嵌套族载入到另外一个父族中，当父族被载入到项目中后，该嵌套族也能在项目中被单独调用，实现共享。除此之外，共享与否还会影响到族在项目中的可见性、Tab 选择、材料属性、明细表、剖切可见性等。

(6) OmniClas 编号/标题

该参数不需要填写。

(7) 主体

【主体】参数为只读参数，它用来说明这个族是以什么零件作为主体的。对于常规模型来说，因为没有任何主体，所以是空的。例如用“基于墙的公制常规模型 . rft”族样板创建的族，其主体中显示的就是“墙”。

(8) 零件类型

【零件类型】参数与族类别密切相关，零件类型可以认为是一个大的族类别中的一个子类别。对于常规模型来说只有一个“标准”零件类型，对于不同的族类别会有不同的零件类型。

当要为暖通专业创建族文件时，需要依据暖通设计的专业来设置相应的族类别和族参数，暖通专业族类别对应的零件类型情况如表 7.2-1。

表 7.2-1 暖通专业族类别对应的零件类型及适用情形

族类别	零件类型	适用情形
机械设备	标准	暖通专业使用的除风管附件、管件和风口外的设备
	插入	用于创建管道泵、管道风机等直接插入管道的设备
风道末端	标准	各种风口
风管管件	弯头	“弯头”“T 形三通”“过渡件”“四通”“管帽”“活接头”“Y 形三通”“斜 T 形三通”“斜四通”和管件本身功能相关，什么管件就选择什么零件类型；“接头-垂直”“接头-可调”用来创建接头；“偏移量”用来创建乙字弯；“裤衩管”实际上是指裤衩三通；“多个端口”适用于不在列的其他风管管件的创建，如“空间四通”等
	T 形三通	
	过渡件	
	四通	
	管帽	
	活接头	
	接头-垂直	
	接头-可调	
	偏移量	
	Y 形三通	
	斜 T 形三通	
	斜四通	
	裤衩管	
	多个端口	
风管附件	附着到	附着在风管表面的附件，如侧壁加湿器
	插入	可直接插入到管道中的附件
	阻尼器	实际上是风阀

7.2.4 族类型和参数

族类别和族参数设置完成后，我们来设置族类型和参数。单击【创建】选项卡，在【属性】面板中单击【族类型】按钮，打开【族类型】对话框，如图 7.2.4 所示。族类型是在项目中的【属性】面板的类型选择器中可以选择的族的类型。一个族可以有多个类型，每个类型可以有不同的尺寸形状。单击新建按钮，可以创建一种新的族类型，我们也可以对已有的族类型进行重命名和删除等操作。

图 7.2.4

族类型创建完成后，我们还可以为族添加参数，族类型是由参数组合而成的，参数对于族非常重要，正是有了参数来传递信息，族才在项目中扮演着重要的角色。

参数大致分为两大类，第一类是族的标准参数，如制造商、型号等参数，单击下方的【新建】按钮，打开【参数属性】对话框，如图 7.2.5 所示。和前文讲述过的项目参数的创建类似，我们可以选择创建族参数或者是共享参数，族参数载入项目文件后，不能出现在明细表或标记中，一般是用来控制族的外形尺寸的参数，而共享参数可以由多个项目和族共享，载入项目文件后，可以出现在明细表和标记中。共享参数可以通过“.txt”文件在不同项目或族中传递，一般用来创建标识性参数。下方“参数数据”与项目参数的设置方式一致，此处不再赘述。在右侧有“类型”和“实例”两个选项，“类型”表示如果某一个类型的族在项目中重复布置了多个，选中某一个布置的族，并修改该族的相关参数，项目中所有这一类型的族都会相应变化，在项目中，“类型”参数会在【类型属性】对话框中出现。而“实例”表示如果某一类型的族在项目中重复布置了多个，选中某一个布置的族，并修改该族的相关参数，项目中只有选中的族会相应变化，其他族保持不变，在创建实例后，所有的“实例”参数名后将自动加上“默认”两字。在项目中，“实例”参数一般会在【属性】面板下的参数中出现，方便我们进行修改。我们需要根据族的特点来选择“类型”或者“实例”参数。

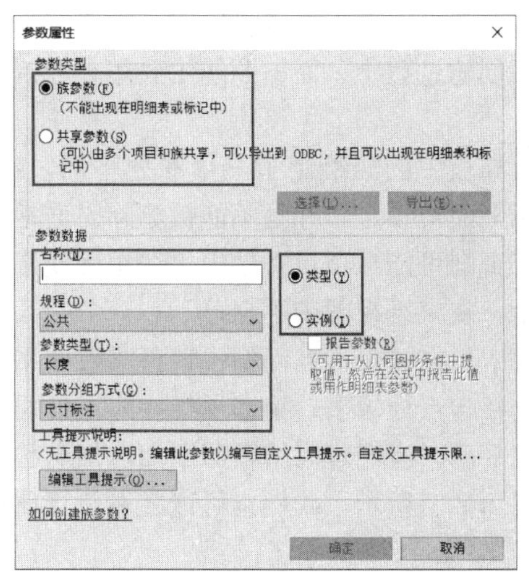

图 7.2.5

第二类是带标签的尺寸标注及其值。单击【对齐尺寸标注】命令，在绘图区域标注模型的长度，单击尺寸标注，在【标签尺寸标注】面板中标签的下拉列表中选择相应参数，或者单击【创建参数】，进入【参数属性】对话框创建一个新的参数。创建后如图 7.2.6 所示。

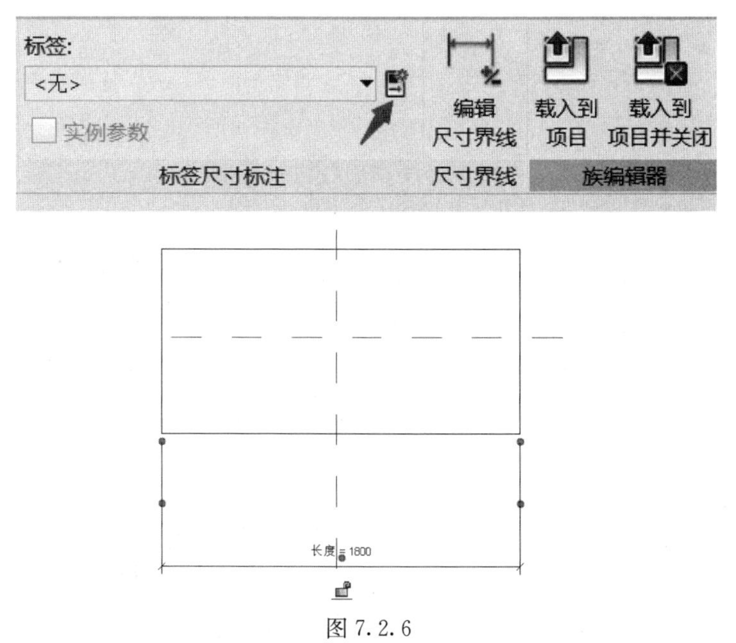

图 7.2.6

7.2.5 参照平面和参照线

在族的创建过程中，参照平面和参照线是辅助绘图的重要工具。在进行参数标注时，必须将实体对齐在参照平面上并且锁定，由参照平面驱动实体。该操作方式会贯穿在整个族的创建过程中。而参照线主要用在控制角度参变上。

1. 参照平面

通常在大多数的族样板中已经绘制了三个参照平面，他们分别为 X、Y、Z 平面方向，这三个参照平面被锁定，并且不能被删除。通常情况下不要去解锁和移动这三个参照平面，否则可能在项目文件中无法正确使用。参照平面只在平面视图和立面视图中显示，在三维视图中不会显示。

单击【创建】选项卡，在【基准】面板中选择【参照平面】命令，进入绘制界面，在绘图区域中选择起点处单击，拖动鼠标在终点处再次单击，参照平面即可绘制完成。选中参照平面，我们可以给参照平面添加名称，以便于在族的绘制过程中容易区分，如图 7.2.7 所示，我们也可以在左侧【属性】面板中输入参照平面的名称。

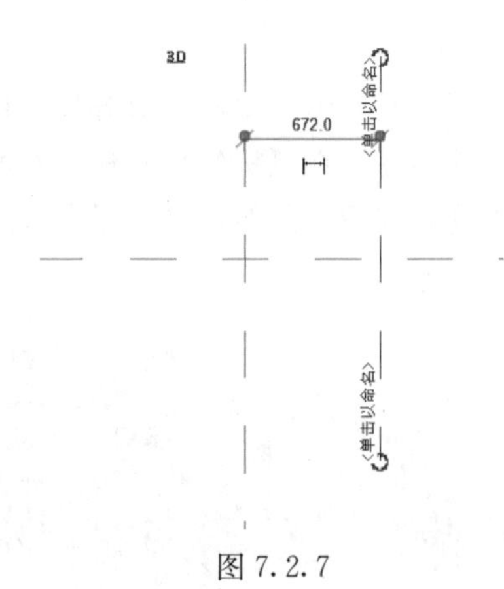

图 7.2.7

在【属性】面板中，参照平面有一个名为“是参照”的属性。如果设置了该属性，则在项目中放置族时就会指定可以将尺寸标注到或捕捉到该参照平面，例如，如果创建一个桌子族并希望标注桌子边缘的尺寸，可在桌子边缘创建参照平面，并设置参照平面的“是参照”属性。然后，为该桌子创建尺寸标注时，可以选择桌子的边缘。

“是参照”还会在使用“对齐”工具时设置一个尺寸标注参照点。通过指定“是参照”参数，可以选择对齐构件的不同参照平面或边缘来进行尺寸标注。“是参照”属性还可控制造型操纵柄在项目环境中是否可用于实例参数。造型操纵柄仅在附着到强度为强或弱的参照平面的实例参数上创建。

要对放置在项目中的族上的位置进行尺寸标注或捕捉，需要在族编辑器中定义参照。附着到几何图形的参照平面可以设置为强参照或弱参照。

“强参照”的尺寸标注和捕捉的优先级最高。例如，创建一个窗族并将其放置在项目中。放置此族时，临时尺寸标注会捕捉到族中任何强参照。在项目中选择此族时，临时尺寸标注将显示在强参照上。如果放置永久性尺寸标注，窗几何图形中的强参照将首先高亮显示。强参照的优先级高于墙参照点（例如其中心线）。

“弱参照”的尺寸标注和捕捉优先级最低。因为强参照首先高亮显示，所以，将族放置到项目中并对其进行尺寸标注时，可能需要按 Tab 键选择“弱参照”。

“非参照”在项目环境中不可见，因此您不能尺寸标注到或捕捉到项目中的这些位置。

2. 参照线

参照线与参照平面类似，与参照平面（范围无穷大）的不同之处是参照线有特定的起点和终点，可以用来控制构件内的角度限制条件，例如使用参照线来控制弯头管件的曲线角度，如图 7.2.8 所示。

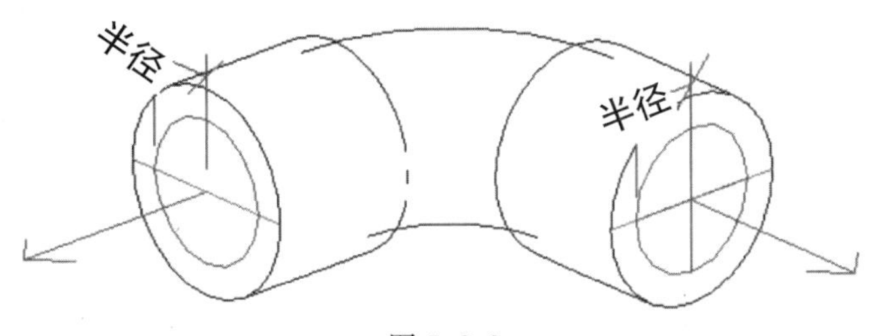

图 7.2.8

要实现参照线的角度自由变化，首先我们需要绘制一条参照线，单击【创建】选项卡，在【基准】面板中选择【参照线】命令，在绘图区域绘制如图 7.2.9 所示参照线。单击【修改】选项卡中的【对齐】命令，先单击垂直的参照平面，再单击参照线的端点，如果不好选中端点，可以单击 Tab 键进行选择。选中后会出现锁型图标，如图 7.2.10 所示，单击该图标，即可将端点与参照线进行锁定。接下来将该端点用同样的方式与水平的参照平面进行锁定。

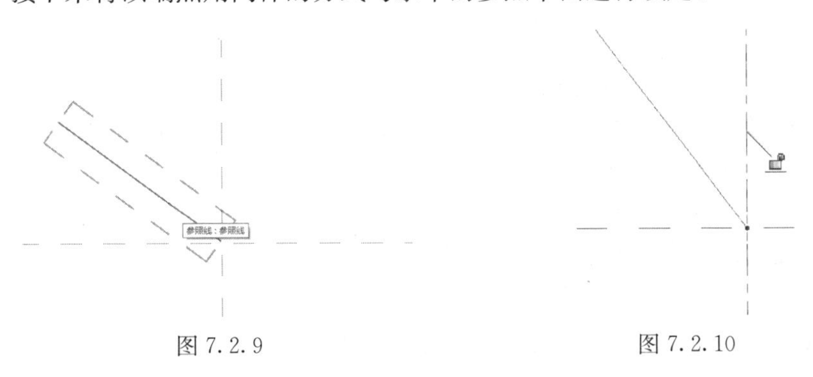

图 7.2.9　　　　图 7.2.10

单击【注释】选项卡，选择【尺寸标注】面板中的【角度】命令，之后在绘图区域单击参照线和参照平面，即可查看角度值并进行标注，如图 7.2.11 所示。选中该角度标注，在【标签尺寸标注】面板中单击【创建参数】按钮，在【参数属性】对话框中，输入名称为“旋转角度”，其他选项默认即可，如图 7.2.12 所示。单击【族类型】命令，在“旋转角度”参数的值处修改角度值，参照线的位置将同步变化，实现了角度的参变。

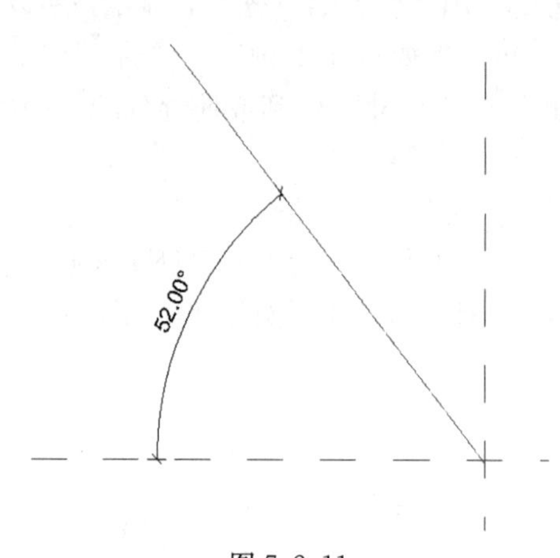

图 7.2.11

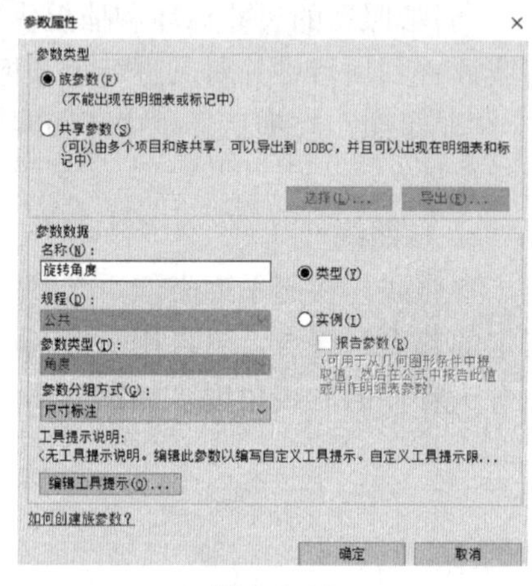

图 7.2.12

直参照线提供四个用于绘制的面或平面，一个平行于线的工作平面，一个垂直于该平面，另外在每个端点各有一个，如图 7.2.13 所示。所有平面都经过该参照线。当选择或高亮显示参照线或者使用“工作平面”工具时，这两个平面就会显示出来。选择工作平面后，可以将光标放置在参照线上，并按 Tab 键在这四个面之间切换。绘制了线的平面总是首先显示。也可以创建弧形参照线，但它们不会确定平面。

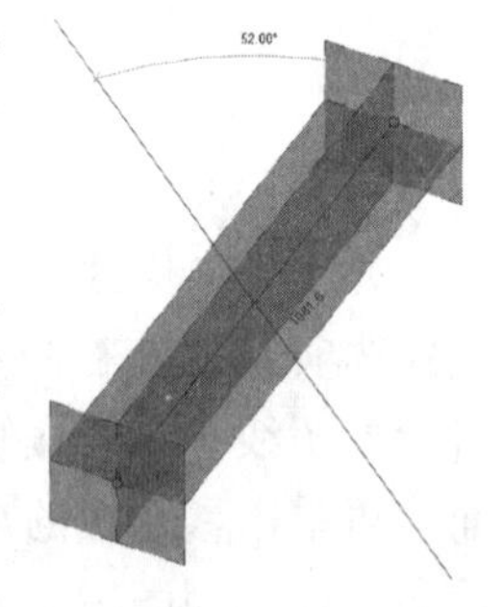

图 7.2.13

7.2.6 模型创建工具

Revit 中提供了多种族的绘制工具，它们各有自己的特点，我们在绘制族的过程中经常需要组合使用不同的工具，下面一一介绍这些工具。

在绘制形状之前，我们介绍两种形状的绘制方式，一种方式是用参照平面进行定位，并进行尺寸标注，创建尺寸参数，之后用形状绘制工具绘制具体形状，并将创建的形状与参照平面锁定，通过参照平面上的标注尺寸来驱动模型的变化，该种方式比较规范，适合创建比较复杂的族时使用。另一种方式是直接在绘图区域随意创建一个形状，之后通过为该形状添加尺寸标注，创建尺寸参数来驱动模型的变化。我们可以根据需要灵活地运用这两种方式。

1. 拉伸

拉伸工具是通过在平面视图中用草图线绘制二维形状，通过给予一个高度值，将二维形状竖直拉伸为三维模型，拉伸出的三维模型顶部和底部尺寸相同。下面我们来创建一个最简单的矩形，通过两种方式进行创建，以便更好理解上述提到的绘制方式。

一种方式是单击【参照平面】命令，在绘图区域绘制四条参照平面，围成一个矩形，进行尺寸标注，并添加尺寸参数，如图 7.2.14 所示。单击【创建】选项卡下【形状】面板中的【拉伸】命令，在【绘制】面板中选择“矩形”命令，沿着参照平面的外边线进行绘制，绘制结果如图 7.2.15 所示。点击锁型符号将草图线与参照平面进行锁定，在左侧的【属性】面板中，我们可以设置矩形的高度，即拉伸的起点与终点，该参数值是以“标高：参照标高”的工作平面为基准，该工作平面即默认的 *XY* 平面。输入正值，表示在工作平面以上；输入负值，表示在工作平面以下，输入合适的高度值即可。绘制完成单击✔，即可自动生成形状。在【项目浏览器】中，打开立面中的“前”视图，我们设置一个高度参数，首先我们绘制参照平面，并标注该参照平面与底部参照平面，单击尺寸标注，创建一个新的参数为“高度”，创建完成后，使用【对齐】命令将矩形的顶边与参照平面进行锁定，如图 7.2.16 所示。这样矩形就创建完成了，并可以在【族类型】对话框中修改相应参数的值。

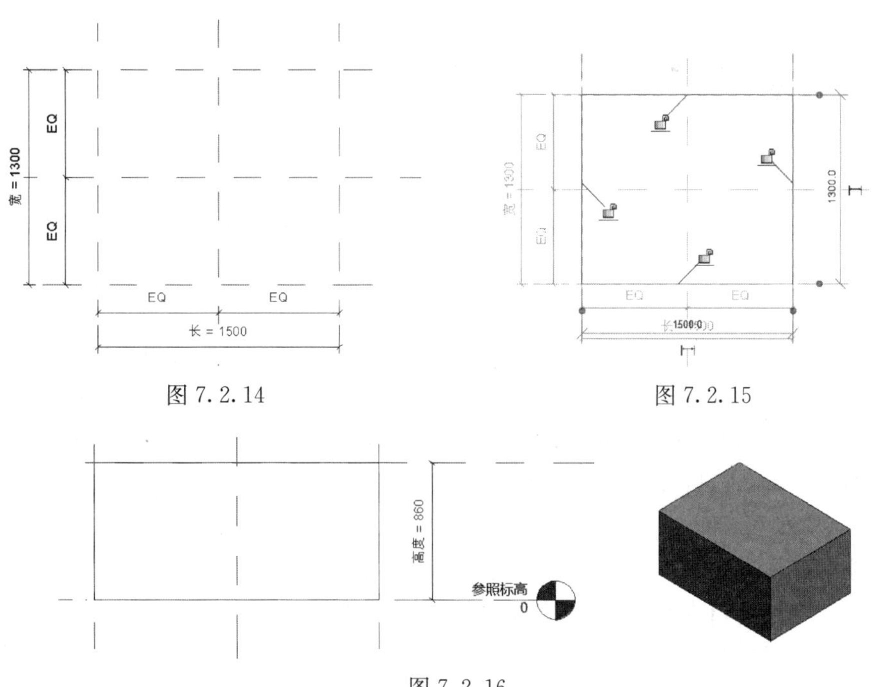

图 7.2.14

图 7.2.15

图 7.2.16

注意： 在创建族的过程中，进行尺寸标注时，我们要善于使用“EQ”均分命令，即连续单击多条参照平面或草图线，标注完成后，单击上方出现的“EQ”，即可将标注的尺寸进行均分。均分以后，修改尺寸参数值，模型将向两侧同时进行伸缩。

下面来介绍另一种创建方式，单击【创建】选项卡下【形状】面板中的【拉伸】命令，在【绘制】面板中选择“矩形”命令，在绘图区域绘制一个矩形，单击✔，接下来进行尺寸标注，并进行尺寸参数的创建，如图 7.2.17 所示。在【族类型】对话框中修改对应参数的值即可。

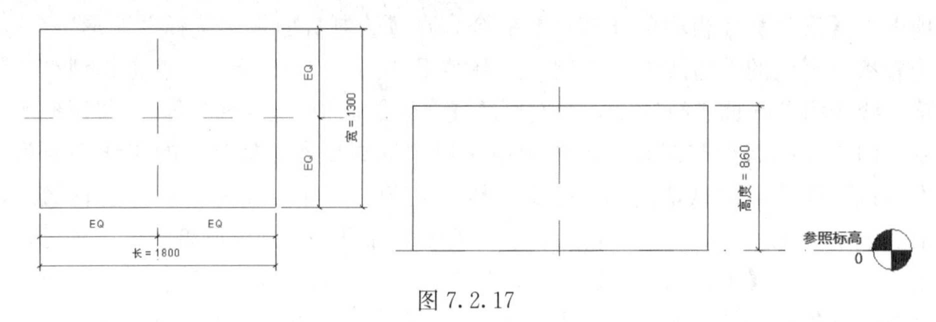

图 7.2.17

注意： 我们也可以在草图线模式对拉伸形状进行尺寸标注，与上述方式的区别是不能在平面视图中显示标注内容，也不能直接拖动形体进行修改，所以不推荐这种方式。

如果我们需要对创建好的拉伸形状进行修改，选中拉伸的模型，在【修改｜拉伸】选项卡下【模式】面板中选择【编辑拉伸】命令，即可进入拉伸形状的草图绘制界面，继续进行编辑。

2. 融合

融合与拉伸相似，也是通过绘制二维形状来生成三维模型，但融合的顶部和底部可以单独进行编辑，软件会根据顶部和底部的二维形状自动计算出形状。

单击【创建】选项卡，单击【融合】命令，软件默认顺序是首先编辑底部，我们在底部用“矩形”命令绘制一个矩形，并进行相应的尺寸标注，创建尺寸参数，如图 7.2.18 所示。单击【模式】面板中的【编辑顶部】命令，我们在绘图区域用“圆形”命令绘制一个圆形，并标注半径，创建尺寸参数“半径”，如图 7.2.19所示。在【属性】面板中修改“第一端点”和“第二端点”的值来控制模型的高度。设置完成后，单击✔即可。创建出类似于天圆地方形状的模型，如图 7.2.20 所示。

注意： 底部和顶部的形状绘制完成后，单击【模式】面板中的【编辑顶点】按钮，进入编辑顶点模式，如图 7.2.21 所示，在【编辑顶点】选项卡中，提供了多个编辑顶点的命令，我们可以利用这些命令编辑各个顶点的融合关系。读者可自行尝试。

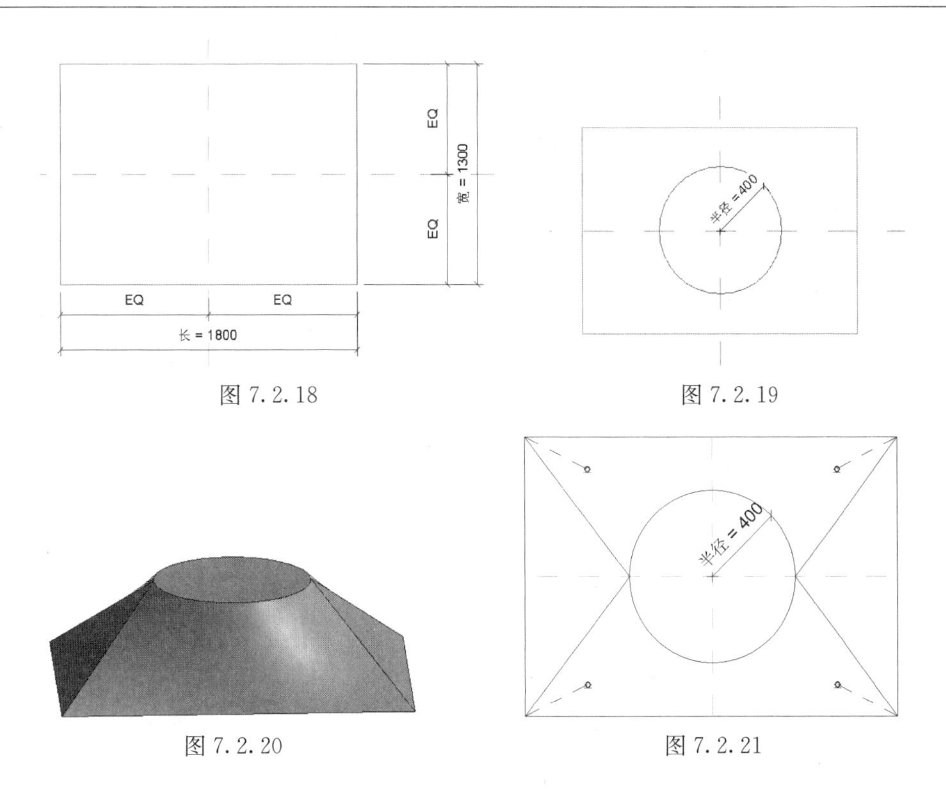

图 7.2.18

图 7.2.19

图 7.2.20

图 7.2.21

3. 旋转

旋转工具是通过一根轴和围绕该轴旋转的封闭几何图形转化为三维模型。单击【创建】选项卡，在【形状】面板中选择【旋转】命令，进入编辑界面，我们在绘图区域用“起点-终点-半径弧”命令绘制一个半圆，并用“直线”命令将半圆封闭，如图 7.2.22 所示。边界线创建完成后，在【绘制】面板中选择【轴线】命令，我们可以绘制轴线，也可以拾取已有的线。单击拾取，拾取竖直参考平面为轴线。在【属性】面板中，我们还可以设置几何图形旋转的角度。最后单击✔即可自动生成三维模型，如图 7.2.23 所示。

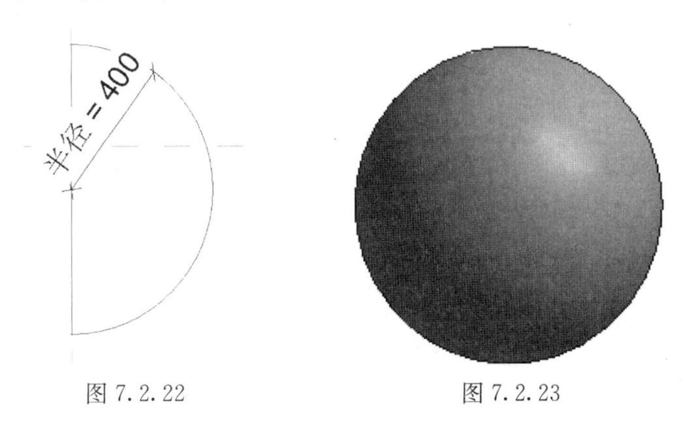

图 7.2.22

图 7.2.23

4. 放样

放样是用于创建需要绘制或应用轮廓并沿路径拉伸此轮廓的族的一种建模方式，也就是说该工具是通过沿路径放样三维轮廓来创建三维形状的。

单击【创建】选项卡，在【形状】面板中选择【放样】，进入编辑界面，在【放样】面板中选择【绘制路径】命令，在绘图区域绘制一段路径，如图 7.2.24 所示。绘制完成后，单击✔即可。路径绘制完成后，我们开始绘制轮廓，单击【放样】面板中的【编辑轮廓】命令，打开【转到视图】对话框，如图 7.2.25 所示，选择合适的视图即可，我们在此选择“立面：右”，单击【打开视图】按钮，转到右立面视图，在右立面的红点处即为路径所在位置，以此为中心绘制轮廓，并进行尺寸标注，创建尺寸参数，如图 7.2.26 所示。我们在选择轮廓时，也可以直接选择绘制好的轮廓族，在【放样】面板中选择【载入轮廓】，在计算机中找到轮廓族，载入即可。载入后在轮廓的下拉列表中选择即可。单击两次完成编辑即可。创建结果如图 7.2.27 所示。

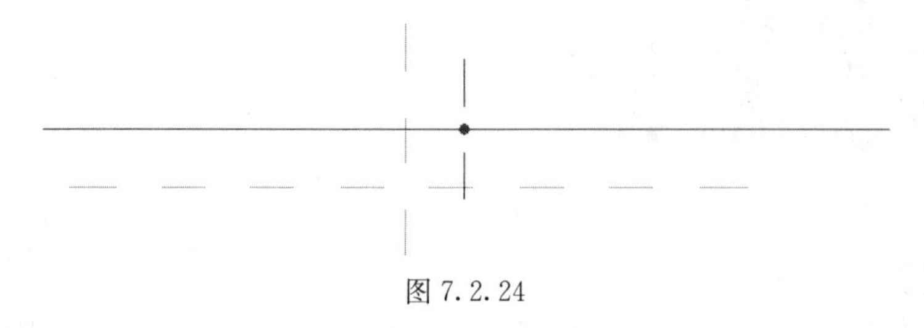

图 7.2.24

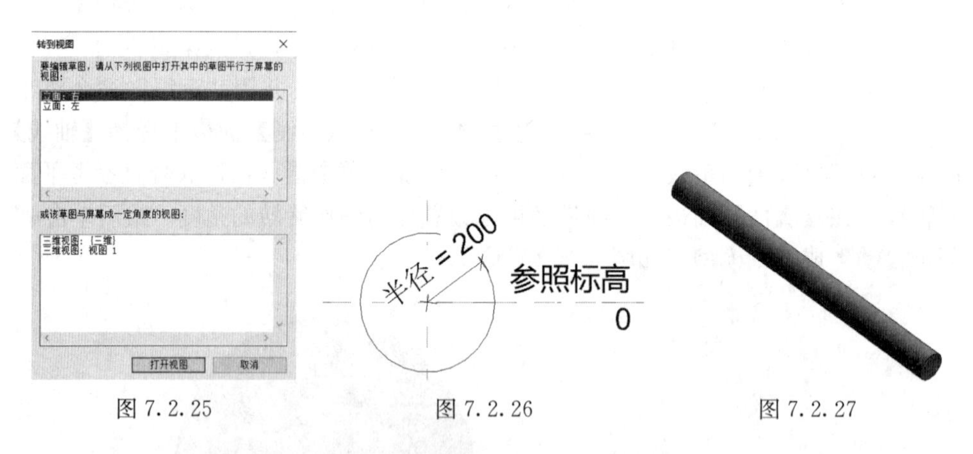

图 7.2.25　　图 7.2.26　　图 7.2.27

除了手动绘制路径，我们也可以使用【拾取路径】命令，该命令可以拾取模型线、参照线等，单击【拾取三维边】命令，还可以拾取已有模型的边缘作为放样路径。读者可自行尝试。

5. 放样融合

放样融合就是放样工具与融合工具的结合，用来创建具有两个不同轮廓的融合体，然后沿路径对其进行放样。操作方式与放样基本相似，只是需要选择或绘制两个轮廓面。

单击【创建】选项卡，在【形状】面板中选择【放样融合】命令，进入编辑界面，单击【绘制路径】，在绘图区域中绘制一段路径，该路径在两端有两个轮廓面，路径绘制完成后单击✔即可。单击【选择轮廓 1】，并点击【编辑轮廓】按钮，选择合适的立面视图，绘制轮廓即可，绘制完成后单击✔。接下来单击【选择轮廓 2】，并单击【编辑轮廓】按钮，选择合适的立面，绘制轮廓即可。最后单击【完成】，绘制结果如图 7.2.28 所示。

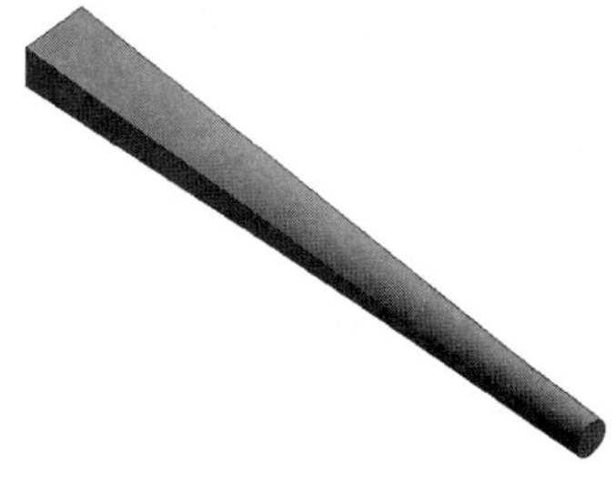

图 7.2.28

6. 空心形状

空心形状是上述工具所创建实体的空心形式，包括“空心拉伸”“空心融合”“空心放样”“空心旋转”“空心放样融合”，它们的操作方式与上述方法一致。我们也可以将实心模型转化为空心模型，方法是选中实心模型，在【属性】面板【实心/空心】参数中将“实心”改为“空心”即可。

空心形状一般用来剪切实心模型，可以看做是一把剪刀，用来更好地修改实心模型以达到我们想要的形状，我们将在下文进行讲解。

7. 剪切和连接

使用形状工具创建的是单个模型，对于多个模型，还可以通过剪切和连接命令来进行组合。选中任意模型，在【几何图形】面板中有【剪切】和【连接】两个工具。

【剪切】工具可以将实体模型减去空心模型，形成空心形状。我们绘制一个实心模型，如图 7.2.29 所示。在同样的位置再创建一个不同形状的空心模型，绘制完成后，空心形状会自动剪切实心模型，并且在视图中隐藏，当鼠标移动到空心模型位置，空心模型会以透明状态显示出来，如图 7.2.30 所示。

图 7.2.29

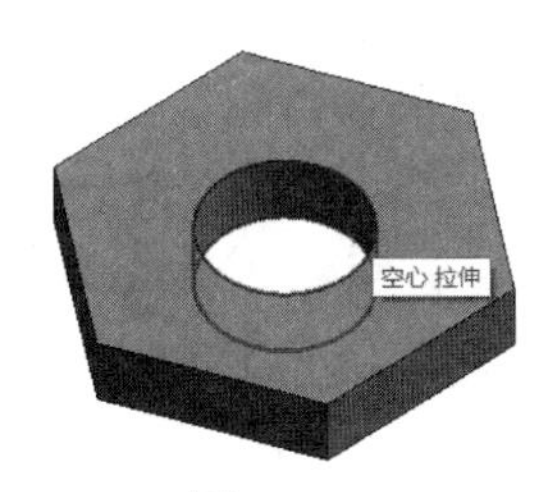

图 7.2.30

当空心模型不能自动剪切实心模型时，我们可以单击【修改】选项卡下【几何图形】面板中的【剪切】命令，依次选择空心模型和实心模型，从而得到剪切后的实体模型。剪切后的模型同样能够进行取消，方法是选择【剪切】下拉列表中的【取消剪切几何图形】工具，单击剪切后的模型，即可将已经剪切的实体模型返回到未剪切的状态，如图 7.2.31 所示。

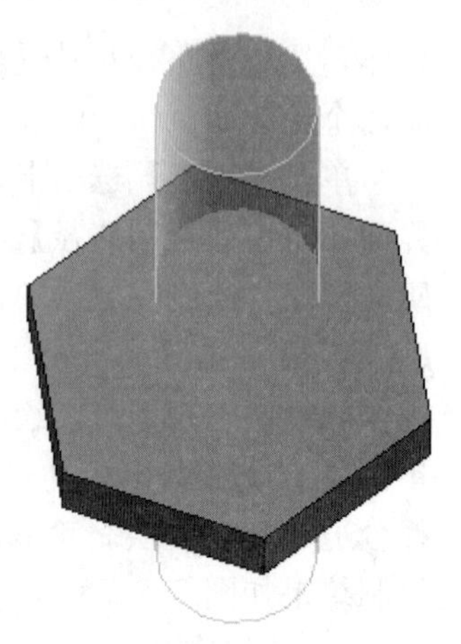
图 7.2.31

【连接】工具可以将多个实体模型连接成一个实体模型，并在连接处产生实体相交的相贯线。我们在绘图区域创建两个相交的实体模型，如图 7.2.32 所示，选中其中一个实体模型，在【几何面板】选择【连接】命令，依次单击两个实体模型，即可将两者连接在一起，如图 7.2.33 所示。我们也可以单击【连接】下拉列表中的【取消连接几何图形】命令将两个实体模型恢复到原来的状态。

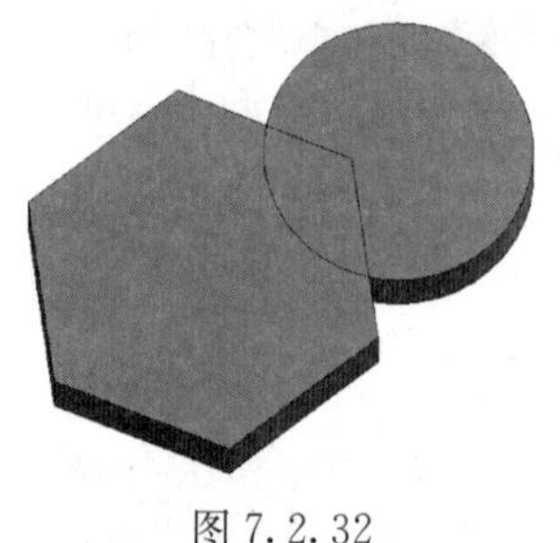
图 7.2.32

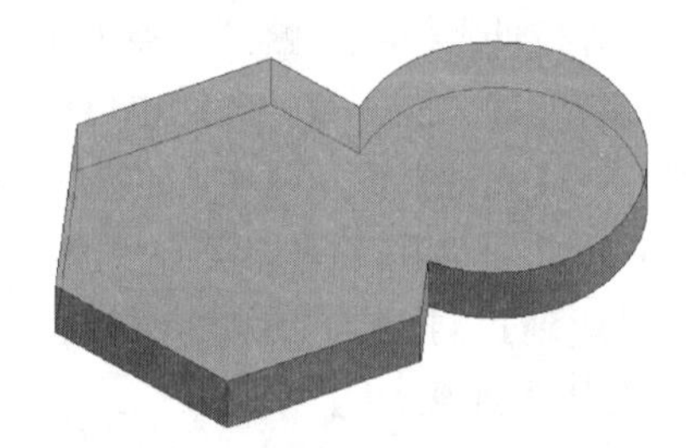
图 7.2.33

7.2.7 辅助工具

1. 模型线

模型线可以用来创建线图元，在平面视图及三维视图中均可见。单击【创建】选项卡，在【模型】面板中选择【模型线】命令，即可在绘图区域进行绘制。

2. 模型文字

模型文字是用来创建三维实体文字的。当族载入到项目中后，使用该工具创建的文字在项目中仍可见。单击【创建】选项卡，在【模型】面板中选择【模型文字】命令，在打开的【编辑文字】对话框中输入文字即可。

3. 符号线

符号线能够在平面和立面上绘制，但不能在三维视图中绘制。符号线只能在其所绘制的视图中显示，其他视图均不可见。单击【注释】选项卡，在【详图】面板选择【符号线】命令即可进行绘制。

7.2.8 可见性和详细程度

模型创建完成后，选中模型，在【属性】面板中单击【可见性/图形替换】

参数后的【编辑】按钮，打开【族图元可见性设置】对话框，如图7.2.34所示。在“视图专用显示”参数下，勾选相应视图，即可在该视图显示该模型，如果取消勾选，则在相应视图中不会显示该图元。在“详细程度”参数下，勾选相应的详细程度，将族载入到项目中后，该模型会在相应的详细程度模式下显示出来，反之则不会显示，一般用于制作二维图例族时使用。

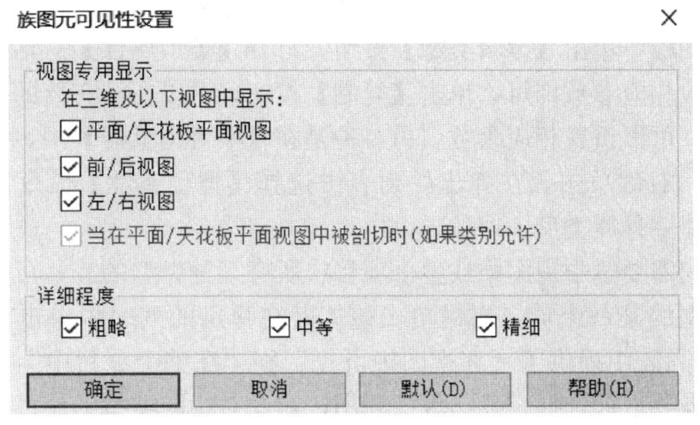

图7.2.34

7.3　族的使用

7.3.1　载入和放置族

将族载入到项目中有两种方式，当我们在族编辑界面时，在【族编辑器】面板中选择【载入到项目】，即可将创建的族载入到项目中，如果有多个项目或族文件同时打开，会弹出【载入到项目中】对话框，如图7.3.1所示，选择需要载入族的项目即可。如果选择【载入到项目并关闭】表示族载入到项目中后，关闭族编辑界面。

图7.3.1

当我们在项目中时，单击【插入】选项卡，在【从库中载入】面板中选择【载入族】命令，在打开的【载入族】对话框中选择需要载入的族即可，可以是软件自带的族，也可以是我们自己创建的族。

在项目浏览器中，打开“族”列表，显示了项目中所有的族，我们可以直接从此处将部分族拖动到绘图区域进行放置，或者也可以在功能区中选择相应命令，如【风管附件】，进而放置风管附件族。

7.3.2 编辑族和族类型

1. 编辑族类型

在项目中，无论是系统族还是载入的族，都有一个或多个族类型，来满足各种设计需要，我们可以在【类型属性】对话框中对已有的族类型进行编辑，也可以建立新的族类型。进入编辑族类型的【类型属性】对话框有两种方式，一种是在【属性】面板中单击【编辑类型】按钮，打开【类型属性】对话框，在该对话框中直接修改相应参数即可，单击【复制】按钮，可以在已有族的基础上新建一种族类型，并可以设置相应参数。另一种是在【项目浏览器】中，在【族】列表下找到该族，右键单击，在弹出的列表中选择【类型属性】命令，修改相应参数，或者新建一种族类型。

如果我们需要选中视图中或整个项目中所有某种类型的族，可以在绘图区域找到该种类型的某一个族，右键单击该族，在弹出的列表中单击“选择全部实例”，在扩张列表中提供了“在视图中可见”和“在整个项目中”两个选项，我们可以根据需要进行选择。我们可以利用该命令对相同类型的族进行批量修改或删除等操作。

2. 编辑族

当项目中放置的某个族或者我们需要使用的某个族不符合设计要求时，可以对其进行二次编辑。选中该图元，在【模式】面板中选择【编辑族】命令，进入【族编辑】界面，或者我们可以在【项目浏览器】中找到该族，右键单击，在弹出的列表中选择【编辑族】命令，进入【族编辑】界面。在编辑界面中我们可以利用族的各种编辑命令对族进行修改，修改完成后，在【族编辑器】面板中选择【载入到项目】命令，回到项目中会弹出提示框，如图7.3.2所示，我们一般选择“覆盖现有版本及其参数值”。

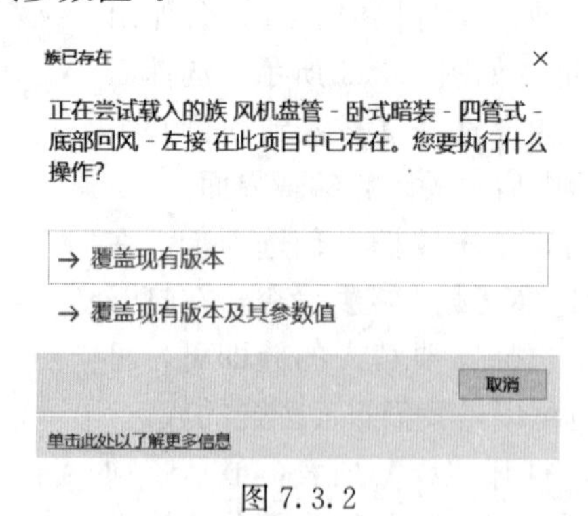

图7.3.2

注意：想要对族进行编辑，必须懂得该族的制作原理，可参考后文中的族案例进行学习。

注意：修改完族以后，单击【载入到项目并关闭】按钮，选择需要载入该族的项目，单击【确定】，会弹出对话框提示是否保存修改，如图 7.3.3 所示，此时我们要选择“否”，这样才不会影响原来的族，并且修改后的族也会载入到项目中。如果在此选择“是”，原来的族将会被修改。如果在多人协同设计时，可能会影响到他人的模型。

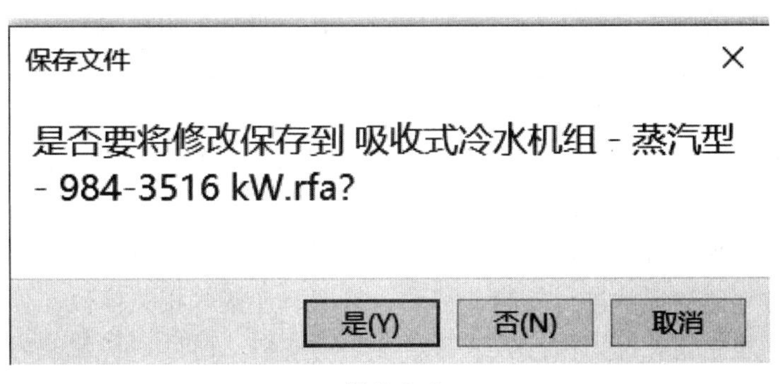

图 7.3.3

7.3.3　导出族

我们在设计过程中，可能需要从其他项目文件中借用已载入的族。打开该项目文件，单击【文件】选项卡，单击【另存为】，选择【库】，在扩展列表中选择【族】，打开保存族对话框，如图 7.3.4 所示。在最下方“要保存的族”列表中，我们可以选择所有族或者单个族进行保存。

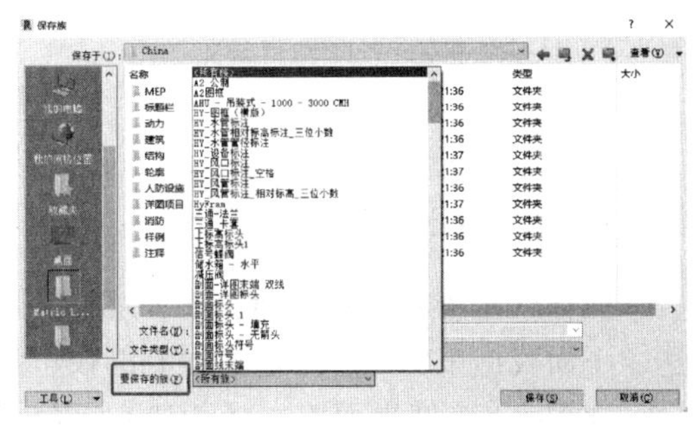

图 7.3.4

另一种导出族的方式是在项目文件中选中需要导出的族，单击【编辑族】，进入【族编辑】界面，在该界面中单击【另存为】命令，将族文件保存到本地其他文件夹中即可。

7.4 族案例

7.4.1 建族的基本流程

在讲解族的制作之前，我们需要讲解一下族的基本制作流程，如图7.4.1所示。首先我们需要新建一个族文件，选择合适的族样板文件，进入【族编辑】界面，在【族类型和参数】对话框中选择所建族的族类型及对应参数。之后在绘图区域绘制参照平面来辅助定位以及进行模型驱动。确定需要在什么视图进行绘制，平面视图或者立面视图。模型都是基于工作平面存在的，所以需要确定目前是在哪一工作平面进行操作。前面内容都确定后，就可以使用形状工具来创建族模型，并对创建的形状进行复制、移动、剪切、连接等相关修改。模型创建完成后，就可以建立相关标识性参数或者尺寸驱动参数。最后，将建立好的族载入到项目中进行测试，查看该族的各项功能是否正常使用，能否达到设计要求，如果不能，我们需要返回【族编辑】界面进行修改。

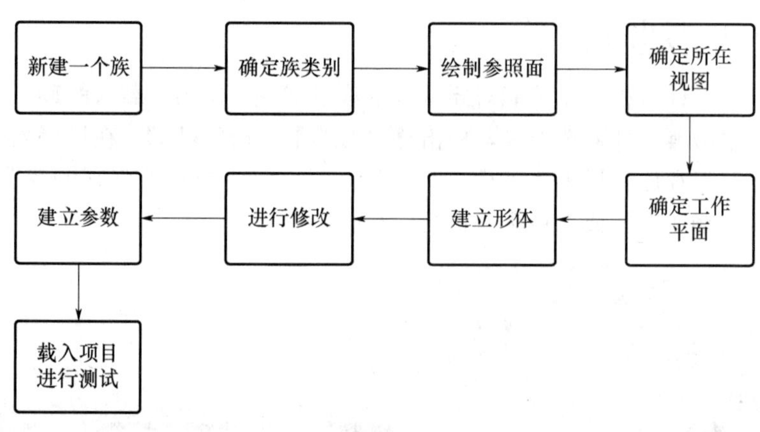

图7.4.1

7.4.2 注释族

注释族是用来表示二维注释的族文件，它被广泛运用于很多构件的二维表达。下面我们来创建一个前文提到的校审注释族。

在Revit欢迎界面单击【新建】，因为校审时可能对多种类别的图元进行标注，所以我们选择【公制多类别标记】样板，进入绘制界面。族类别我们默认为“多类别标记”。单击【文字】面板中的【标签】命令，并在绘图区域中心进行放置。选中该标签，单击【编辑标签】命令，进入【编辑标签】对话框，如图7.4.2所示，选择“校审意见”参数，添加到标签参数中，如果没有“校审意见”参数，可以单击【添加参数】命令，建立名称为“校审意见”的共享参数，共享参数的创建方式前文已经讲到，此处不再赘述。在前缀处输入“校审意见:”，单击【确定】即可，如图 7.4.3 所示。

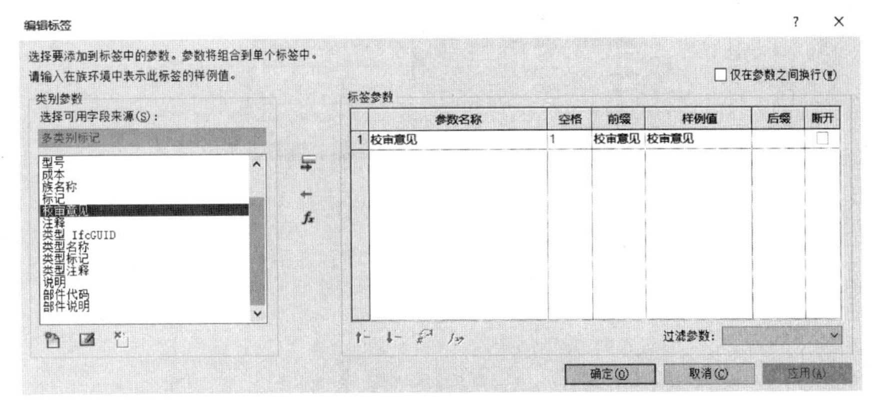

图 7.4.2

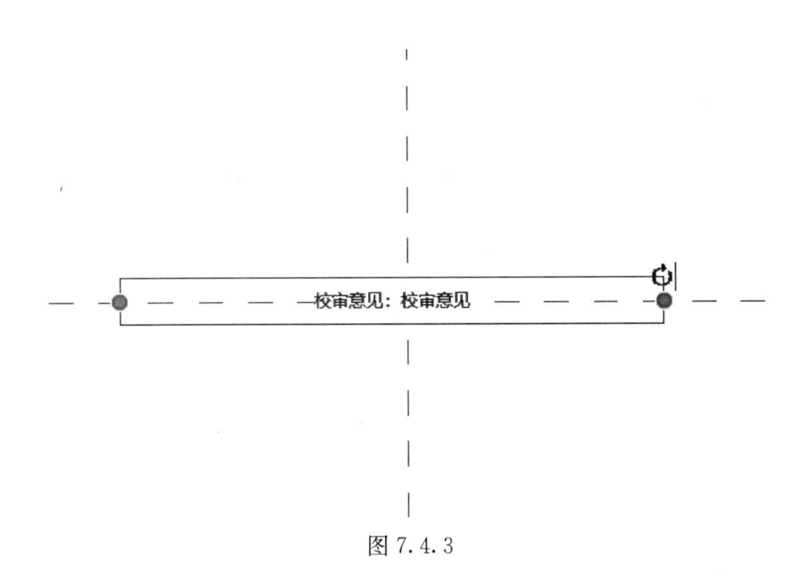

图 7.4.3

选中该标签，在【属性】面板中单击【编辑类型】命令，可以编辑标签的“颜色”“文字字体”“文字大小”等参数，如图 7.4.4 所示。

这样校审注释族就制作完成，我们需要载入项目中进行测试。单击【载入到项目】，将该族载入到项目中后，我们需要将“校审意见”这个共享参数载入到项目中。单击【管理】选项卡，单击【项目参数】命令，打开【项目参数】对话框，单击【添加】命令，弹出【参数属性】对话框，如图 7.4.5 所示，勾选“共享参数”，单击【选择】，选择“校审意见”参数，并在类别中单击“选择全部”，应为我们需要标注各种类别的图元，如图 7.4.6 所示。

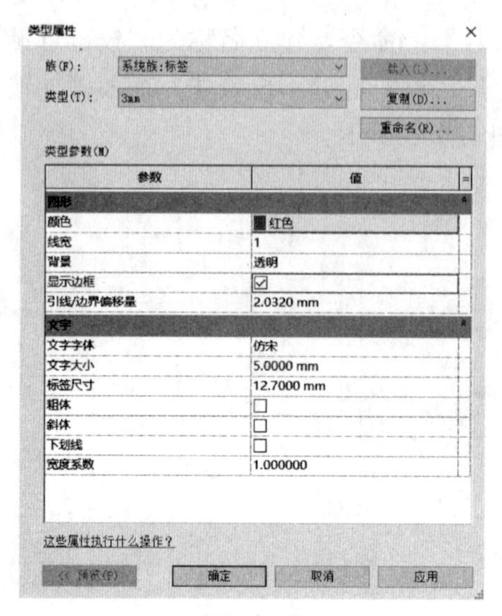

图 7.4.4

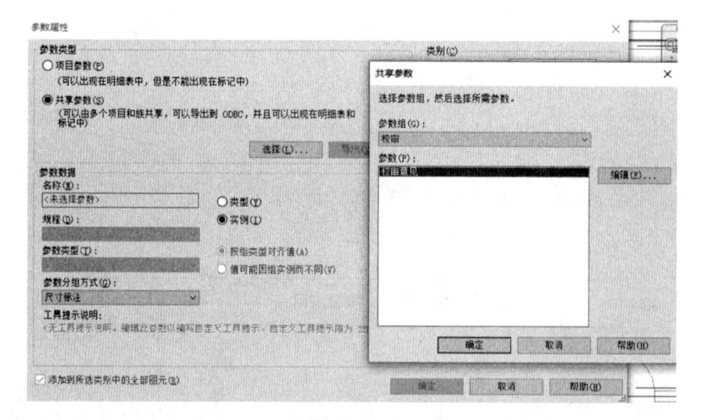

图 7.4.5

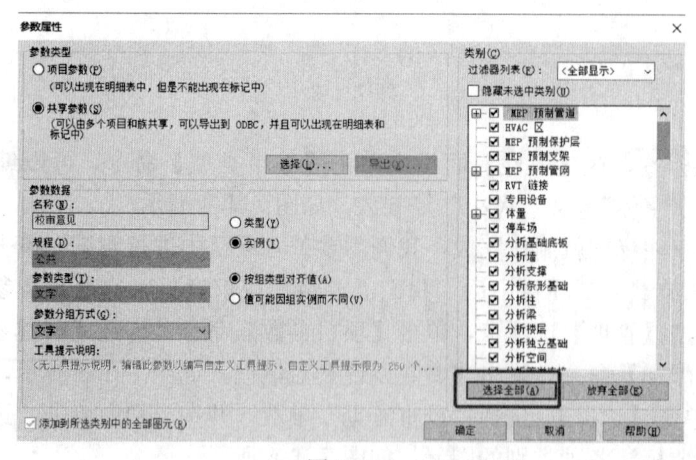

图 7.4.6

单击【注释】选项卡，在【标记】面板中选择【多类别】命令，如图 7.4.7 所示，我们即可在绘图区域中进行注释标记，如图 7.4.8 所示。单击可以移动文本框，双击“?”可以输入具体标注内容，如图 7.4.9 所示，该族可以正常使用。其他注释族的制作方式与此类似，读者可自行尝试。

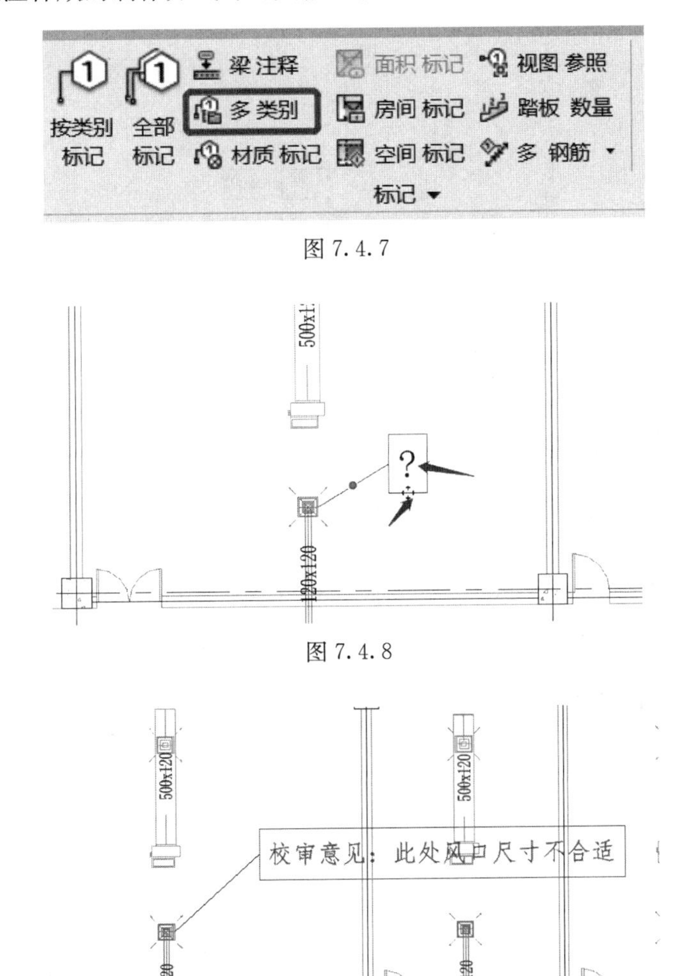

图 7.4.7

图 7.4.8

图 7.4.9

7.4.3　轮廓族

轮廓族主要用于绘制轮廓截面，在进行放样、放样融合命令创建模型。创建轮廓族时所绘制的是二维封闭图形，该图形可以载入到相关的族或项目中进行建模。

选择“公制轮廓”样板文件，进入编辑界面，族类别默认为“轮廓”。单击【创建】选项卡，在【详图】面板中选择【线】命令，我们就可以利用【绘制】

面板中的【绘制】命令在绘图区域中进行绘制并进行尺寸标注，如图7.4.10所示。绘制完成后，将该轮廓族进行保存，就可以在进行放样操作时进行选择。

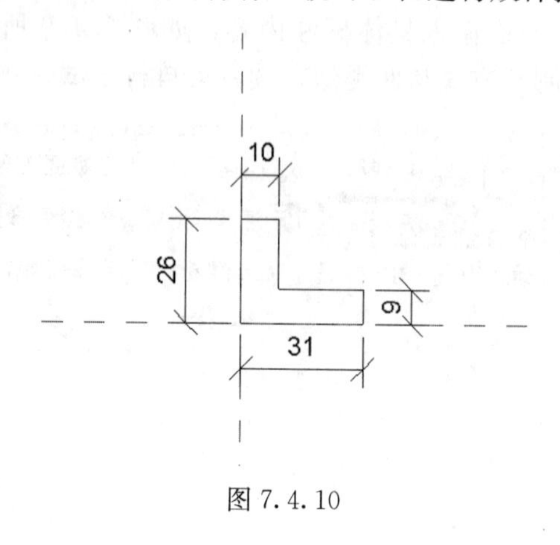

图7.4.10

7.4.4 机电管件族

上述都是二维族的制作方法，接下来我们讲解三维族的制作方法。下面以一个弯头族为例进行讲解。

因为软件中没有提供水管管件的族样板文件，所以我们选择“公制常规模型”样板文件，进入编辑界面，首先单击【创建】选项卡，在【属性】面板中单击【族类别和族参数】按钮，打开【族类别和族参数】对话框，在族类别处选择“管件”，在族参数中“零件类型”要选择为“弯头”，如图7.4.11所示，最后单击【确定】即可。

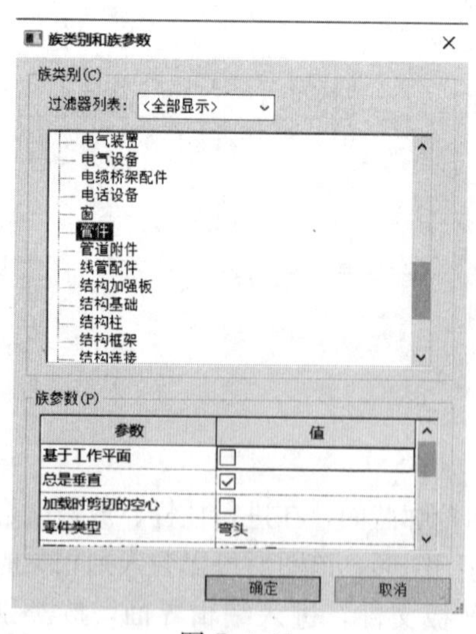

图7.4.11

接下来我们借助参照平面和参照线来辅助定位。在绘图区域中绘制两条垂直的参照平面，为了方便讲解，我们将绘制的竖直参照平面命名为 x 轴，水平参照平面命名为 y 轴；将样板中原有的参照平面命名为 X 轴和 Y 轴。单击【基准】面板中的【参照线】命令，使用“圆心端点弧”命令以 x 轴和 y 轴的交点为圆心，绘制一段弧形参照线，单击绘制完成的参照线，在【属性】面板中勾选“中心标记可见”。这时会在交点处显示出一个十字符号，我们利用“对齐”命令，将该符号与 x 轴和 y 轴进行锁定，并将弧线的左端点与 x 轴锁定，如图 7.4.12 所示。

接下来我们进行尺寸标注并添加参数。选中弧形参照线，单击符号├─┤，即可完成半径标注和角度标注，单击两个尺寸标注，并创建“转弯半径”和“角度”两个参数，如图 7.4.13 所示。

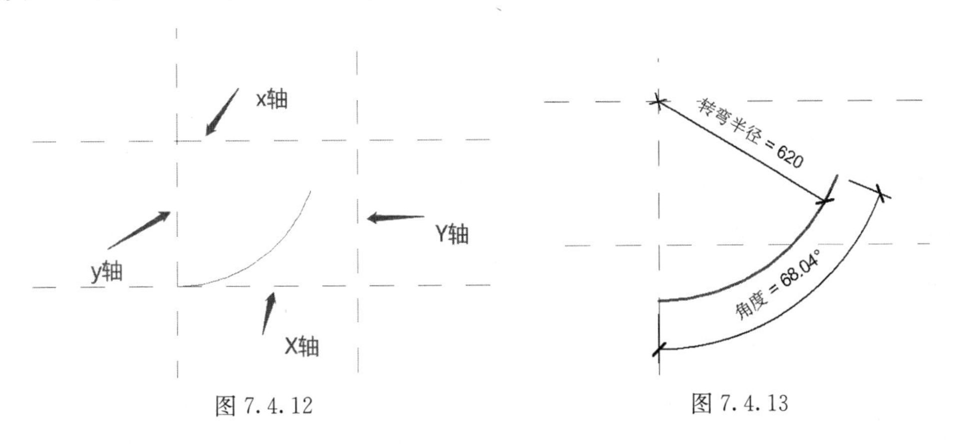

图 7.4.12　　　　图 7.4.13

为了使弧形参照线左侧与 X 轴相切，我们需要添加一个尺寸标注，并指定参数为“转弯半径”，如图 7.4.14 所示 .

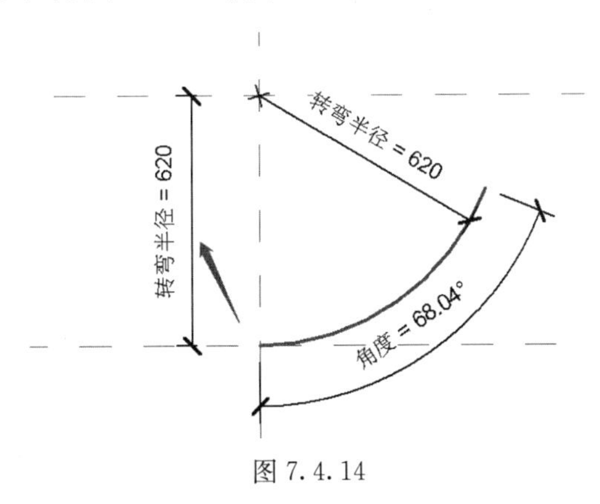

图 7.4.14

为了使弧形参照线右侧与 Y 轴相切，我们需要新建一个参数，单击【族类型】按钮，进入【族类型】对话框，新建实例参数“圆心偏移量”，并在公式处输入“转角半径 * tan（角度/2)”，注意公式中的符号一定要在英文输入法下输入。修改角度参数为90°，并移动 y 轴，使弧形参照线右侧与 Y 轴相切，如图7.4.15所示。

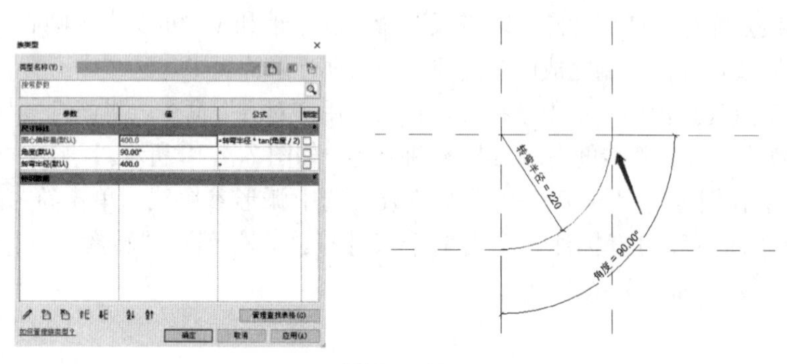

图7.4.15

参照线修改完成，我们就可以开始绘制放样模型了。单击【创建】选项卡，在【形状】面板中选择【放样】命令，进入放样模型绘制界面，在【放样】面板中选择【拾取路径】命令，拾取绘制好的参照线，单击【完成】✔。路径选择完成后，我们需要绘制轮廓，单击【选择轮廓】命令，然后选择【编辑轮廓】按钮，在弹出的对话框中选择“立面：右”，进入右立面视图。单击【绘制】面板中的“圆形”，以绘图区域中的红点为圆心绘制一个圆形，并标注圆形的半径，添加参数“管道半径”，如图7.4.16所示。因为右视图为侧面，没有正对轮廓绘制平面，所以圆形显示为椭圆形。单击两次【完成】✔，打开三维视图，绘制结果如图7.4.17所示。在【族类型】对话框中，添加“管道直径参数”，并输入公式为“管道半径 * 2”，如图7.4.18所示。

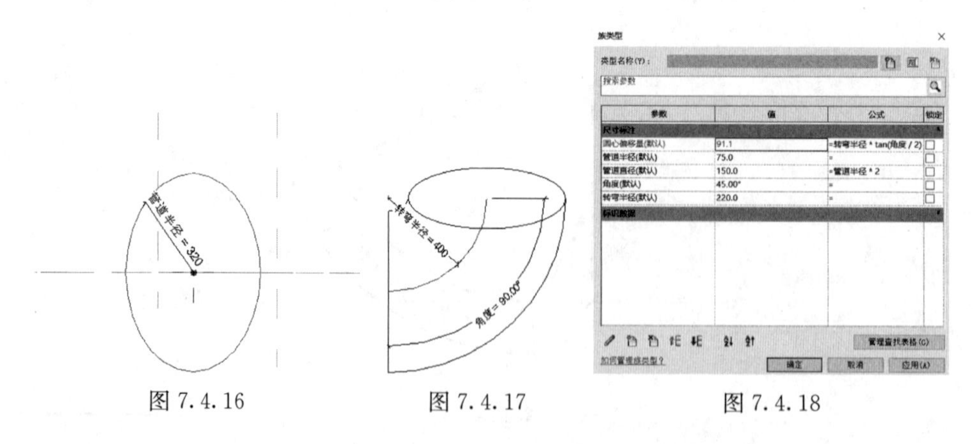

图7.4.16　　图7.4.17　　图7.4.18

模型基本创建完成，我们开始为弯头族添加管道连接件。在Revit中，系统的逻辑关系和数据信息是通过附着在模型上的连接件传递的，是机电族最重要的部分。在【连接件】面板中选择管道连接件，拾取弯头两端的面，放置管道连接件。选中管道连接件，在【属性】面板中单击【关联族参数】按钮，如图 7.4.19 所示。打开【关联族参数】对话框，选择“管道直径”，如图 7.4.20 所示。

图 7.4.19

图 7.4.20

当族中有两个以上管道连接件，选中其中一个连接件，单击【连接件链接】面板中的【链接连接件】命令，并选择另一个连接件，两个连接件即可完成链接，会出现如图 7.4.21 所示符号。该工具可以指定两个同类连接件之间的联系，主要用于系统类型定义为“全局”和“管件”的连接件，如管道管件、水泵构件族等。

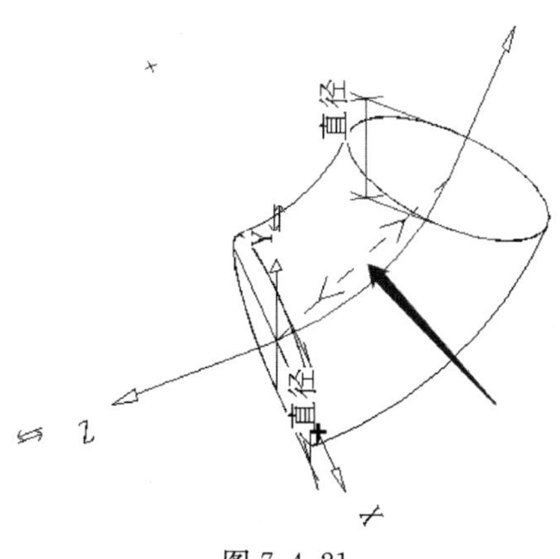

图 7.4.21

另外我们需要选中管道连接件，在【属性】面板中【系统分类】参数中选择“管件”。两个连接件都设置完成后，在【属性】面板中会显示【角度】参数，单击后方的【关联族参数】按钮，在【关联族参数】对话框中选择“角度”参数。这样，弯头族的三维模型基本绘制完成。

接下来，我们还需要绘制管件的二维族。绘制二维族有两种方式，一种是使用【符号线】命令，另一种是使用【模型线】命令，因为弯头族需要在三维图进行显示，所以我们需要使用【模型线】命令，其绘制及定位方式与本节刚开始时绘制参照线的方式类似，此处不再赘述。

接下来我们需要载入到项目中进行测试，单击【载入到项目】，在项目文件中单击【系统】选项卡，选择【管道】命令，在【属性】面板中选择【编辑类型】，在【布管系统配置】对话框中，将弯头改为我们刚刚创建的族。

在绘图区域任意绘制管道，并尝试改变管径，以便测试弯头族的各项功能是否正常，如图 7.4.22 所示。

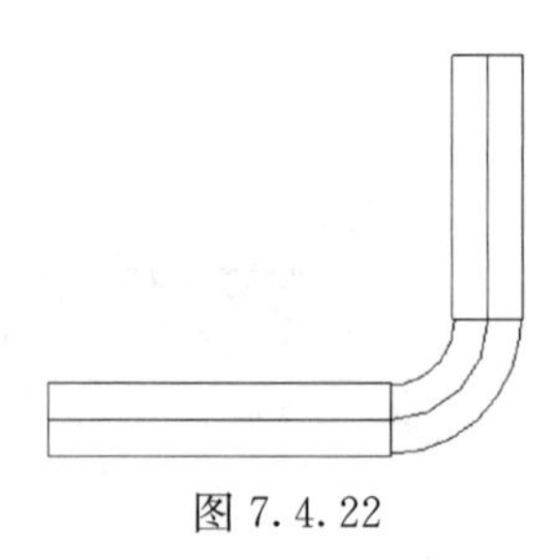

图 7.4.22

参考文献

[1] 李云贵．建筑工程设计 BIM 应用指南［M］．北京：中国建筑工业出版社，2016.

[2] 罗赤宇，焦柯，吴文勇．BIM 正向设计方法与实践［M］．北京：中国建筑工业出版社，2019.

[3] 郭进保，冯超．Revit MEP 2016 管线综合设计（中文版）［M］．北京：清华大学出版社，2015.

[4] 天津市建筑设计院 BIM 设计中心．基于 Revit 的 BIM 设计实务及管理（机电专业）［M］．北京：中国建筑工业出版社，2017.

[5] 刘济瑀．勇敢走向 BIM2.0［M］．北京：中国建筑工业出版社，2015.

[6] 宋传江．BIM 工程项目设计［M］．北京：化学工业出版社，2019.

[7] 马骁．BIM 设计项目样板设置指南（基于 Revit 软件）［M］．北京：中国建筑工业出版社，2015.

[8] 工业和信息化部教育与考试中心．机电 BIM 应用工程师教程［M］．北京：机械工业出版社，2019.

[9] 王言磊，张祎男，王永帅，等．土木工程专业 BIM 结构方向毕业设计指南［M］．北京：化学工业出版社，2017.

[10] 许可，高治军，高宾．BIM 设计及设备应用［M］．北京：中国电力出版社，2016.

[11] 欧特克（中国）软件研发有限公司．Autodesk Revit 2015 机电设计应用宝典［M］．上海：同济大学出版社，2015.

[12] 谢林丽．BIM 技术在暖通空调设计中的应用［J］．智能城市，2020，6（02）：32-33.

[13] 吴小冬，孙斌，李欣林．基于 BIM 三维可视化设计的暖通提资与校审［C］//第七届全国建筑环境与能源应用技术交流大会文集，北京：《暖通空调》杂志社，2017：213-217.

[14] 黄亚斌，徐钦．Autodesk Revit 族详解［M］．北京：中国水利水电出版社，2013.

[15] 李建霞．暖通空调工程设计（鸿业 ACS8.2）［M］．北京：机械工业出版社，2012.